高职高专教育"十三五"规划建设教材

高职高专畜牧兽医专业群"工学结合"系列教材建设

饲料分析检测技术

李克广　郭全奎　主编

中国农业大学出版社

·北京·

内容简介

　　本教材以技术技能人才培养为目标，以畜牧专业饲料分析检测方面的岗位能力需求为导向，坚持适度、够用、实用及学生认知规律和同质化原则，以过程性知识为主、陈述性知识为辅，以实际应用知识和实践操作为主，依据教学内容的同质性和技术技能的相似性，将饲料分析检测前的准备、饲料原料的检验和营养成分的分析、饲料原料有毒有害成分的检测、配合饲料质量和技术的监控、饲料分析检测的新技术等知识和技能列出，进行归类和教学设计。其内容体系分为项目和任务两级结构，每一项目又设"学习目标"、"学习内容"、"学习要求"三个教学组织单元，并以任务的形式展开叙述，明确学生通过学习应达到的识记、理解和应用等方面的基本要求；有些项目的相关理论知识或实践技能，可通过技能训练、知识拓展或知识链接等形式学习，为实现课程的教学目标和提高学生的学习效果奠定基础。

　　本教材文字精练，图文并茂，通俗易懂，现代职教特色鲜明，既可作为教师和学生开展"校企合作、工学结合"人才培养模式的特色教材，又可作为饲料检验化验员职业培训的教材，还可作为广大畜牧兽医工作者短期培训、饲料分析检测生产一线人员的参考用书。

图书在版编目(CIP)数据

饲料分析检测技术/李克广，郭全奎主编．—北京：中国农业大学出版社，2015.8
ISBN 978-7-5655-1349-7

Ⅰ.①饲…　Ⅱ.①李…②郭…　Ⅲ.①饲料分析②饲料—质量检验　Ⅳ.①S816.15

中国版本图书馆 CIP 数据核字(2015)第 174903 号

书　　名	饲料分析检测技术
作　　者	李克广　郭全奎　主编

策划编辑	康昊婷	责任编辑	王艳欣
封面设计	郑　川		
出版发行	中国农业大学出版社		
社　　址	北京市海淀区圆明园西路 2 号	邮政编码	100193
电　　话	发行部 010-62731190，2620	读者服务部	010-62732336
	编辑部 010-62732617，2618	出　版　部	010-62733440
网　　址	http://www.cau.edu.cn/caup	E-mail	cbsszs @ cau.edu.cn
经　　销	新华书店		
印　　刷	北京时代华都印刷有限公司		
版　　次	2015 年 8 月第 1 版　2015 年 8 月第 1 次印刷		
规　　格	787×1092　16 开本　13.75 印张　340 千字		
定　　价	30.00 元		

图书如有质量问题本社发行部负责调换

C 编审人员
ONTRIBUTORS

主　编　李克广（甘肃畜牧工程职业技术学院）
　　　　郭全奎（甘肃畜牧工程职业技术学院）

副主编　王俊萍（沧州职业技术学院）
　　　　陈继红（河南农业职业学院）

参　编　吴得红（大北农集团）
　　　　王　聪（甘肃畜牧工程职业技术学院）

审　稿　史兆国（甘肃农业大学动物科技学院）
　　　　杨孝列（甘肃畜牧工程职业技术学院）

P 前 言
PREFACE

　　为了认真贯彻落实教职成〔2011〕11号《关于支持高等职业学校提升专业服务产业发展能力的通知》、教职成〔2012〕9号《关于"十二五"职业教育教材建设的若干意见》精神，切实做到专业设置与产业需求对接、课程内容与职业标准对接、教学过程与生产过程对接，自2011年以来，甘肃畜牧工程职业技术学院与甘肃荷斯坦奶牛繁育中心、宁夏晓鸣农牧股份有限公司、兰州正大有限公司和大北农集团等企业联合，积极开展现代职业教育"产教融合、校企合作、工学结合、知行合一"的人才培养模式研究。课题组在大量理论和实践探索的基础上，制定了畜牧兽医专业群畜牧专业"产教融合、校企合作"人才培养方案和专业课程教学标准；开发了畜牧兽医专业群畜牧专业职业岗位培训教材和相关教学资源库。其中，《畜牧专业基于"校企合作、工学结合"的人才培养模式研究》于2013年12月由中国农业职业教育研究会结题验收，项目成果达到国内畜牧专业同类研究领先水平；《畜牧专业基于"工作过程和职业标准"教学资源库建设研究》于2014年12月获得甘肃省教育厅教学成果奖。这些成果，一是完善了高职院校畜牧兽医专业群畜牧专业"产教融合、校企合作、工学结合、知行合一"人才培养机制；二是推进了专业课程在现场工作情景、模拟场景或仿真环境中的"工学结合"教学；三是锤炼了学生的就业能力和职业发展能力。为了充分发挥该项目成果的示范带动作用，甘肃畜牧工程职业技术学院委托中国农业大学出版社，依据国家教育部《高等职业学校专业教学标准（试行）》，以项目研究成果《畜牧专业基于"工学结合、校企合作"的职业岗位培训教材》为基础，组织学校专业教师和企业技术专家，并联系相关兄弟院校教师参与，编写了畜牧兽医专业群畜牧专业"工学结合"系列教材，期望为技术技能人才培养提供支撑。

　　本套教材专业基础课以技术技能人才培养为目标，以畜牧兽医专业群饲料分析质量检测岗位能力需求为导向，坚持适度、够用、实用及学生认知规律和同质化原则，以项目→任务为主线，设"学习目标"、"学习内容"、"学习要求"三个教学组织单元，并以任务的形式展开叙述，明确学生通过学习应达到的识记、理解和应用等方面的基本要求。其中，识记是指学习后应当记住的内容，包括概念、原则、方法等，这是最低层次的要求；理解是指在识记的基础上，全面把握基本概念、基本原则、基本方法，并能以自己的语言阐述，能够说明与相关问题的区别及联系，这是较高层次的要求；应用是指能够运用所学的知识分析、解决涉及动物生产中的一般问题，包括简单应用和综合应用。有些项目的相关理论知识或实践技能，可通过扫描二维码、技能训练、知识拓展或知识链接等形式学习，为实现课程的教学目标和提高学生的学习效果奠定基础。

　　本套教材专业课以"职业岗位所遵循的行业标准和技术规范"为原则，以生产过程和岗位任务为主线,设计学习目标、学习内容、学习要求、知识拓展、考核评价和知识链接等教学组织单元,尽可能开展"教、学、做"一体化教学,以体现"教学内容职业化、能力训练岗位化、教学环境企业化"特色。

　　本套教材建设由甘肃畜牧工程职业技术学院杨孝列教授和李和国教授主持,其中杨孝列和郭全奎担任《畜牧基础》主编;余彦国担任《动物解剖生理》主编;杨孝列和刘瑞玲担任《动物营养与饲料》主编;张玲清担任《畜禽环境控制技术》主编;张登辉担任《畜禽遗传育种》主编;李来平和贾万臣担任《动物繁殖技术》主编;康程周担任《基础兽医》主编;王治仓担任《临床兽医》主编;黄爱芳和王选慧担任《动物防疫与检疫》主编;张慧玲担任《养殖企业经营管理》主编;李克广和郭全奎担任《饲料分析检测技术》主编;王璐菊和张延贵担任《养牛生产技术》主编;郭志明和杨孝列担任《养羊生产技术》主编;李和国和关红民担任《养猪生产技术》主编;郑万来和徐英担任《养禽生产技术》主编。本套教材内容渗透了畜牧、兽医、饲料等方面的行业标准和技术规范,文字精练,图文并茂,通俗易懂,提供了丰富的教学信息资源,编写形式新颖、职教特色明显,既可作为教师和学生开展"校企合作、工学结合"人才培养模式的特色教材,又可作为饲料检验化验员职业培训的教材,还可作为广大畜牧兽医工作者短期培训、技术服务和饲料分析与检测生产一线人员的参考用书。

　　本教材由甘肃畜牧工程职业技术学院李克广和郭全奎任主编。其中绪论、项目二、项目三和项目十由李克广编写,项目一由吴得红编写,项目四、项目五和项目六由郭全奎编写,项目七由王俊萍编写,项目八由陈继红编写,项目九由王聪编写。全书由李克广、郭全奎统稿。大北农集团企业专家吴得红提供了饲料分析检测的有关资料,甘肃农业大学动物科技学院史兆国教授、甘肃畜牧工程职业技术学院杨孝列教授审稿,对书稿提出了许多宝贵意见和建议,提高了本教材的质量,在此一并深表谢意。

　　由于编者初次尝试"专业群"系列教材开发,时间仓促,水平有限,书中错误和不妥之处在所难免,敬请同行专家批评指正。

编写组

2015 年 5 月 26 日

C目录
ONTENTS

饲料分析检测技术

绪论

一、课程简介

　　饲料分析检测技术是从事饲料分析化验、饲料加工、动物养殖工作人员需要学习和掌握的基本知识和基本技能，是促进动物生产不断发展的重要理论基础和技术指南，是饲料与动物营养专业、畜牧兽医专业、畜牧专业重要的专业基础课。它阐明饲料分析检测的任务、饲料分析检测的方法、饲料分析检测的内容、饲料质量监测与控制方法。

　　饲料分析检测的任务是测定各类饲料原料、饲料添加剂和饲料产品的物理特性和化学组成以及饲料产品生产和产品贮藏过程中的质量的动态变化过程，建立有效的质量控制体系，采用现代化的产品质量控制技术，生产出质量合格的饲料产品。

　　饲料分析检测的方法有感官法、物理法、化学分析法、近红外光谱分析技术。感官法是通过人的感觉——味觉、嗅觉、视觉和触觉对饲料进行检验评价，这种方法具有简单、灵敏、快速、不需要特殊器材等优点，再加上检验者的经验，特别适用于饲料的现场检验。物理法根据饲料的物理特性对单独的或者混合的饲料原料进行鉴别和评价，这种方法具有快速准确、分辨率高等优点，适用于对饲料原料的质量进行初步的评估。化学分析法是饲料分析测定中最为普遍采用的方法，通过化学分析获得的被检分析原料的真实养分含量数据，可直接用于饲料配合。为了使这种方法得到最佳应用，可利用其他饲料质量检测方法对化学分析数据做相应的分析整理，并可通过几个指标，做出综合性准确判断。近红外光谱分析技术是近几年兴起的有机物质快速分析技术，该技术还应用于许多先进的饲料厂原料质量的控制，产品质量监测等现场在线分析。近红外光谱技术虽然具有快速、简便、相对准确等优点，但该法估测准确性受许多因素的影响。

　　饲料分析检测的内容是主要分析检测饲料的感官指标、物理指标、营养指标、卫生指标及加工质量指标等。感官指标主要指配合饲料的色泽、气味、口味和手感、杂质、霉变、结块、虫蛀等；物理指标主要指饲料原料的容重、粉碎粒度、比重及显微特征；营养指标主要指粗蛋白质、粗脂肪、粗灰分、钙、磷、食盐、微量元素、氨基酸以及维生素等；卫生指标是指配合饲料中所含的有毒有害物质及病原微生物等，如砷、氟、铅、汞等有毒金属元素的含量，以及农药残留、黄曲霉毒素、游离棉酚、大肠杆菌数等；加工质量指标是指配合饲料的粉碎粒度、混合均匀度、杂质含量以及颗粒饲料的硬度、粉化率、糊化度等。

　　饲料质量监测与控制是评定饲料质量状况的基本手段。所谓"监测"是指监督与检测分析，就是要发挥质量管理部门的监督检测功能，确保饲料生产各个环节的质量处于有效的监测之下。所谓"控制"是指饲料工厂质量管理部门在对整个生产环节的监测下，制定质量管理的各项措施，并有效地运行，从而确保饲料质量处于可控制的状态。学习饲料分析检测的最终目的是树立安全生产意识，掌握质量安全检验的基本知识与技术。

二、课程性质

　　饲料分析检测技术是饲料与动物营养专业、畜牧兽医专业、畜牧专业的专业基础课，具有较强的理论性和实践性。一方面，它将饲料分析检测基础知识与实用技术有机融合，基于畜牧兽医专业的职业活动、应职岗位需求，培养饲料分析化验、饲料加工、动物养殖等专业能力,同时注重学生职业素质的培养。另一方面,作为后续课程的基础,它所阐述的分析检测原理与方法具有更多的指导意义,能为后续专业课程的学习和毕业后从事饲料分析检测工作奠定扎实的理论基础。

三、课程内容

本课程内容编写以技术技能人才培养为目标,以畜牧兽医专业饲料分析检测方面的岗位能力需求为导向,坚持适度、够用、实用原则,以过程性知识为主、陈述性知识为辅。

本课程内容排序尽量按照学习过程中学生认知心理顺序,与专业所对应的典型职业工作顺序,或对实际的多个职业工作过程来序化知识,将陈述性知识与过程性知识整合、理论知识与实践知识整合,意味着适度、够用、实用的陈述性知识总量没有变化,而是这类知识在课程中的排序方式发生了变化,课程内容不再是静态的学科体系的显性理论知识的复制与再现,而是着眼于动态的行动体系的隐性知识生成与构建,更符合职业教育课程开发的全新理念。

本课程内容以实际应用知识和实践操作为主,删去了实践中应用性不强的理论知识,依据教学内容的同质性和技术技能的相似性,将饲料分析检测的相关知识和关键技能列出,具体内容为:

项目一　饲料分析检测前的准备
项目二　饲料样品的采集与制备
项目三　饲料物理性状的检验与鉴定
项目四　饲料概略养分分析
项目五　饲料中矿物质元素分析
项目六　饲料中氨基酸和维生素分析
项目七　饲料卫生指标的检测
项目八　配合饲料加工质量指标检测
项目九　配合饲料质量控制技术
项目十　近红外光谱技术及其在饲料分析中的应用

每一项目又设"学习目标"、"学习内容"、"学习要求"三个教学组织单元,并以任务的形式展开叙述,明确学生通过学习应达到的识记、理解和应用等方面的基本要求;有些项目的相关理论知识或实践技能,可通过技能训练、知识拓展或知识链接等形式学习。

四、课程目标

掌握饲料分析检测的基本知识和技能,能够:
(1)认识饲料分析检测的意义。
(2)掌握饲料分析检测的任务、内容和方法。
(3)会采集各种饲料的样品,会对饲料原料进行物理性状的检验与鉴定。
(4)能够运用饲料分析检测的方法分析饲料概略养分、矿物质元素、氨基酸和维生素等的含量。
(5)会检测饲料中的有毒有害成分。
(6)学会配合饲料质量监测与控制技术。

饲料分析检测前的准备

➤ **学习目标**

　　掌握实验室仪器的调试、使用、保养、维护及校准方法;掌握玻璃仪器的洗涤、干燥、使用与保管方法;了解实验室试剂的分类、使用注意事项;掌握各种溶液的配制方法。

【学习内容】

任务一　实验仪器准备

▶ 一、仪器设备的安装调试

（1）仪器安装前须检查供电电源是否与仪器相匹配，仪器设备工作环境是否符合规定的要求。

（2）仪器的安装调试工作应在生产厂家专业技术人员的指导下进行，对安装调试中发现的问题，由仪器管理人员及时汇总反馈给生产厂家解决。

（3）严格按照仪器说明书进行安装调试，仪器使用时要及时记录仪器的各项工作性能，审查仪器的工作性能是否符合规定的要求。

（4）调试期间，仪器使用人员要积极、主动地接受厂家的培训，独立掌握仪器的基本操作。

（5）仪器安装调试完毕后，仪器使用人负责写出书面调试报告，进口仪器说明书应译成中文后与仪器的原始资料一起存档，当说明书内容较多时，应至少将仪器操作程序翻译成中文。

▶ 二、仪器设备的使用与保养

（1）仪器设备管理和使用要做到"三好"（即管好、用好、完好）、"三防"（即防尘、防潮、防震）、"四会"（即会操作、会保养、会检查、会简单维修）、"四定"（即定人保管、定人养护、定室存放、定期校验），保证仪器设备性能安全可靠。

（2）使用仪器前认真学习，熟悉仪器的工作性能，掌握仪器的工作原理，认真操作。

（3）大型精密仪器要专人专管专用，责任到人，其他人员不得随意操作，一般仪器也不得随意搬动。仪器离开、返回实验室均应通知实验员，仪器返回后，在使用前由实验员对其性能进行核查，显示满意结果方可使用。

（4）仪器使用后要记录仪器的工作情况、使用时间、使用人员，有无异常现象发生等，填写仪器使用记录表。仪器使用完毕后，要做好现场清理工作，切断电源、热源、气源等，并做好防尘措施。

（5）按照仪器规定达到的指标或调试时的性能指标定期进行检验，并且登记备查。在两次计量校准期间，至少进行一次检验，检验项目包括仪器的稳定性、灵敏度、精密度等。

（6）不经常使用的仪器要定期通电检查（梅雨季节每周通电一次，其他季节半月通电一次）和更换防潮硅胶等，并且登记备查。

（7）与仪器配套使用的电脑不得安装与仪器使用无关的软件。

（8）有特殊要求的仪器要按特殊要求进行维护。

（9）实验室内整洁、卫生、干燥，一切有腐蚀性物质不得存放在仪器室内。

三、仪器设备的管理与维护

（1）每台仪器应有固定标识牌，包括仪器名称、仪器型号、仪器出厂号、固定资产号、购置日期、仪器管理人员等。

（2）每台仪器由仪器管理人员建立仪器档案，并专人负责存档。档案内容包括仪器使用说明书、生产厂家、生产日期、购进时间、启用时间、验收报告、调试报告、使用登记、维护和维修记录、仪器故障记录及检定记录（检定合格证书）。

（3）仪器使用人员要经过严格培训，能独立熟练地操作仪器。

（4）所有仪器设备应配备相应的设施与操作环境，保证仪器设备的安全处置、使用和维护，确保仪器设备正常运转，避免仪器设备损坏或污染。

（5）所有仪器在使用过程中发现有异常现象发生时，应立即停止使用，终止测试。由仪器责任人向实验室负责人汇报，按仪器设备的维护和维修程序申请维修。在维修期间应加以"停用"标识，避免其他使用人员误用。

（6）属于国家法定计量检定的仪器设备，应按有关文件规定，送计量部门定期检定，经检定合格方可使用。按检定结果在仪器醒目位置贴上仪器使用"三色标识"："合格"、"准用"、"停用"。仪器设备管理人员应定期对所管仪器设备进行维护、检修和检定，认真填写仪器设备使用和维修记录，经常保持仪器设备的完好可用状态。

（7）仪器的一般故障，由仪器使用人员自行排除，并在仪器使用记录表上记录。

（8）当仪器出现使用人员不可解决的故障时，必须填写仪器维修申请单，由专业人员维修，大、中型精密贵重仪器未经维修人员同意，不得私自拆卸。

（9）检修过程中，使用人员和维修人员应积极配合。检修完毕，维修人员应填写维修记录或报告，使用人员应进行性能检验并填写检验报告。检验证明其功能指标已恢复后，该仪器方可投入使用。当仪器的故障无法得到修复或修复后的部分性能指标下降，应申请仪器设备降级或报废。

四、仪器设备的检定和校准

（1）各类不同的仪器必须根据仪器的使用说明和分析项目制定一套调校、检定方法，定期进行调校、检定，每次调校、检定过程都应做好记录。

（2）对需要强检的仪器，实验室应及时按照强检规定送检，且检定报告要及时归档。

（3）对调校、检定不合格的仪器，全部不准使用。

（4）大型仪器一经搬动必须进行调校、检定。

（5）对所有仪器实行标志管理，核定计量检定证书及校准结果后分别贴上国家技术监督司认证办公室统一制定的标志。凡见"停用"标志不得使用。

五、常用玻璃器皿的洗涤和干燥

(一)一般玻璃仪器的洗涤

(1)准备一些用于洗涤各种形状仪器的毛刷,如试管刷、烧杯刷、瓶刷等。

(2)倒尽仪器内原有的物质。

(3)用毛刷蘸水刷洗仪器,用自来水反复冲去污物。

(4)用合成洗涤剂刷洗玻璃仪器,直至将仪器倒挂时,水流出后器壁不挂水珠。

(5)用少量蒸馏水冲洗仪器 3 次,晾干使用。

(6)对不同的污物,可用不同的洗液洗涤。当使用性质不同的洗液时,注意一定要把上一种洗液除去后再用另一种,以免相互作用,生成的产物更难洗净。

(二)精确刻度量器洗涤

1. 洗涤方法

滴定管、容量瓶先试漏,方法是装入一定量的水,保持滴定管活塞关闭,对于容量瓶则倒置一段时间,确定不漏方可使用。注意不能用毛刷刷洗。用过后放在凉水中浸泡,用水反复冲洗去残留液体、污物后,晾干,浸泡在洗液中。浸泡的时间视洗液的好坏而定,一般来说,新配制的洗液浸泡 2 h 即可,用过一段时间已经不好且氧化能力很差的洗液,浸泡时间相应延长。必要时先把洗液加热,再将待洗涤容器浸泡其中一段时间。

2. 常用洗液的配制方法

常用洗液的配制方法见表 1-1,但必须指出的是,对不同的污物采用不同的洗液进行洗涤。

表 1-1　常用洗液的配制方法

名　称	配制方法	用途及注意事项
铬酸洗液(浓)	将浓硫酸 320 mL 慢慢倒入重铬酸钾饱和溶液中(20 g 重铬酸钾加 40 mL 水)	清洗有机物质和油污,因具有强腐蚀性,防止腐蚀皮肤、衣服,用后盖紧,防止吸水失效
铬酸洗液(稀)	将浓硫酸 100 mL 慢慢倒入重铬酸钾饱和溶液中(100 g 重铬酸钾加 1 000 mL 水)	
碱性乙醇洗液	将 60 g 氢氧化钠溶于 60 g 水中,再加入 500 mL 95％的乙醇	去除油污;注意防止挥发
碱性高锰酸钾	将 20 g 高锰酸钾溶于少量的水中,再加入 500 mL 10％氢氧化钠溶液	清洗有机物质和油污

(三)玻璃仪器的干燥

1. 风干

将洗净的玻璃仪器倒放于有透气孔的仪器架上,让其水分自然蒸发。

2. 烘干

将洗净的仪器放在电烘箱内烘干,烘箱温度为 $105 \sim 110℃$,烘 1 h 左右。此法适用于一般仪器,称量用的称量瓶在烘干后要放在干燥器中冷却保存,量器不可放入烘箱中烘。

3. 高温净化干燥

属于瓷制品的器皿上有污物或不易洗掉的污垢,应于 500~800℃中灼烧 1~2 h。

需要注意的是,在精密分析中使用的移液管、吸量管、容量瓶不允许在烘箱中烘干。

六、玻璃仪器的保管

(1)经常使用的玻璃仪器应放在仪器架上,要放置稳妥。

(2)滴定管用完后,倒去内装的溶液,用纯水涮洗后,倒置夹于滴定管夹上,酸式滴定管长期不用时,活塞部分应垫上纸,碱式滴定管长期不用时,胶管应拔下,蘸些滑石粉保存。

(3)用完后的比色皿如果放置时间较长,可以将比色皿洗净晾干,放在专用盒子内或用软纸包裹好存放在清洁干燥处。如果每天要用,将洗净的比色皿浸泡在蒸馏水中即可。

(4)带磨口塞的仪器、容量瓶,最好在清洗前就用橡皮筋将塞子和管口拴好,以免打破塞子或互相弄混。容量瓶长期不用时,应洗净,把塞子用纸垫上,以防时间久后塞子打不开。

七、仪器的校正

(1)滴定管、容量瓶、移液管、量筒与其他玻璃仪器在购进后应先送计量部门做校正,并在仪器上注明标记。

(2)移液管、容量瓶和滴定管每年校正一次,其余校正一次即可。

任务二 实验试剂准备

一、试剂的分类

对于试剂质量,我国有国家标准和部颁标准,规定了各级化学试剂的纯度及杂质含量,并规定了标准分析方法。我国生产的试剂质量分为 4 级,表 1-2 列出了我国化学试剂的分级。

表 1-2 化学试剂的分级

级别	习惯等级与代号	标签颜色	附注
一级	保证试剂 优级纯(G. R)	绿色	纯度很高,适用于精准分析和研究工作,有的可作为基准物质
二级	分析试剂 分析纯(A. R)	红色	纯度较高,适用于一般分析及科研
三级	化学试剂 化学纯(C. P)	蓝色	适用于工业分析与化学实验
四级	实验试剂(L. R)	棕色	只适用于化学实验

还有一些特殊规格的试剂:光谱纯 S. P(spectrum)、层析纯 Ch. P(chromatography)、指示剂 Ind(indicator)、生物染色剂 B. S、生物试剂 B. R。

二、试剂的储存

（1）化学药品采购后经验收合格一律统一放入实验室药品库并登记。

（2）化学药品库要阴凉、通风、干燥,有防火、防盗设施。禁止吸烟和使用明火,有火源（如电炉通电）时,必须有人看守。

（3）化学药品应按性质分类存放,酸、碱、盐及危险化学品要分开放,并采用科学的保管方法。如受光易变质的应装在避光容器内,易挥发、溶解的要密封,长期不用的应蜡封,装碱的玻璃瓶不能用玻璃塞等。

三、危险化学药品管理

（1）危险品根据其化学性质严格按照规定分区、分类储存,并且不得超量储存。

（2）禁忌类危险品必须隔开储存,如氧化剂、还原剂、有机物等理化性质相忌的物质禁止同区储存。

（3）灭火方法不同的易燃易爆危险品不得在同库储存。

（4）易碎、易泄漏的危险化学品不能二层堆放。

（5）爆炸、剧毒、易制毒、放射等化学品须设置专库储存,采取双人收发、双人记账、双人双锁、双人使用和双人运输的"五双制"。

（6）基准试剂应密封保存在干燥器中。

四、化学药品的使用

（1）化学药品使用人员在使用时应先详细阅读物质的安全技术说明书,掌握应急处理方法和自救措施,然后按照防护要求佩戴相应的防护用品（口罩、手套、眼罩等）,并严格遵守安全操作规程。

（2）实验室试剂库管理人员应每月对化学药品进行清点检查,并将结果记录在"实验室试剂台账"上,对化学药品的发放按照先进先出的原则进行,并做好详细记录。

（3）化学药品均不能入口或用手直接移取。移取时要用洁净干燥的药勺,同一个药勺不能同时移取两种药品,对于基准试剂则以倾倒转移为宜。移取出来的药品多余时,不能倒回原瓶,以免造成污染。

（4）对于结块的试剂可用洁净的粗玻璃棒将其捣碎后取出。

（5）液体药品可用洗干净的量筒倒取,不能用吸管伸入原瓶试剂中吸取液体。

（6）打开易挥发的药品瓶塞时不可把瓶口对准脸部,也不可用鼻子对准药品瓶口猛吸气,如果必须嗅试剂气味,可将瓶口远离鼻子,用手在瓶口上方扇动,使气流吹向自己而闻出其味。

（7）严禁使用无标签的药品。

（8）使用挥发性或带刺激性气味的药品和试剂时应在通风橱中进行操作。

（9）实验室废液根据试剂特性，按照国家标准妥善处理，不得随意放置或倒入下水道。

五、安全事项

（1）实验过程中，对易燃性及易挥发性有机溶剂有必要加热排除时，应在水浴锅中或电热板上缓慢进行。

（2）在蒸馏可燃物质时，首先应将水充入冷凝器内，并确信水流已固定时，再旋开开关加热。

（3）身上或手上沾有易燃物质时，应立即冲洗，不得近明火，以防着火。高温物体要放在不能起火的安全地方。

（4）严禁氧化剂和可燃性物质一起研磨。

（5）装挥发性物质或受热易分解出气体的药品瓶，最好用石蜡封瓶盖。

（6）存放易燃烧爆炸性固体药品时温度不超过 30℃，理想温度在 20℃以下，与易燃物、氧化剂均需隔开存放。

（7）存放强氧化剂要求阴凉通风，最高温度不超过 30℃，理想温度在 20℃以下，要和酸类、木屑、炭粉、硫化物、糖类等易燃物、可燃性物质及易被氧化物质进行隔离，如碱金属和碱土金属的氯酸盐、硝酸盐、过氧化物、高氯酸、高锰酸盐、有机物如过氧化二苯甲酰，以及重铬酸盐、亚硝酸盐、过氧乙酸等。

（8）在任何情况下，对于危险物质都必须取用能保证实验结果的最小量来进行工作，并且绝对不能用火直接加热。

（9）在使用易爆炸性物质时，使用带磨口的玻璃瓶是很危险的，因为关闭或开启玻璃塞的摩擦都可能成为爆炸的原因。

（10）易发生爆炸的操作，不准对着人进行。

（11）剧毒性药品必须制定保管使用制度，并严格执行。

（12）严禁食具和仪器互相代用，接触有毒物后应仔细洗手和漱口。

（13）对于有毒的气体，必须在抽毒罩或通风橱内进行操作处理。

六、化学药品管理

一般购进的整瓶化学药品，按其要求的保质期储存，开封 3 年、不开封 5 年；自配试剂要求储藏时间不超过标准储存时间。

化学药品购进后，由专人详细登记购进时间、领用时间及数量，药品的领用做到先进先用。每年对化学药品清理一次，查看药品出厂时间，对于存放日久变质的药品组织处理。实验员每月对化学药品的数量、使用期限进行统计，快到期的要先用。将所有药品的数量进行统计，如有快用完的，及时申请，以免断货，影响工作进程。

一、一般溶液的配制

一般溶液是指非标准溶液,它在精细化学品检验中常用于溶解样品、调节 pH、分离或掩饰离子及显色等。

配制一般溶液精度要求不高,只需保留 1～2 位有效数字。试剂的质量由托盘天平称量,体积用量筒量取即可。一般溶液配制规定如下:

(1)分析过程与配制试剂的用水全部为蒸馏水或去离子水。

(2)碘量法的反应温度为 15～20℃。

(3)溶液要用带塞的试剂瓶盛装。见光易分解的溶液要装于棕色瓶中。挥发性试剂、见空气易变质及释放腐蚀性气体的溶液,瓶塞要严密。浓碱液应用塑料瓶装,如装在玻璃瓶中,要用橡皮塞塞紧。

(4)每瓶试剂溶液必须贴有标签,标签上标明名称、浓度和配制日期。

(5)配制硫酸、磷酸、硝酸及盐酸溶液时,都应注意注酸入水。对于溶解时释放热较多的试剂,不可在试剂瓶中配制,以免炸裂。

(6)用有机溶剂配制试剂时,有时有机物溶解较慢,应不时搅拌,可以在热水浴中温热溶液,不可直接在电炉上加热。易燃试剂要远离明火,有毒试剂应在通风柜内操作,配制溶液的烧杯应加盖,以防有机溶剂蒸发。

(7)要熟悉一些常用溶液配制的方法。如配制碘溶液应加入适量的碘化钾;配制易水解的盐类溶液应先加酸溶解后,再以一定浓度的稀酸稀释。

(8)不能用手接触腐蚀性及有剧毒的溶液。剧毒溶液应做解毒处理,不可直接倒入下水道。

二、标准溶液配制的一般规定

标准溶液指已知准确浓度的溶液。在容量分析中用作滴定剂,以滴定被测物质。如果试剂符合基准物质的要求(组成与化学式相符、纯度高、稳定),可以直接配制标准溶液,即准确称出适量的基准物质,溶解后配制在一定体积的容量瓶内。如果试剂不符合基准物质的要求,则先配成近似于所需浓度的溶液,然后再用基准物质准确地测定其浓度,这个过程称为溶液的标定。标准溶液配制规定如下:

(1)标准滴定溶液的浓度,除高氯酸外,均指 20℃时的浓度。在标准滴定溶液标定、直接制备和使用时,若温度有差异,应根据规定进行校正。标准滴定溶液标定、直接制备和使用时所用分析天平、砝码、滴定管、容量瓶等均须定期校正。

(2)在标定和使用标准滴定溶液时,滴定速度一般应保持在 6～8 mL/min。

(3)称量工作基准试剂的质量的数值小于等于 0.5 g 时,按准确至 0.01 mg 称量,数值大于 0.5 g 时,按准确至 0.1 mg 称量。

(4)制备标准滴定溶液的浓度值应在规定浓度值的±5%范围以内。

(5)标定标准滴定溶液的浓度时,须两人进行实验,分别各做 4 个平行,每人 4 个平行测定结果极差的相对值(测定结果的极差值与浓度平均值的比值,以%表示)不得大于重复性临界极差的相对值(重复性临界极差与浓度平均值的比值,以%表示)0.15%,两人共 8 个平行测定结果极差的相对值不得大于重复性临界极差的相对值 0.18%。取两人 8 个平行测定结果的平均值为测定结果。在运算过程中保留 5 位有效数字,浓度值报告结果取 4 位有效数字。

(6)标准滴定溶液的浓度小于等于 0.02 mol/L 时,应于临用前将浓度高的标准滴定溶液用煮沸并冷却的水稀释,必要时重新标定。

(7)除另有规定外,标准滴定溶液在常温(15～25℃)下保存时间一般不超过 2 个月。过期后需重新标定(复标)。当溶液出现浑浊、沉淀、颜色变化等现象时,应重新制备。

(8)储存标准滴定溶液的容器,其材料不应与溶液起理化作用,容器壁厚最薄处不小于0.5 mm。

(9)储存标准滴定溶液的容器应贴标签,标签上注明标准溶液名称、浓度、标定人、复标人、标定日期、有效期、标定温度。

三、基准物质的要求

分析化学中用于直接配制标准溶液或标定分析中操作溶液的物质称为基准物质。基准物质应符合 5 项要求:

(1)纯度(质量分数)应≥99.9%。

(2)组成与其化学式完全相符,如含有结晶水,其结晶水的含量均应符合化学式。

(3)性质稳定,一般情况下不易失水、吸水或变质,不与空气中的氧气及二氧化碳反应。

(4)参加反应时,应按反应式定量地进行,没有副反应。

(5)要有较大的摩尔质量,以减少称量时的相对误差。

常用的基准物质有银、铜、锌、铝、铁等纯金属及氧化物、重铬酸钾、碳酸钾、氯化钠、邻苯二甲酸氢钾、草酸、硼砂等纯化合物。

四、标准溶液的配制方法

标准溶液的配制有直接配制法和间接配制法 2 种。

1. 直接配制法

在分析天平上准确称取一定量的已干燥的基准物质(基准试剂),溶于蒸馏水后,转入已校正的容量瓶中,用纯水稀释至刻度线。

2. 间接配制法

很多试剂并不符合基准物的条件,例如市售的浓盐酸中 HCl 很容易挥发,固体氢氧化钠很容易吸收空气中的水分和二氧化碳,高锰酸钾不易提纯而易分解等。因此,它们都不能直接配制标准溶液。一般先将这些物质配制成近似所需浓度的溶液,再用基准物测定其准确浓度。

五、标准溶液的标定方法

标准溶液有 3 种标定方法：

1. 直接标定法

准确称取一定量的基准物，溶于纯水后用待标定溶液滴定，至反应完全，根据所消耗待标定溶液的体积和基准物的质量，计算出待标定溶液的基准浓度。如用基准物无水碳酸钠标定盐酸或硫酸溶液，就属于这种标定方法。

2. 间接标定法

有一部分标准溶液没有合适的用以标定的基准试剂，只能用另一已知浓度的标准溶液来标定。当然，间接标定的系统误差比直接标定的要大些。如用氢氧化钠标准溶液标定乙酸溶液，用高锰酸钾溶液标定草酸溶液等，都属于这种标定方法。

3. 比较法

用基准物直接标定标准溶液后，为了保证其浓度更准确，采用比较试验验证。例如，盐酸标准溶液用基准物无水碳酸钠标定后，再用氢氧化钠标准溶液进行比较，既可以检验盐酸标准浓度是否准确，也可以考查氢氧化钠标准溶液的浓度是否可靠。

六、常用溶液使用规定

(1)试剂和溶剂的使用期限除特殊情况另有规定外，一般为 1～3 个月，过期必须重配，出现异常情况须重新配制。

(2)试剂瓶的标签要标明试剂的名称、规格、浓度或重量、配制日期和配制人，书写工整。标签应贴在试剂瓶的中上部。应经常擦拭试剂瓶，以保持清洁，过期失效的试剂应及时更换。

(3)需滴加的试剂及指示剂，整齐地排列于操作台上，排列方法按各分析项目所需配套排列。易变质溶液应经常检查，若变质应立即重配。

(4)试剂溶液要用带塞的试剂瓶盛装，见光易分解的溶液要装于棕色瓶中，易挥发、易变质及易放出腐蚀性气体的溶液，瓶塞要盖紧，存放于通风室内，长期存放时要用蜡封。

(5)高温易变质溶液，应存放于冰箱内。

【学习要求】

识记：试剂的分类、标准溶液、一般溶液。

理解：实验室仪器的使用与管理；玻璃器皿的洗涤、干燥与使用方法；实验室药品安全管理措施；溶液配制的方法与注意事项。

应用：在实验过程中做到各种仪器和器皿的规范使用；能够准确配制各种一般溶液和标准溶液。

【知识拓展】

拓展一　电子分析天平的使用

一、操作规程

(一)操作要求

(1)天平载重不得超过最大负荷,被称物应放在干燥、清洁的器皿中称量,挥发性、腐蚀性物体必须放在密封加盖的容器中称量。

(2)被称物体放在天平秤盘中央,开门取被称物体要用力缓慢均匀。

(3)称量完毕及时取出所称物品,关好天平各门,按下电源开关<off>键。

(4)搬动或拆装后应对天平做全面的检定。

(5)天平室内除放必要的设备以外,其他无关的物品禁止放入,规定放在天平室内的物品,应排列整齐,位置固定不乱。

(6)防止阳光直射入天平室内,室内保持在20～28℃,无空气对流。

(7)天平室的相对湿度50%～70%较合适。天平室要求安静、防震、干燥、避光、整齐、清洁。

(8)天平台面、地面保持清洁,一般不用水擦拭。必须用水擦拭时,抹布一定要拧干,并且用干布立即再擦一遍。

(9)天平室要有固定专人管理,负责定期检查、维修与保养天平,及时更换室内和天平室内干燥剂。

(二)使用前准备

安装,调节水平,接通电源。

(三)校准

首次使用前,改变放置位置时必须校验。

(1)开机20～30 min获得稳定的工作温度。

(2)准备好校准砝码。

(3)让天平空载。

(4)按住<Cal/Menu>键不放,直到天平显示出现"Cal"字样后松开该键。所需校准的砝码值会闪现。

(5)将校准砝码置于秤盘中央。

(6)当"0.00 g"闪现时,移去砝码。当天平闪现"CAL done",接着又出现"0.00 g"时,天平的校准结束。天平又回到称量工作方式,等待称量。需要注意的是,只要按<C>键,便可以在任何时候中断天平校准。若短时显示"Abort"字样,则表明校准指令取消,天平又回到称量工作方式。

(四)简单称量

(1)开机:让天平空载并单击<on>键,天平自检,当天平回零时,可以称量。

(2)将样品放在秤盘上,等待直到稳定指示符"0"消失。

(3)读取称量结果。

(4)关机:按住<off>键直到显示"OFF"字样,松开该键。

（五）去皮称量

(1) 开机：让天平空载并单击<on>键，天平自检，当天平回零时，可以称量。

(2) 将空容器放在秤盘上。

(3) 显示质量值。

(4) 去皮：单击<O/T>键。

(5) 向空容器中加料，并显示净重值。

(6) 读取称量结果。

(7) 关机：按住<off>键直到显示"OFF"字样，松开该键。

二、注意事项

(1) 同一实验应使用同一天平。

(2) 天平内散落的药品应及时清理干净。

(3) 热的或冷的物品应放到干燥器中与室温平衡后再进行称量。

(4) 称量时，不要开动和使用前门，而用侧门。

(5) 样品不能直接放在秤盘上称量，应放在经干燥并冷却到室温的器皿内，再放在秤盘上称量，天平的两个秤盘上可放有等重的薄表面皿或硬玻璃纸，硫酸纸作为称量器皿的衬垫，以防止器皿磨损秤盘或秤盘沾污生锈。

(6) 所测得的称量数据要立即记在专用实验记录本上，不允许用草稿纸或零星纸头随便一记。

(7) 称量完毕后，关闭天平，检查一下天平并用软毛刷将秤盘、天平内扫干净，清理好天平台，罩上天平套，填写天平使用记录。

拓展二 盐酸标准溶液的配制及标定

一、配制

按表1-3的规定量取盐酸，注入1 000 mL蒸馏水中，摇匀。

表1-3 不同浓度盐酸标准溶液配制时量取的盐酸体积

盐酸标准溶液的浓度[c(HCl)]/(mol/L)	盐酸的体积(V)/mL
1	90
0.5	45
0.1	9

二、标定

按表1-4的规定称取于270～300℃高温炉中灼烧至恒重的工作基准试剂无水碳酸钠，溶于50 mL蒸馏水中，加10滴溴甲酚绿-甲基红指示剂，用配制好的盐酸标准溶液滴定至溶液由绿色变为暗红色，煮沸2 min，冷却后继续滴定至溶液再呈暗红色。同时做空白试验。

表1-4 工作基准试剂无水碳酸钠的质量

盐酸标准溶液的浓度[c(HCl)]/(mol/L)	工作基准试剂无水碳酸钠的质量(m)/g
1	1.9
0.5	0.95
0.1	0.2

盐酸标准滴定溶液的浓度 $c(\text{HCl})$，数值以 mol/L 表示，按式(1-1)进行计算。

$$c(\text{HCl}) = \frac{m \times 1\,000}{(V_1 - V_2)M} \qquad\qquad (1\text{-}1)$$

式中：m 为无水碳酸钠的质量的准确数值，g；V_1 为盐酸溶液的体积的数值，mL；V_2 为空白试验盐酸溶液的体积的数值，mL；M 为无水碳酸钠的摩尔质量的数值，g/mol $\left[M\left(\frac{1}{2}\text{Na}_2\text{CO}_3\right)=52.994\right]$。

【知识链接】

GB/T 601—2002《化学试剂 标准滴定溶液的制备》，GB/T 602—2002《化学试剂 杂质测定用标准溶液的制备》，GB/T 603—2002《化学试剂 试验方法中所用制剂及制品的制备》，GB/T 14666—2003《分析化学术语》，GB/T 6682—2008《分析实验室用水规格和试验方法》，GB/T 10647—2008《饲料工业术语》。

饲料样品的采集与制备

▶▶ **学习目标**

理解有关采样和制样常用术语的含义；了解样品采集的基本要求；掌握各类饲料样品采集的方法；掌握各类饲料样品制备和保存的方法。

【学习内容】

分析饲料成分,取有代表性的样品是关键步骤之一。从待测饲料原料或产品中抽取一定数量、具有代表性的部分作为样品的过程称为采样。将样品经过干燥、磨碎和混合处理,以便进行理化分析的过程称为样品的制备。饲料样品的采集和制备是饲料分析中两个极为重要的步骤,决定分析结果的准确性,从而影响饲料企业的各种决策。

任务一　样品的采集

一、有关饲料采样的几个术语及概念

(1)交付物:一次给予、发送或收到的某个特定量的饲料的总称。它可能由一批或多批饲料组成。

(2)批(批次):假定特性一致的某个确定量的交付物的总称。

(3)份样:一次从一批产品的一个点所取的样品。

(4)总份样:通过合并和混合来自同一批次产品的所有份样得到的样品。

(5)缩分样:总份样通过连续分样和缩减过程得到的数量或体积近似于试样的样品,具有代表总份样的特征。

(6)实验室样品:由缩分样分取的部分样品,用于分析和其他检测用,并且能够代表该批产品的质量和状况。所取每种样品,一般分 3 份或 4 份实验室样品,一份提交检验,至少一份保存用于复核,如果要求超过 4 份实验室样品,需增加缩分样,以满足最小实验室样品量的要求。

(7)原始样品:也叫初级样品,是从生产现场如田间、牧地、仓库、青贮窖、试验场等的一批受检饲料或原料中最初采取的样品。原始样品一般不少于 2 kg。

(8)次级样品:也叫平均样品,是将原始样品混合均匀或简单地剪碎混匀,从中取出的样品。次级样品一般不少于 1 kg。

(9)风干样品:指自然含水量不高的饲料,一般在 15% 以下。

(10)半干样品:指新鲜饲料原料及产品样品经风干、晾晒或在 65℃ 恒温下烘干后,在室内回潮,使其水分达到相对平衡的样品。

二、采样的目的

样品的采集是饲料分析的关键步骤,采样的根本目的是通过对样品的理化指标的分析,客观反映受检饲料原料或产品的品质。样品的分析结果来源于所取样品,样品能否代表分析的饲料总体,取样即样品采集是十分关键的。

饲料样品的分析结果有不同的用途,可满足商业、技术和法律为目的的质量控制。对饲料工业而言,动物饲料的样品采集左右着许多方面的决策,并且这种影响面很广泛,具体主要表现在以下 8 个方面:

饲料分析检测技术

（1）为饲料配方选择原料。

（2）选择原料供应商。

（3）接收或拒绝某种饲料原料。

（4）判断产品的质量是否符合规格要求和保证值，以决定产品出厂与否或仲裁买卖双方的争议。

（5）判断饲料加工程度和生产工艺控制质量。

（6）分析保管贮存条件对原料和产品质量的影响程度。

（7）保留每一批饲料原料或产品的样品，以备急需时用。

（8）分析测定方法的准确性，比较实验室或人员之间操作误差。由权威实验室仔细分析化验的样品可作为标准样品。将标准样品均匀分成若干平行样品，分别送往不同实验室或人员进行分析，比较不同实验室或人员测定结果的差异，用于校正或确定某一测定方法或某种仪器的准确性，规范实验分析操作规程，提高分析人员的操作水平。

三、采样的要求

（一）样品必须具有代表性

受检饲料容积和质量往往都很大，而分析时所用样品仅为其中的很小一部分，所以样品采集的正确与否决定分析样品的代表性，直接影响分析结果的准确性。因此，在采样时，应根据分析要求，遵循正确的采样技术，并详细注明饲料样品的情况，使采集的样品具有足够的代表性，使采样引起的误差减至最低限度，使所得分析结果能为生产实际所参考和应用。否则，如果样品不具有代表性，即使一系列分析工作非常精密、准确，无论分析了多少个样品的数据，其意义都不大，有时甚至会得出错误结论。事实上，实验室提交的分析数据不可能优于所采集的样品。

（二）必须采用正确的采样方法

正确的采样应该从具不同代表性的区域取几个采样点采取样品，然后把这些样品充分混合成为整个饲料的代表样品，然后再从中分出一小部分作为分析样品用。采样过程中，做到随机、客观，避免人为和主观因素的影响。

（三）样品必须有一定的数量

不同的饲料原料和产品要求采集的样品数量不同，主要取决于以下几个因素。

（1）饲料原料和产品的水分含量。水分含量高，则采集的样品应多，以便干燥后的样品数量能够满足各项分析测定要求；反之，水分含量低，则采集的样品可相应减少。

（2）原料或产品的颗粒大小和均匀度。原料颗粒大，均匀度差，则采集的样品应多。

（3）平行样品的数量。同一样品的平行样品数量越多，则采集的样品数量就越多。

（四）采样人员应有高度责任心和熟练的采样技能

（1）采样人员应具有高度的责任心。

（2）采样人员应通过专门培训，具备相应技能，经考核合格后方能上岗。

（3）采样人员应熟悉各种饲料原料、加工工艺及产品。

（4）采样人员应掌握各种采样方法。

（5）采样人员应会使用各种采样工具。

（五）重视和加强管理

主管部门、权威检测机构和饲料企业必须高度重视采样和分析的重要性，加强管理。管理人员必须熟悉各种原料、加工工艺和产品；对采样方法、采样操作规程和所用工具提供相应规定；对采样人员提供培训和指导。

四、采样的工具与设备

采样工具种类很多，但必须符合要求：能够采集饲料中任何粒度的颗粒，无选择性；对饲料样品无污染，如不增加样品中微量金属元素的含量或引入外来生物或霉菌毒素。目前使用的采样工具主要有以下几种。

（一）探针采样器

也叫探管或探枪，是最常用的干物料采样工具（图2-1）。其规格有多种，有带槽的单管或双管，具有锐利的尖端。

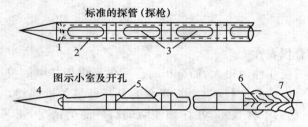

图 2-1　探针采样器示意图

1. 外层套管　2. 内层套管　3. 分隔小室　4. 尖顶端
5. 小室间隔　6. 锁扣　7. 固定木柄

（二）锥形取样器

该种取样器是用不锈钢制作的，呈锥体形，具有一个尖头和一个开启的进料口。

（三）液体采样器

用空心探针取样，空心探针实际上是一个镀镍或不锈钢的金属管，直径为 25 mm，长度为 750 mm，管壁有长度为 715 mm，宽度为 18 mm 的孔，孔边缘圆滑，管下皆为圆锥形，与内壁呈 15°，管上端装有把柄。常用于桶和小型容器的采样。

（四）自动采样器

自动采样器可安装在饲料厂的输送管道、分级筛或打包机等处，能够定时、定量采集样品。自动采样器适合于大型饲料企业，其种类很多，根据物料类型和特性、输送设备等进行选择。

（五）其他采样器

剪刀（或切草机）、刀、铲、短柄或长柄勺等也是常用的采样器具。

五、采样方法

采样前，必须记录与原料或产品相关的资料，如生产厂家，生产日期，批号，种类，总量，包装堆积形式,运输情况,贮存条件和时间,有关单据和证明,包装是否完整,有无变形、破损、霉变等。从大批(或大数量)饲料或大面积牧地上,按照不同的部位即深度和广度来分别采取一部分,然后混合而成的为原始样品,采集量一般不得少于 2 kg。将原始样品混合均匀得次级样品,也叫平均样品,平均样品一般不少于 1 kg。次级样品经粉碎、混匀等处理后,从中取出一部分即为分析样品,用于实验室分析,完成采样过程。

一般来说,采样的方法有两种:

1. 几何法

是指把整个一堆物品看成一种规则的几何立体,如立方体、圆柱体、圆锥体等。取样时首先把这个立体分成若干体积相等的部分(虽然不便实际去做,但至少可以在想象中将其分开),这些部分必须在全体中分布均匀,即不只是在表面或只是在一面。从这些部分中取出体积相等的样品,这些部分的样品称为支样,再把这些支样混合即得样品。

几何法常用于采集原始样品和大批量的原料。

2. 四分法

是指将样品平铺在一张平坦而光滑的方形纸或塑料布、帆布等上面(大小视样品的多少而定),提起一角,使饲料流向对角,随即提起对角使其流回,用此法将四角轮流反复提起,使饲料反复移动混合均匀,然后将饲料堆成等厚的正四方体或圆锥体,用药铲、刀子或其他适当器具,在饲料样品上划一"十"字,将样品分成 4 等份,任意弃去对角的 2 份,将剩余的 2 份混合,继续按前述方法混合均匀、缩分,直至剩余样品数量与测定所需要的用量相接近时为止。

四分法常用于小批量样品和均匀样品的采样或从原始样品中获取次级样品和分析样品,如图 2-2 所示。

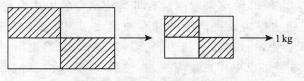

图 2-2　四分法缩样示意图

六、不同饲料样品的采集

不同饲料样品的采集因饲料原料或产品的性质、状态、颗粒大小或包装方式不同而异。

(一)粉状和颗粒饲料

1. 散装

散装的原料应在机械运输过程中的不同场所(如滑运道、传送带等处)取样。如果在机械运输过程中未能取样,则可用探管取样,但应避免因饲料原料不匀而造成的错误取样。

取样时,用探针从距边缘 0.5 m 的不同部位分别取样,然后混合即得原始样品。取样点的分布和数目取决于批次的重量,见表 2-1。也可在卸车时用长柄勺或自动采样器,间隔相等时间,截断落下的料流取样,然后混合得原始样品。

表 2-1　随机选择份样的最小数量　　　　　　　　　　　　　　　个

批次的重量(m)/t	份样的最小数量	批次的重量(m)/t	份样的最小数量
≤2.5	7	>2.5	$\sqrt{20m}$,不超过 100

2. 袋装

用抽样锥随意从不同袋中分别取样,然后混合得原始样品。每批采样的袋数取决于总袋数、颗粒大小和均匀度,有不同的方案。如果饲料原料总质量(m)小于 1 kg,采集方案见表 2-2;如果饲料原料总质量(m)大于 1 kg,采集方案见表 2-3。

表 2-2　随机选择份样的最小数量($m<1$ kg)　　　　　　　　个

批次的包装袋数(n)	份样的最小数量	批次的包装袋数(n)	份样的最小数量
1～6	每袋取样	>24	$\sqrt{2n}$,不超过 100
7～24	6		

表 2-3　随机选择份样的最小数量($m>1$ kg)　　　　　　　　个

批次的包装袋数(n)	份样的最小数量	批次的包装袋数(n)	份样的最小数量
1～4	每袋取样	>16	$\sqrt{2n}$,不超过 100
5～16	4		

取样时,用口袋探针从口袋的上下两个部位采样,或将袋平放,将探针的槽口向下,从袋口的一角按对角线方向插入袋中,然后转动器柄使槽口向上,抽出探针,取出样品。

大袋的颗粒饲料在采样时,可采取倒袋和拆袋相结合的方法取样,倒袋和拆袋的比例为1∶4。倒袋时,先将取样袋放在洁净的样布或地面上,拆去袋口缝线,缓慢地放倒,双手紧捏袋底两角,提起约 50 cm 高,边拖边倒,至 1.5 m 远全部倒出,用取样铲从相当于袋的中部和底部取样,每袋各点取样数量应一致,然后混匀。拆袋时,将袋口缝线拆开 3～5针,用取样铲从上部取出所需样品,每袋取样数量一致。将倒袋和拆袋采集的样品混合即得原始样品。

3. 仓装

一种方法是原始样品在饲料进入包装车间或成品库的流水线或传送带上、贮塔下、料斗下、秤上或工艺设备上采集,具体方法:用长柄勺或自动采样器,间隔时间相同,切断落下的饲料流。间隔时间应根据产品移动的速度来确定,同时要考虑到每批选取的原始样品的总量。对于饲料级硫酸盐、动物性饲料粉和鱼粉应不少于 2 kg,而其他饲料产品则不低于 4 kg。另一种方法是用于采集贮藏在饲料库中散状产品原始样品的按高度分层采样。采样前将层表面划分为 6 个等份,在每一部分的四方形对角线的四角和交叉点 5 个不同地方采样。料层厚度在 0.75 m 以下时,从两层中选取,即从距料层表面 10～15 cm 深处的上层和靠近地面的下层选取;当料层厚度在 0.75 m 以上时,从 3 层中选取,即除了从距料层表面 10～15 cm 深处的上层和靠近地面的下层选取外,还需在中层选取,采集时从上而下进行。料堆边缘的点应距边缘 50 cm 处,底层距底部 20 cm,见图 2-3。

饲料分析检测技术

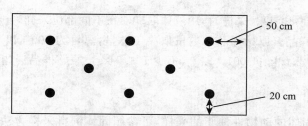

图 2-3　仓装料取样示意图

圆仓可按高度分层,每层分内(中心)、中(半径的一半处)、外(距仓边 30 cm 左右)3 圈,圆仓直径在 8 m 以下时,每层按内、中、外分别采 1,2,4 个点,共 7 个点,直径在 8 m 以上时,每层按内、中、外分别采 1,4,8 个点,共 13 个点,见图 2-4。将各点样品混匀即得原始样品。

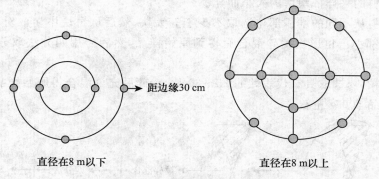

直径在 8 m 以下　　　　　　　直径在 8 m 以上

图 2-4　圆仓装料取样示意图

(二)液体或半固体饲料

1. 液体饲料

桶或瓶装的植物油等液体饲料应从不同的包装容器中分别取样,然后混合。如果液体饲料的总体积(V)不超过 1 L,则最小抽取容器数参见表 2-4;如果液体饲料的总体积超过 1 L,最小抽取容器数参见表 2-5。

表 2-4　最小抽样容器数($V<1$ L)　　　　　　　　　　　　　　个

批次内含的容器数(n)	最小的抽取容器数	批次内含的容器数(n)	最小的抽取容器数
≤16	4	>16	$\sqrt{2n}$,不超过 50

表 2-5　最小抽样容器数($V>1$ L)　　　　　　　　　　　　　　个

批次内含的容器数(n)	最小的抽取容器数	批次内含的容器数(n)	最小的抽取容器数
1~4	逐个	>16	$\sqrt{2n}$,不超过 50
5~16	4		

取样时,将桶内饲料搅拌均匀(或摇匀),然后将空心探针缓慢地自桶口插至桶底,然后压紧上口提出探针,将液体饲料注入样品瓶内混匀。

对散装(大池或大桶)的液体饲料按散装液体高度分上、中、下 3 层分层布点取样。上层距液面约 40 cm 处,中层设在液体中间,下层距池底 40 cm 处,3 层采样数量的比例为 1:3:1

（卧式液池、车槽为1:8:1）。采样时，用液体取样器在不同部位采样，并将各部位采集的样品进行混合，即得原始样品。原始样品的数量取决于总量，总量为500 t以下，应不少于1.5 kg；501～1 000 t，不少于2.0 kg；1 001 t以上，不少于4.0 kg。原始样品混匀后，再采集1 kg做次级样品备用。

2. 固体油脂

对在常温下呈固体的动物性油脂的采样，可参照固体饲料采样方法，但原始样品应通过加热熔化混匀后，才能采集次级样品。

3. 黏性液体

黏性浓稠饲料如糖蜜，可在卸料过程中采用抓取法，定时用勺等器具随机采样。

(三)块饼类

块饼类饲料的采样依块饼的大小而异。

大块状饲料从不同的堆积部位选取不少于五大块，然后从每块中切取对角的小三角形（图2-5），将全部小三角形块捶碎混合后得到原始样品，然后再用四分法取分析样品500 g左右。

小块的油粕，要选取具有代表性的25～30片，粉碎后充分混合得原始样品，然后再用四分法取分析样品500 g左右。

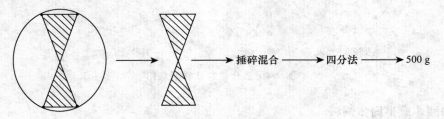

图2-5 块饼类饲料采样示意图

(四)副食及酿造加工副产品

此类饲料包括酒糟、醋糟、粉渣和豆渣等。取样方法是：在贮藏池、木桶或贮堆中分上、中、下3层取样。视池、桶或堆的大小每层取5～10个点，每点取100 g放入瓷桶内充分混合得原始样品，然后从中随机取分析样品约1 500 g，用200 g测定初水分，其余放入大瓷盘中，在60～65℃恒温干燥箱中干燥供制风干样品用。

对豆渣和粉渣等含水较多的样品，在采样过程中应注意避免汁液损失。

(五)块根、块茎和瓜果类饲料

这类饲料的特点是含水量大，由不均匀的大体积单位组成。采样时，通过采集多个单独样品来消除个体间的差异。样品个数的多少，根据样品的种类和成熟的均匀与否，以及所需测定的营养成分而定，见表2-6。

表2-6 块根、块茎和瓜果类取样数量　　　　　　　　　　　　　　　　　　　　个

种　类	取样数量	种　类	取样数量
一般块根、块茎饲料	10～20	胡萝卜	20
马铃薯	50	南瓜	10

采样时,从田间或贮藏窖内随机分点采取原始样品 15 kg,按大、中、小分堆称重求出比例,按比例取 5 kg 次级样品。先用水洗干净,洗涤时注意勿损伤样品的外皮,洗涤后用布拭去表面的水分。然后,从各个块根或瓜果的顶端至根部纵切具有代表性的对角 1/4,1/8,1/16……,直至适量的分析样品,迅速切碎后混合均匀,取 300 g 左右测定初水分,其余样品平铺于洁净的瓷盘内或用线串联置于阴凉通风处风干 2~3 d,然后在 60~65℃的恒温干燥箱中烘干备用。

(六)新鲜青绿饲料及水生饲料

新鲜青绿饲料包括天然牧草、蔬菜类、作物的茎叶和藤蔓等。一般取样是在天然牧地或田间,在大面积的牧地上应根据牧地类型划区分点采样(图 2-6)。每区选 5 个以上的点,每点为 1 m² 的范围,在此范围内离地面 3~4 cm 处割取牧草,除去不可食草,将各点原始样品剪碎,混合均匀得原始样品。然后,按四分法取分析样品 500~1 000 g,取 300~500 g 用于测定初水分,一部分立即用于测定胡萝卜素等,其余在 60~65℃的恒温干燥箱中烘干备用。

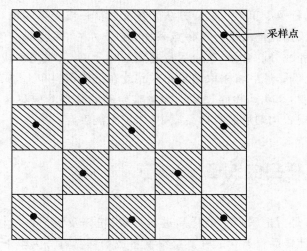

图 2-6　草地及田间采样示意图

栽培的青绿饲料应视田块的大小,按上述方法等距离分点,每点采一至数株,切碎混合后取分析样品。该方法也适用于水生饲料,但注意采样后应晾干样品外表游离水分,然后切碎取分析样品。

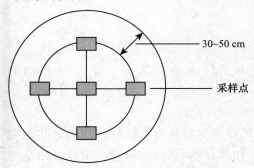

图 2-7　圆形青贮窖采样部位示意图

(七)青贮饲料

青贮饲料的样品一般在圆形窖、青贮塔或长形壕内采样。取样前应除去覆盖的泥土、秸秆以及发霉变质的青贮饲料。原始样品质量为 500~1 000 g。长形青贮壕的采样点视青贮壕长度大小分为若干段,每段设采样点分层取样(图 2-7 和图 2-8)。

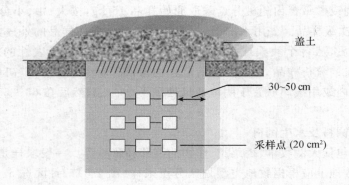

右侧标注：
盖土
30~50 cm
采样点 (20 cm²)

图 2-8　长形青贮壕采样部位示意图

(八)粗饲料

这类饲料包括秸秆及干草类。取样方法为在存放秸秆或干草的堆垛中选取 5 个以上不同部位的点采样(即采用几何法取样)，每点采样 200 g 左右，采样时应注意由于干草的叶子极易脱落，影响其营养成分的含量，故应尽量避免茎叶分离，采取完整或具有代表性的样品，保持原料中茎叶的比例。然后将采取的原始样品放在纸或塑料布上，剪成 1～2 cm 长度，充分混合后取分析样品约 300 g，粉碎过筛。少量难粉碎的秸秆渣应尽量捶碎弄细，并混入全部分析样品中，充分混合均匀后装入样品瓶中，切记不能丢弃。

任务二　样品的制备

试验样品的制备是指把采集到的样品进行分取、粉碎及混匀的过程。其目的在于保证样品的均匀性，从而使样品具有代表性。最终制备成的样品可分为半干样品和风干样品。

一、风干样品的制备

风干样品是指自然含水量不高的饲料，一般含水量在 15％ 以下，如玉米、小麦等作物的干籽实，糠麸，青干草，配合饲料等。

风干样品的制备过程包括以下步骤。

(一)样品的缩分

对不均匀的总份样经过一定处理如剪碎或捶碎等混匀，按四分法进行缩分。对均匀的样品如玉米、粉料等，可直接用四分法进行缩分。

(二)样品的粉碎

样品制备常用的粉碎设备有高速样品粉碎机、植物样本粉碎机、旋风磨、咖啡磨和滚筒式样品粉碎机。其中最常用的是高速样品粉碎机。植物样本粉碎机易清洗，不会过热及使水分发生明显变化，能使样品经研磨后完全通过适当筛孔的筛。旋风磨粉碎效率较高，但在粉碎过程中水分有损失，需注意校正。

(三)样品过筛

样品用高速样品粉碎机粉碎,通过孔径为 1.00～0.25 mm 孔筛即得分析样品。主要分析指标样品粉碎粒度要求见表 2-7。注意不易粉碎的粗饲料如秸秆渣等在粉碎机中会剩余极少量难以通过筛孔,这部分决不可抛弃,应尽力粉碎,如用剪刀仔细剪碎后一并均匀混入样品中,避免引起分析误差。将粉碎完毕的样品 200～500 g 装入磨口广口瓶内保存备用,并注明样品名称、制样日期和制样人等。

表 2-7　主要分析指标样品粉碎粒度的要求

指　标	分析筛规格/目	筛孔直径/mm
水、粗蛋白质、粗脂肪、粗灰分、钙、磷、盐	40	0.42
粗纤维、体外胃蛋白酶消化率	18	1.00
氨基酸、微量元素、维生素、脲酶活性、蛋白质溶解度	60	0.25

二、半干样品的制备

(一)半干样品的制备过程

半干样品由新鲜的青绿饲料、青贮饲料等制备而成。这些新鲜样品含水量高,占样品质量的 70%～90%,不易粉碎和保存。除少数指标如胡萝卜素的测定可直接使用新鲜样品外,一般在测定饲料的初水含量后制成半干样品,以便保存,供其余指标分析备用。

初水分是指新鲜样品在 60～65℃的恒温干燥箱中烘 8～12 h,除去部分水分,然后回潮使其与周围环境条件的空气湿度保持平衡,在这种条件下所失去的水分称为初水分。去掉初水分之后的样品为半干样品。即半干样品的制备包括烘干、回潮和恒重 3 个过程。最后,半干样品经粉碎机磨细,通过 1.00～0.25 mm 孔筛,即得分析样品。将分析样品装入磨口广口瓶中,在瓶上贴上标签,注明样品名称、采样地点、采样日期、制样日期、分析日期和制样人,然后保存备用。

(二)初水分的测定步骤

1. 瓷盘称重

在普通天平上称取瓷盘的质量。

2. 称样品重

用已知质量的瓷盘在普通天平上称取新鲜样品 200～300 g。

3. 灭酶

将装有新鲜样品的瓷盘放入 120℃烘箱中烘 10～15 min。目的是使新鲜饲料中存在的各种酶失活,以减少对饲料养分分解造成的损失。

4. 烘干

将瓷盘迅速放在 60～70℃烘箱中烘一定时间,直到样品干燥容易磨碎为止。烘干时间一般为 8～12 h,取决于样品含水量和样品数量。含水量低、数量少的样品也可能只需 5～6 h 即可烘干。

5. 回潮和称重

取出瓷盘,放置在室内自然条件下冷却 24 h,然后用普通天平称重。

6. 再烘干

将瓷盘再次放入 60～70℃烘箱中烘 2 h。

7. 再回潮和称重

取出瓷盘,同样在室内自然条件下冷却 24 h,然后用普通天平称重。

如果两次质量之差超过 0.5 g,则将瓷盘再放入烘箱,重复上述步骤,直至两次称重之差不超过 0.5 g 为止。最低的质量即为半干样品的质量。将半干样品粉碎至一定细度即为分析样品。

8. 计算公式

饲料中初水分含量按式(2-1)计算:

$$初水分含量 = \frac{新鲜样品 - 半干样品}{新鲜样品} \times 100\% \tag{2-1}$$

任务三　样品的登记与保管

一、样品的登记

制备好的风干样品或半干样品均应装在洁净、干燥的磨口广口瓶内作为分析样品备用。瓶外贴有标签,标明样品名称、采样和制样时间、采样和制样人等。此外,分析实验室应有专门的样品登记本,系统地详细记录与样品相关的资料,要求登记的内容如下。

(1)样品名称(一般名称、学名和俗名)和种类(必要时须注明品种、质量等级)。

(2)生长期(成熟程度)、收获期、茬次。

(3)调制和加工方法及贮存条件。

(4)外观性状及混杂度。

(5)采样地点和采集部位。

(6)生产厂家、批次和出厂日期。

(7)质量。

(8)采样和制样人姓名。

二、样品的保管

采集的样品最好立即进行分析,以防其中水分或挥发性物质的散失及其他待测物质含量的变化而引起分析误差。若不能马上分析,则必须加以妥善保存和管理。

1. 保存条件

样品应在干燥处、避光及密封保存,尽可能低温保存,并做好防虫措施。具体可根据不同饲料样品的情况来确定适宜的保存方法。

2. 保存时间

样品保存时间的长短应有严格规定,这主要取决于原料更换的快慢。此外,某些饲料在饲喂后可能出现问题,故该饲料样品应长期保存,备做复检用。但一般条件下原料样品应保留 2 周,成品样品应保留 1 个月(与对客户的保险期相同)。有时为了特殊目的饲料样品需保管 1～2 年。对需长期保存的样品可用锡铝纸软包装,经抽真空充氮气后(高纯氮气)密封,在冷库中保存备用。饲料质量检验监督机构的样品保存期一般为 3～6 个月。

饲料样品应由专人采集、登记、制备与保管。

【学习要求】

识记:采样、四分法、几何法、交付物、批次、份样、总份样、缩分样、实验室样品、原始样品、次级样品、风干样品、半干样品、样品的制备、初水分、恒重。

理解:饲料样品采集的重要性;饲料样品采集的要求;饲料样品采集的原则;饲料样品采集的方法;饲料样品制备的方法;样品登记时,书写的内容。

应用:能够使用各种采样工具,在不同情况下准确采得饲料样品;能够对各种饲料样品进行制备;能够妥善做好样品的登记与保管。

【知识拓展】

表 2-8　常用原料现场验收标准

原料	正常原料感官性状	拒收原料感官性状
玉米	色泽气味正常,籽粒整齐,无异味,无结块,无活虫,无农药残留	色杂,籽粒不均,有异味异臭
小麦	黄褐色,籽粒整齐,色泽新鲜一致,无发酵霉变、结块及异味异臭,无活虫及发热	色泽灰红,籽粒不均,发热,发酸,虫蛀较多,口感酸木
次粉	细粉状,粉白色至浅褐色,气味新鲜,无霉变结块,无发酵,无活虫,无掺假	非细粉状,色泽不一致,有结块、霉变、异味异臭或掺杂
小麦麸	细碎屑状,新鲜一致的浅褐色或浅黄色,气味新鲜,无霉味,无发酵,无活虫,无掺假,无酸败	色泽灰暗,发热,结块像有丝连接,发酸,有掺杂
玉米 DDGS	黄褐色,碎粉状或颗粒状,具酒糟香味,无发热结块,无霉变,无掺杂	黑褐色,粒度不一,有霉变及异味异臭,有掺杂掺假现象
米糠	米白色或浅黄白色,碎粉状,色泽新鲜,无发酵酸败、异味异臭,无结块,无发热,无掺杂	粒度不一,有酸败及异味异臭,有结块、掺杂掺假现象
玉米胚芽粕	黄或浅褐色不规则片状,略带机榨黑色,具玉米香味,无杂质,无霉变	有哈喇味,有霉变
喷浆玉米皮	黄褐色片状或碎片状,具特有香味,无杂质,无霉变	色杂,有异味,有杂质、霉变
膨化玉米	浅黄色或浅褐色,粗粉状或碎屑状,具特有香味,无杂质,无霉变	色杂,有部分霉变,有异味异臭

项目二　饲料样品的采集与制备

原料	正常原料感官性状	拒收原料感官性状
大豆粕	淡黄色、金黄色或浅褐色不规则碎片,色泽一致,具有豆粕的新鲜香味,无发酵、霉变、结块、虫蛀及异味异臭,无掺杂,无发热	色泽不一致,有霉变、结块及异味异臭,有掺杂掺假及发热现象
高蛋白大豆粕	淡黄色、金黄色或浅褐色不规则碎片或有颗粒及小团块,色泽一致,具有豆粕的新鲜香味,无发酵、霉变、结块、虫蛀及异味异臭,无掺杂,无发热	色泽不一致,有霉变、结块及异味异臭,有掺杂掺假现象
菜籽粕	黄色或黄褐色、黑褐色、黑红色碎片或粗粉状,具菜籽油香味,无发酵、霉变、结块、发热及异味异臭,无掺杂	色泽不均匀,有霉变、结块及发热、发潮,有掺杂掺假现象
菜籽饼	褐色,小瓦片或饼状,有菜籽饼香味,无掺假、霉变、异味	深褐色,有霉变、结块及异味异臭,有掺杂掺假现象
高蛋白棉籽粕	浅黄或黄褐色,碎屑或片状,具棉籽油香味,无发酵、霉变、结块、发热及异味异臭,棉绒棉壳少,无掺杂	形状不一,色深褐,有霉变、结块及异味异臭,有较多棉壳棉绒
棉籽粕	浅黄或黄褐色,灰红色碎屑或片状,具棉籽油香味,无发酵、霉变、结块、虫蛀及异味异臭,无掺杂	形状不一,色深褐,有霉变、结块及异味异臭,有较多棉壳棉绒
低蛋白棉籽粕	浅黄或黄褐色,灰红色碎屑或片状,具棉籽油香味,无发酵、霉变、结块、虫蛀及异味异臭,无掺杂	形状不一,色深褐,有霉变、结块及异味异臭,有较多棉壳棉绒
棉籽蛋白	浅黄、黄褐色或灰红色,碎屑或粗粉状,具棉籽油香味,无发酵、霉变、结块、虫蛀及异味异臭,无掺杂掺假	色深褐,有霉变、结块及异味异臭,有较多棉壳棉绒
花生粕	新鲜一致的黄褐色或浅褐色,不规则小块状或碎屑状,无发酵、霉变、结块,无油哈喇味,无掺杂	色泽不一致,有霉变、大块及异味异臭,有掺杂掺假现象
高蛋白玉米蛋白粉	橘黄、金黄或浅褐色细粉微粒状,有发酵气味,色泽新鲜一致,无酸败、霉变、结块及异味异臭,无掺杂	浅黄色,色泽不一致,有霉变、大块及异味异臭,有掺杂掺假现象
玉米蛋白粉	橘黄、金黄或浅褐色细粉微粒状,有发酵气味,色泽新鲜一致,无酸败、霉变、结块及异味异臭,无掺杂	浅黄色,色泽不一致,有霉变、大块及异味异臭,有掺杂掺假现象
啤酒酵母	浅黄色,具酵母的特殊气味,无掺杂掺假,无霉变、结块及异味异臭	有结块及异味异臭,有掺杂掺假现象
膨化大豆	黄色,碎粒状,具大豆油香味,无发酵、霉变、结块及异味异臭,无掺杂及污染	深褐色,有霉变、结块及异味异臭,有掺杂掺假现象

原料	正常原料感官性状	拒收原料感官性状
啤酒糟	新鲜一致的浅褐色粉状物,具有谷物发酵的香味,无霉变,无发热结块,无掺假	灰褐色,有腐败味,有霉变、结块及掺假现象
肉粉	黄褐色,肉松状,具肉香味,无发酵,无烧焦结块、虫蛀及异味异臭,无掺杂	黑褐色,有霉变、结块及异味异臭,有掺杂掺假现象
水解羽毛粉	浅褐色或深褐色粉状,具肉香味,无发酵、酸败及异味异臭,无掺杂	黑褐色,有霉变及异味异臭,有掺杂掺假现象
血粉	暗红色或褐色,粉状,具特殊血腥味,无发酵、霉变、结块,无腐败变质气味,无掺杂	黑褐色,有霉变、结块及异味异臭,有掺杂掺假现象
鱼粉(进口)	新鲜一致的浅茶褐色、深茶褐色、浅茶色、浅黄色或灰白色(依鱼种),鱼粉正常气味不可有酸味、霉味、腐味、焦煳味、臭味,无霉变、结块,无发热、掺杂	深褐,有霉变、结块及异味异臭,有掺杂掺假现象
鱼粉(国产)	新鲜一致的浅茶褐色、深茶褐色、浅茶色、浅黄色或灰白色(依鱼种),鱼粉正常气味不可有酸味、霉味、腐味、焦煳味、臭味,无霉变、结块,无发热、掺杂	深褐,有霉变、结块及异味异臭,有掺杂掺假现象
高蛋白肉骨粉	新鲜一致的浅褐色或深褐色粉状,具肉味或烤肉香味,无酸味、霉味、腐味、焦煳味、臭味,无掺杂掺假,无霉变、结块	色泽不一致,有不良气味(哈喇味)、结块及异味异臭,有掺杂掺假现象
肉骨粉	新鲜一致的浅褐色或深褐色粉状,具肉味或烤肉香味,无酸味、霉味、腐味、焦煳味、臭味,无掺杂掺假,无霉变、结块	色泽不一致,有不良气味(哈喇味)、结块及异味异臭,有掺杂掺假现象
稻糠	米白色或浅黄白色,粉或面状,色泽新鲜,无发酵腐败、异味异臭,无结块,无发热,无掺杂	有霉变、酸败及异味异臭,有结块、掺杂掺假现象
鱼油	加温到 40℃ 时油色橙黄或橙红,稍微混浊,有微量或少量沉淀物存在,正常的鱼腥味,无掺假	色深红,有腐败鱼腥味,严重混浊,有掺假现象
豆油	油色橙黄至棕黄,气味正常,有微量或少量沉淀物存在,无掺假	色泽、气味、滋味发生异常,有哈喇味,混浊,有明显悬浮物存在,有掺假现象
磷酸氢钙	全部通过 12 目筛,白色粉末或粒状,流动性好,粉状细度在 60 目以上,粒状细度在 30~60 目	色泽不一致,粒度不均匀,有掺杂掺假现象
磷酸二氢钙	全部通过 12 目筛,白色粉末或粒状,流动性好	色泽不一致,粒度不均匀,有掺杂掺假现象

项目二 饲料样品的采集与制备

31

原料	正常原料感官性状	拒收原料感官性状
石粉	白色、灰白色粉末状或细粒状，流动性好，无杂物；颗粒状：粒度12～14目(产蛋鸡浓缩料和全价料)和18目(雏鸡、青年鸡、肉鸡浓缩料和全价粉料)；细粉状：粒度40～80目(猪浓缩料、颗粒料、预混料)，40目筛上物≤5％，80目筛上物≥55％	色泽不一致，流动性不好，粒度不均
食盐	白色结晶，无潮解、结块，流动性好	白色结晶，无潮解、结块，流动性差
脱脂米糠粕	新鲜度一致，无哈喇味，浅白色或浅黄色，颜色均一，有淡淡的甜味，无发霉现象	色泽不一致，有哈喇味等

【知识链接】

GB/T 14699.1—2005《饲料 采样》，GB/T 20195—2006《动物饲料 试样的制备》，GB 10648—2013《饲料标签》。

饲料物理性状的检验与鉴定

➤➤ **学习目标**

　　掌握饲料的感官鉴定方法;掌握饲料的物理鉴定方法;掌握各类饲料样品定性鉴别技术;掌握显微镜检测的方法。

任务一 饲料的鉴定

饲料的鉴定是指根据饲料的形态特征、理化性质,鉴别饲料原料的种类、质量或混杂物的方法。饲料的鉴定方法有感官方法、物理方法、快速化学方法和化学分析方法。其中化学分析方法为定量分析,其余方法为定性分析。

▶ 一、感官鉴定

饲料的感官鉴定方法是常用的检测方法,也是最原始、最简单、最快速、最廉价、简便易行、不需要特殊器材的检测方法。感官检测是检验人员凭经验得出的判断,带有主观性,同时也受到某些内在和外界因素的限制,导致判断不是十分准确,所以感官检测应与其他检测方法相结合。此法是对样品不加以任何处理,直接通过感觉器官进行鉴定。

1. 视觉

观察饲料的形状、色泽、颗粒大小,有无霉变、虫蛀、硬块、异物等。

2. 味觉

通过舌舔和牙咬来辨别有无异味和干燥程度等。

3. 嗅觉

嗅辨饲料气味是否正常,鉴别有无霉臭、腐臭、氨臭、焦臭等。

4. 触觉

将手插入饲料中或取样品在手上,用指头捻,通过感触来判断粒度大小、软硬度、黏稠性、有无夹杂物及水分含量等。

▶ 二、物理鉴定

(一)筛别法

可用来判断颗粒的大小、细粉和异物含量及种类。

1. 颗粒粒度测定

粒度对原料的混合特性和制粒能力是一个非常重要的因素,也是饲料或原料在散仓内堵塞或起拱的因素,同时也是影响饲料利用率的重要因素。粒度测定方法是将饲料样品通过孔径大小不同的一组分析筛(例如筛孔直径为 0.5,1,2 mm),分别测定各级饲料的质量,按照公式计算颗粒的平均粒度。同时,也可判断饲料样品中的异物种类和数量。

分级筛的层数有 4 层、8 层、15 层等。商业部关于饲料粉碎机的试验方法中,规定了使用 4 层筛法来测定饲料成品的粗细度。将饲料样品用孔径为 2.00,1.10,0.425 mm 和底筛(盲筛)组成的分析筛,在振动机上振动筛分,各层筛上物用感量为 0.1 g 的天平分别称重,按下式计算算术平均粒径(ϕ,mm):

$$算数平均粒径 = \frac{1}{100} \times \left(\frac{a_0 + a_1}{2} \times p_0 + \frac{a_1 + a_2}{2} \times p_1 + \frac{a_2 + a_3}{2} \times p_2 + \frac{a_3 + a_4}{2} \times p_3 \right)$$

式中：a_0、a_1、a_2、a_3 分别为由底筛上数各层筛的孔径，mm，筛比为 2～2.35；a_4 为假设的 2.00 mm孔径筛的筛上物能全部通过的孔径，此处按筛比为 2 计算时，$a_4 = 4.0$ mm；p_0、p_1、p_2、p_3 为由底筛上数各层筛的筛上物质量，g。

2. 细粉含量测定

细粉含量可反映颗粒饲料的加工质量，主要与饲料的调制和颗粒饲料的黏结性有关。测定方法是将原始样品称重，然后通过一定孔径的分析筛，仔细收集细粉并称重，计算细粉的百分含量。也可称取筛上物质量，计算筛上物百分含量。同一批生产的饲料的不同部分的细粉含量差异很大。因此，需要检测多个样品或进行多次检测试验，以获得代表该批产品的检测结果。

(二)容重法

1. 容重及测定意义

容重是指单位体积的饲料所具有的质量，通常以 g/L 计。各种饲料原料均有其一定的容重。测定饲料样品的容重，并与标准纯品的容重进行比较，可判断有无异物混入和饲料的质量。如果饲料原料中含有杂质或掺杂物，容重就会改变（或大或小）。在判断时，应对饲料样品进行仔细观察，特别要注意细粉粒。一般说来，掺杂物常被粉碎得特别细小以逃避检查。容重测定结果，可提示检验分析人员做进一步的观察，如饲料的形状、颜色、粒度、软硬度、气味、霉菌和污点等外观鉴别和化验分析。

2. 容重的测定方法

有排气式容重器测定法和简易测定法。下面介绍简易测定法：

(1)样品制备：饲料样品应彻底混合，无须粉碎。

(2)仪器与设备：粗天平(感量 0.1 g)，1 000 mL 量筒 4 个，不锈钢盘(30 cm×40 cm) 4 个，小刀，药匙等。

(3)测定步骤：用四分法取样，然后将样品非常轻而仔细地放入 1 000 mL 的量筒内，用药匙调整容积，直到正好达 1 000 mL 刻度为止。注意：放入饲料样品时应轻放，不得打击。将样品从量筒中倒出并称重。反复测量 3 次，取平均值，即为该饲料的容重。常用原料容重见表 3-1。

表 3-1 常用原料容重   g/L

原料	容重	原料	容重	原料	容重
棉籽壳	192.7	玉米蛋白粉	500～600	小麦	610.2～626.2
小麦麸	208.7	木薯粉	533.4～551.6	玉米	626.2
苜蓿(干)	224.8	玉米胚芽粕	540～560	乳清粉	642.3
燕麦	273.0～321.1	羽毛粉	545.9	干啤酒酵母	658.3
次粉	291～540	家禽副产品	545.9	玉米粉	701.8～722.9
干啤酒糟	321.1	高粱	545.9	高粱粉	706.9～733.7
稻壳	337.2	菜籽粕	560	肉粉	786.8
米糠	350.7～337.7	鱼粉	562.0	骨粉	800～960
燕麦粉	352.2	玉米和玉米芯粉	578.0	油脂	834.9～867.1
大麦	353.2～401.4	肉骨粉	594.3	磷酸盐	915.2～931.3
花生饼粉	465.6	大豆饼粕	594.1～610.2	石粉	1 090～1 425
玉米麸质粉	481.7	棉籽饼粉	594.1～642.3	细盐	1 120～1 280
葵花粕	500～530	血粉	610.2	糖蜜	1 413

(三)比重鉴别法

比重鉴别法是根据饲料样品在一定比重溶剂中的沉浮情况来鉴别是否混入异物、异物种类和混入比例。该方法比较简单有效,在实际中易于应用。例如使用甲苯(0.88)、水(1.00)、氯仿(1.47)、四氯化碳(1.58)、三溴甲烷(2.90),可鉴别出细粉及其他各种饲料中混杂的土砂等异物。

混入土砂的鉴别方法:用试管或细长的玻璃杯盛上饲料样品,加入 4~5 倍的蒸馏水(或干净自来水等),充分振荡混合,静置一段时间后,因为土砂等异物的比重大,所以沉降在试管的最底部,很容易鉴别出来。

三、定性鉴定与快速鉴别

快速化学鉴定方法是利用饲料成分的化学性质所进行的点滴试验,主要用于定性分析,以快速判断饲料中是否存在某些特定的化学物质,如淀粉、脲酶等。这些方法简便易行,在饲料厂和养殖场均可使用。

(一)淀粉的检验

1. 试剂

碘-碘化钾溶液:0.5 g 碘和 0.5 g 碘化钾溶于 50 mL 蒸馏水中。

2. 测定步骤

在白色器皿内放上少量饲料样品,加入碘-碘化钾溶液,若有淀粉存在,则呈明显的深蓝色。例如,鱼粉、肉粉等动物性饲料内应当不含淀粉,但如果应用这个方法检查出有淀粉,就说明掺杂有淀粉或植物性成分。

(二)木质素的检验

1. 试剂

(1)20 g/L 间苯三酚 95％酒精溶液:2 g 间苯三酚溶于 100 mL 的 95％乙醇。

(2)浓盐酸。

2. 测定步骤

取少量饲料样品,加入 20 g/L 间苯三酚 95％酒精溶液至浸过样品,再加入浓盐酸 1~2滴。若有木质素存在,则呈深红色。此时,再加入水,呈深红色的木质素会浮在水面上,更容易分辨。例如,在麦麸或其他饲料内混有营养价值极低的花生壳、糠壳、糠屑等木质素粉末,用肉眼很难判断,但应用此方法很容易检查出来。

(三)尿素的检验

1. 试剂

(1)脲酶溶液:将 0.2 g 脲酶粉末溶于 50 mL 蒸馏水中。

(2)标准尿素溶液:尿素含量为 0,10,20,…,50 g/L。

(3)1 g/L 甲基红指示剂。

2. 测定步骤

(1)称取饲料样品 10 g,加入 100 mL 蒸馏水,搅拌,然后用滤纸过滤。

(2)分别量取 1 mL 标准溶液和饲料样品溶液于试管中。

(3)在各试管中分别加 2~3 滴甲基红指示剂,然后加 2~3 滴脲酶溶液(等量加入)。反

饲料分析检测技术

应 3～5 min。

(4)如果存在尿素,则将出现深红紫色,无尿素时,则呈现黄色。将试验样品与不同标准量尿素样比较,可大致判断尿素的掺入量。试验应在 10～12 min 观察完毕。

(四)氨的定性分析

1.试剂

萘斯勒试液:将 5 g 碘化钾溶于 5 mL 蒸馏水中,边搅拌边缓慢加入 10 mL 含有 2.5 g 氯化银的热蒸馏水溶液,产生红色沉淀,放冷后,加入 15 g 氢氧化钾溶于 130 mL 蒸馏水的溶液,再加入 25 g/mL 氯化银溶液 0.5 mL,搅拌,将上清液保存于棕色瓶内。

2.测定步骤

取 2 g 样品放入 100 mL 三角瓶内,加 50 mL 蒸馏水搅拌后,用滤纸过滤,移取 2 mL 滤液于小烧杯,加入 1～2 滴萘斯勒试液,如果样品中有氨存在,则呈现黄色或红褐色。

(五)蛋白质的定性分析

1.试剂

(1)0.1%茚三酮溶液:0.5 g 茚三酮溶于 500 mL 蒸馏水中。

(2)pH 4 的乙酸盐缓冲液:由 50%乙酸钠水溶液与 50%乙酸溶液混合而成。

2.测定步骤

取 1～2 g 饲料样品放入试管中,加入乙酸盐缓冲液和几滴茚三酮溶液,于水浴中加热。如果样品中有蛋白质存在,则呈现紫色。

(六)皮革粉的检验

1.试剂

钼酸铵溶液:将 5 g 钼酸铵溶解于 100 mL 蒸馏水中,再倒入 35 mL 浓硝酸。

2.测定步骤

挑选褐色至黑色的样品颗粒,放入培养皿中,加 5 滴钼酸铵溶液,然后静置 10 min。皮革粉不会有颜色变化,肉骨粉则显出绿黄色。

(七)氯化钠的定性分析

1.试剂

(1)100 g/L 硝酸银水溶液。

(2)氨水。

2.测定步骤

取 0.5 g 样品放入试管中,加硝酸银水溶液,产生白色沉淀后,如果此沉淀溶于氨水,则说明该样品中含有氯化钠。

(八)单宁的定性分析

1.试剂

(1)5%盐酸溶液。

(2)浓硫酸。

2.测定步骤

取 1 g 试样于烧杯中,加 5%盐酸溶液 25 mL,加热至沸腾为止,冷却后过滤,移取滤液 3 mL 于试管中,沿试管壁缓缓加入浓硫酸 1 mL,如果有单宁存在,则两液面交界处显红褐色。

(九)棉酚的定性分析

1. 试剂

(1)氯化锡粉末。

(2)乙醇:95%。

2. 测定步骤

取 2 g 样品于试管中,加乙醇 20 mL,充分振摇后静置,取上清液数滴,加氯化锡粉末少许,用小玻璃棒搅匀,如果有棉酚存在,则呈暗红色。

(十)亚硝酸盐的定性分析

1. 试剂

(1)0.1%盐酸联苯胺溶液:取 0.1 g 联苯胺溶于 10 mL 盐酸中,加蒸馏水稀释至 100 mL。

(2)10%乙酸铅溶液。

2. 测定步骤

(1)取 1 g 试样于烧杯中,加适量 70℃蒸馏水浸渍,滴加 10%乙酸铅溶液充分混合,在 70℃水浴中加热 20 min,取出后过滤。

(2)移取滤液 2 滴于滤纸上,滴加 2 滴 0.1%盐酸联苯胺溶液,如果有亚硝酸盐存在,则呈棕红色。

任务二 饲料显微镜检测

近年来,显微镜检测技术的不断提高以及在饲料分析上的应用,使饲料的微生物分析法和生物鉴定法有了新的发展,大大改进了饲料的物理检验。

一、饲料显微镜检测的原理

饲料显微镜检测是以动植物形态学、组织细胞学为基础,将显微镜下所见饲料的形态特征、物化特点、物理性状与实际使用的饲料原料应有的特征进行对比分析的一种鉴别方法。

常用的显微镜检测技术包括体视显微镜检测技术和生物显微镜检测技术。前者以被检样品的外部形态特征为依据,如表面形状、色泽、粒度、硬度、破碎面形状等;后者以被检样品的组织细胞学特征为依据。由于动植物形态学在整体与局部的特征上具有相对的独立性,各部位组织细胞学上具有特异性,因而不论饲料加工工艺如何处理,都或多或少地保留一些用于区别诸种饲料的典型特征,这就使饲料显微镜检测结果具有稳定性与准确性。饲料显微镜检测的准确程度取决于对原料特征的熟悉程度及应用显微镜技术的熟练程度。

二、饲料显微镜检测的目的和特点

1.饲料原料或产品进行显微镜检测的主要目的

包括以下几个方面:

(1)检查饲料原料中应有的成分是否存在。

(2)检查是否含有有害的成分。

(3)检查是否存在污染物。

(4)检查是否含有有毒的植物和种子。

(5)检查处理是否恰当。

(6)检查是否污染霉菌、昆虫或啮齿类的排泄物。

(7)检查是否混合均匀。

(8)弥补化学分析或其他分析的不足。

2.饲料显微镜检测的主要特点

快速、简便、准确。这种检测手段既不需要大型的仪器设备,也不需要复杂的检前准备,只需将被检样品按要求进行研磨,过筛或脱脂处理即可,即使生物显微镜检测的样品处理也非常简单。此外,饲料的显微镜检测不仅可做定性分析,而且可做定量分析,可对原料成分的纯度进行准确分析。通过饲料显微镜检测可鉴别伪劣商品,控制饲料加工、贮藏品质,弥补化学分析的不足。目前,在一些国家,显微镜检测已被规定为饲料质量诉讼案的法定裁决方法之一。

三、常见饲料原料的显微特征

(一)常见植物性饲料原料的显微特征

1. 谷物类原料

(1)玉米及制品:整粒玉米形似牙齿,黄色或白色,主要由玉米皮、胚乳、胚芽 3 部分组成。胚乳包括糊粉层、角质淀粉和粉质淀粉。

玉米粉碎后各部分特征明显。体视镜下玉米皮薄而半透明,略有光泽,呈不规则片状,较硬,其上有较细的条纹。角质淀粉为黄色(白玉米为白色),多边,有棱,有光泽,较硬;粉质淀粉为疏松、不定型颗粒,白色,易破裂,许多粉质淀粉颗粒和糊粉层的细小粉末常黏附于角质淀粉颗粒和玉米皮表面。

生物镜下可见玉米表皮细胞,长形,壁厚,相互连接排列紧密,如念珠状。角质淀粉的淀粉粒为多角形;粉质淀粉的淀粉粒为圆形,多成对排列。每个淀粉粒中央有一个清晰的脐点,脐点中心向外有放射状裂纹。

(2)小麦及制品:整粒小麦为椭圆形,浅黄色至黄褐色,略有光泽。在其腹面有一条较深的腹沟,背部有许多细微的波状皱纹。主要由种皮、胚乳、胚芽 3 部分组成。

小麦麸皮多为片状结构,其片大小、形状依制粉程度不同而不同,通常可分为大片麸皮和小片麸皮。大片麸皮片状结构大,表面上保留有小麦粒的光泽和细微横向纵纹,略有卷曲,麸皮内表面附有许多淀粉颗粒。小片麸皮片状结构小,淀粉含量高。小麦的胚芽扁平,浅黄色,含有油脂,粉碎时易分离出来。

高倍镜下可见小麦麸皮由多层组成,具有链珠状的细胞壁,仅一层管状细胞,在管状细胞上整齐地排列一层横纹细胞。小麦淀粉颗粒较大,直径达 $30\sim40\ \mu m$,圆形,有时可见双凸透镜状,没有明显的脐点。

(3)高粱及制品:整粒高粱为卵圆形至圆形,端部不尖锐,在胚芽端有一个颜色加深的小点,从小点向四周颜色由深至浅,同时有向外的放射状细条纹。高粱外观色彩斑驳,有棕色、浅红棕色至黄白色等多种颜色混杂,外壳有较强的光泽。

在体视镜下可见皮层紧紧附在角质淀粉上,粉碎物粒度大小参差不齐,呈圆形或不规则形状,颜色因品种而异,可为白色、红褐色、淡黄色等。角质淀粉表面粗糙,不透明;粉质淀粉色白,有光泽,呈粉状。

在高倍镜下,高粱种皮和淀粉颗粒的特征在鉴定上尤为重要。其种皮色彩丰富,细胞内充满了红色、橘红色、粉红色、淡红棕色和黄色的色素颗粒,淡红棕色的色素颗粒常占优势。高粱的淀粉颗粒与玉米淀粉颗粒极为相似,也为多边形,中心有明显的脐点并向外呈放射状裂纹。

(4)稻谷及制品:整粒稻谷由内颖、外颖(或仅有内颖)、种皮、胚乳、胚芽构成,长形,外表粗糙,其上有刚毛,颜色由浅黄色至金黄色。稻谷粉碎后用作饲料的主要有粗糠(统糠)、米糠和碎米。

粗糠主要是稻壳的粉碎物。体视显微镜下稻壳呈较规则的长形块状,闪着光泽,如珍珠亮点,可见刚毛。高倍镜下,可见管细胞上纵向排布的弯曲细胞,细胞壁较厚,这种特有的细胞排列方式是稻壳在生物显微镜下的主要特征。

米糠是一层种皮,由于稻谷的种皮包裹在胚乳、胚芽之外不易脱落,因此,在米糠中常有许多碎米。体视镜下,米糠为无色透明,柔软,含油脂或不含油脂(全脂米糠或脱脂米糠)的薄片状结构,其中还有一些碎小的稻壳,碎米粒较小,具有剔透晶莹之感。生物镜下米糠的细胞非常小,细胞壁薄而呈波纹状,略有规律的细胞排列形式似筛格状。米粒的淀粉粒小,呈圆形,有脐点,常聚集成团。

2. 饼粕类原料

(1)大豆饼粕:大豆饼粕主要由种皮、种脐、子叶组成。

在体视镜下可见明显的大块种皮和种脐,种皮表面光滑,坚硬且脆,向内面卷曲。在20倍放大条件下,种皮外表面可见明显的凹痕和针状小孔,内表面为白色多孔海绵状组织,种脐明显,长椭圆形,有棕色、黑色、黄色。浸出粒中子叶颗粒大小较均匀,形状不规则,边缘锋利,硬而脆,无光泽不透明,呈奶油色或黄褐色。由豆饼粉碎后的粉碎物中子叶因挤压而成团,近圆形,边缘浑圆,质地粗糙,颜色外深内浅。

高倍镜下大豆种皮是大豆饼粕的主要鉴定特征。在处理后的大豆种皮表面可见多个凹陷的小点及向四周呈现的辐射状裂纹,犹如一朵朵小花,同时还可看见表面的"工"字形细胞。

(2)花生饼粕:花生饼粕以碎花生仁为主,但仍有不少花生种皮、果皮存在,体视镜下能找到破碎外壳上的成束纤维脊,或粗糙的网络状纤维,还能看见白色柔软有光泽的小块。种皮非常薄,呈粉红色、红色或深紫色,并有纹理,常附着在籽仁的碎块上。

生物镜下,花生壳上交错排列的纤维更加明显,内果皮带有小孔,中果皮为薄壁组织,种皮的表皮细胞有4~5个边的厚壁,壁上有孔,由正面可看到细胞壁上有许多指状突起物。籽仁的细胞大,壁多孔,含油滴。

(3)棉籽饼粕:棉籽饼粕主要由棉籽仁、少量的棉籽壳、棉纤维构成。在体视显微镜下,可见棉籽壳和短绒毛黏附在棉籽仁颗粒中;棉纤维中空、扁平、卷曲;棉籽壳为略凹陷的块状物,呈弧形弯曲,壳厚,棕色或红棕色。棉仁碎粒为黄色或黄褐色,含有许多黑色或红褐色的棉酚色素腺。棉籽压榨时将棉仁碎片和外壳都压在一起,看起来颜色较暗,每一碎片的结构难以看清。

生物镜下可见棉籽种皮细胞壁厚，似纤维，带状，呈不规则的弯曲，细胞空腔较小，多个相邻细胞排列呈花瓣状。

（4）菜籽饼粕：在体视镜下，菜籽饼粕中的种皮仍为主要的鉴定特征。一般为很薄的小块状，扁平，单一层，黄褐色至红棕色。表面有光泽，可见凹陷如刀刻的窝。种皮和籽仁碎片不连在一起，易碎。种皮内表面有柔弱的半透明白色薄片附着。子叶为不规则小碎片，黄色无光泽，质脆。

生物镜下，菜籽饼粕最典型的特征是种皮上的栅栏细胞，有褐色色素，为4～5边形，细胞壁深褐色，壁厚，有宽大的细胞内腔，其直径超过细胞壁宽度，表面观察，这些栅栏细胞在形状、大小上都较近似，相邻两细胞间总以较长的一边相对排列，细胞间连接紧密。

（5）向日葵粕：其中存在着未除净的葵花籽壳是主要的鉴别特征。向日葵粕为灰白色，壳为白色，其上有黑色条纹。由于壳中含有较高的纤维素、木质素，通常较坚韧，呈长条形，断面呈锯齿状。籽仁的粒度小，形状不规则，黄褐色或灰褐色，无光泽。高倍镜下可见种皮表皮细胞长，有"工"字形细胞壁，而且可见双毛，即两根毛从同一个细胞长出。

（二）常见动物性饲料原料的显微特征

1. 鱼粉

鱼粉一般是将鱼加压、蒸煮、干燥粉碎加工而成。多为棕黄色至黄褐色，粉状或颗粒状，有烤鱼香味。在体视镜下，鱼肉颗粒较大，表面粗糙，用小镊子触之有纤维状破裂，有的鱼肌纤维呈短断片状。鱼骨是鱼粉鉴定中的重要依据，多为半透明或不透明的碎片，仔细观察可找到鱼体各部位的鱼骨如鱼刺、鱼脊、鱼头等。鱼眼球为乳白色玻璃球状物，较硬。鱼鳞是一种薄而卷曲的片状物，半透明，有圆心环纹。

2. 虾壳粉

虾壳粉是对虾或小虾脱水干燥加工而成的。在显微镜下的主要特征是触须、虾壳及复眼。虾触须以断片存在，呈长管状，常有4个环节相连；虾壳薄而透明，头部的壳片则厚而不透明，壳表面有平行线，中间有横纹，部分壳有"十"字形线或玫瑰花形线纹；虾眼为复眼，多为皱缩的小片，深紫色或黑色，表面上有横影线。

3. 蟹壳粉

蟹壳粉的鉴别主要依据蟹壳在体视镜下的特征。蟹壳为小的无规则几丁质壳形状，壳外表多为橘红色，而且多孔，有时蟹壳可破裂成薄层，边缘较卷曲，褐色如麦皮。在蟹壳粉中常可见到断裂的蟹螯肢头部。

4. 贝壳粉

体视镜下贝壳粉多为小的颗粒状物，质硬，表面光滑，多为白色至灰色，光泽暗淡，有些颗粒的外表面具有同心或平行的线纹。

5. 骨粉及肉骨粉

在肉骨粉中肉的含量一般较少，颗粒具油腻感，浅黄至深褐色，粗糙，可见肌纤维。骨为不定型块状，边缘浑圆，灰白色，具有明显的松质骨，不透明。肉骨粉及骨粉中还常有动物毛发，长而稍卷曲，黑色或灰白色。

6. 血粉

喷雾干燥的血粉多为血红色小珠状，晶亮，滚筒干燥的血粉为边缘锐利的块状，深红色，厚的地方为黑色,薄的地方为血红色,透明,其上可见小血细胞亮点。

7. 水解羽毛粉

多为碎玻璃状或松香状的小块。透明易碎,浅灰色、黄褐色至黑色,断裂时常呈扇状边缘。在水解羽毛粉中仍可找到未完全水解的羽毛残枝。

四、饲料显微镜检测所需设备

1. 体视显微镜
带有宽视野目镜和物镜,放大范围为 10～45 倍,可变倍,配照明装置。

2. 生物显微镜
放大倍数为 40～1 000 倍,在预算许可的情况下,尽量购置最佳的显微镜。

3. 其他
(1)离心机:1 200～1 500 r/min。

(2)烘箱。

(3)抽滤器。

(4)分析天平。

(5)分样筛:孔径为 2.00,0.84,0.42 mm。

(6)电热板,载玻片,盖玻片,探针,镊子(最好是修理钟表用的),镜头纸,滤纸,漏斗,滴管,烧杯,试管,小刷子,瓷盘等。

五、饲料显微镜检测的基本步骤

(一)体视显微镜检测
1. 原始样品
将待测样品平铺于纸上,仔细观察,记录原始样品的外观特征如颜色、粒度、软硬程度、气味、霉变、异物等情况。观察中应特别注意细粉粒,因为掺假物、掺杂物往往被粉碎得很细以逃避检查。将记录下来的特征与参照样特征进行比较,判断是否有疑。

2. 样品前处理
粉状饲料不制备即可用于进一步分析;颗粒饲料或大小差异很大的饲料则需减小粒度,以便观察;硬颗粒饲料必须进行粉化处理(有时用水,但可能影响某些有机物的分析),以便使所有微粒都分离开来。减小粒度的方法有两种:

(1)将饲料样品粉碎过 40 目(孔径 0.42 mm)分样筛,以便在粒度大致相同的基础上进行观察。

(2)用研钵和杵将较大的样品捣碎,但尽量使原粒度均匀的组分保持原料的粒度级别。此法最常用,以便获得样品的主要组分的最大信息量。

3. 分离
称取 2.0 g 样品,用分级筛进行筛分,将各级组分分别称重。

4. 脱脂
对高脂含量的样品,脂肪溢于样品表面,往往黏附许多细粉,使观察产生困难。可用乙醚、四氯化碳等有机溶剂脱脂,然后烘箱干燥 5~10 min 或室温干燥,可使样品清晰可辨。脱脂后,将样品过分级筛,称取各级组分的质量。

5. 观察

将筛分好的各组样品分别平铺于纸上或培养皿中,置于体视显微镜下,从低倍(7 倍)至高倍(20~40 倍)进行检查。从上到下,从左到右顺序逐粒观察,先粗粒,后细粒,边检查边用探针将识别的样品分类,同时探测各种颗粒的硬度、结构、表面特征,如色泽、形状等,并做记载。

将检出的结果与生产厂家出厂记录的成分相对照,即可对掺假、掺杂、污染等质量情况做出初步判断。初检后再复检一遍,如果形态特征不足以鉴定,则可进一步用生物显微镜观察组织学特征和细胞排列情况,以便做出最后判定。对 40 目(孔径 0.42 mm)筛的筛下物尤其注意,因一般掺杂物都粉碎得很细以逃避检测。

(二)生物显微镜检测

当某种异物掺入较少且磨得很细时,在体视镜下很难辨认,需通过生物镜进行观察。

1. 样品处理

生物镜观察的样品,一般采用酸与碱进行处理。对于不同的原料,所用酸碱浓度和处理时间也不同。动物类原料多用酸处理,植物类和甲壳类需酸和碱处理。对于动物中的单纯蛋白,如鱼粉、肉骨粉、水解羽毛粉等,只需用 1.25% 的硫酸溶液处理 5~15 min;而对含角蛋白的样品,如蹄角粉、皮革粉、生羽毛粉、猪毛等需用 50% 的硫酸溶液处理,时间也稍长。动物中的甲壳类和植物中的玉米粉、麸皮、米糠、饼粕类等先用 1.25% 的硫酸溶液,再用 12.5 g/L 的氢氧化钠溶液处理,时间 10~30 min。稻壳粉和花生壳粉等硅质化程度高和含纤维较高的样品需分别用 50% 的硫酸溶液和 500 g/L 的氢氧化钠溶液处理。对各种样品的处理时间可根据经验而定。处理步骤如下:

过筛(粒大过 10 目筛,粒小过 20 目筛)→酸处理(加温)→过滤→蒸馏水冲洗 2~3 次(必要时,碱处理,加温→过滤→蒸馏水冲洗 2~3 次)→制片。

2. 制片与观察

取少量处理好的样品于载玻片上,加适量载液并将样品铺平,力求薄而匀,载液可用 1:1:1 的蒸馏水:水合氯醛:甘油,也可用矿物油等,单纯用蒸馏水也较普通。观察时,应注意样片的每个部位,而且至少检查 3 个样片后再做综合判断。

【学习要求】

识记:饲料的鉴定、感官鉴定法、筛别法、容重法、比重鉴别法、定性鉴定、饲料显微镜检测。

理解:饲料感官鉴定方法;饲料物理鉴定方法;饲料容重的测定方法;常见饲料定性鉴定与快速鉴别方法;饲料显微镜检测的原理;饲料显微镜检测的操作步骤。

应用:能够初步进行饲料感官鉴定;能够对饲料进行物理鉴定;能够对常见饲料进行定性鉴定与快速鉴别;能够对饲料进行显微镜检查。

【知识拓展】

掺假鱼粉的鉴别

鱼粉是优质的蛋白质补充饲料,粗蛋白质含量高达 50%～70%,并且氨基酸种类齐全,赖氨酸含量丰富,磷、钙含量高,铁和碘的含量也高,含丰富的维生素 A、维生素 D、维生素 B_{12} 和未知生长因子。但是,目前有些供应商为了赚钱,常常在鱼粉中掺入沙土、稻糠、贝壳粉、尿素、虾壳粉、蟹壳粉、棉籽饼、菜籽饼、羽毛粉、血粉等,这些鱼粉通过常规化学分析,粗蛋白质含量仍很高,但由于掺假成分的影响,其消化利用率及营养价值很低。因此,如何判断鱼粉是否掺假是饲料生产单位和动物养殖单位极为关注的问题。

鉴别鱼粉是否掺假,一般采用感官鉴别、物理鉴别和化学分析 3 种方法。

一、感官鉴别

根据鱼粉成分的形状、结构、颜色、质地、光泽度、透明度、颗粒度等特征进行品质鉴定。标准鱼粉一般为颗粒大小均匀一致,稍显油腻的粉状物,可见到大量疏松粉状的鱼肌纤维以及少量的骨刺、鱼鳞、鱼眼等成分;颜色均一,呈浅黄、黄棕或黄褐色;手握之有疏松感,不结块,不发黏,不成团;闻时带有浓郁的烤鱼香味,并略带鱼腥味,但无异味。

掺假鱼粉在诸多特征上都不同于标准鱼粉。如掺假鱼粉中可见到颗粒大小不一、形状不一、颜色不一的杂质,少见或不见鱼肌纤维以及骨刺、鱼鳞、眼球等标准鱼粉的成分;粉状颗粒较细,易结块,多呈小团块状,手握即成团块状,发黏;鱼香味较淡、无味或有异味等。

二、物理鉴别

(一)体视显微镜鉴别

优质鱼粉在体视显微镜下明显可见鱼肌肉束、鱼骨、鱼鳞片和鱼眼等。鱼肉在显微镜下表面粗糙,具有纤维结构,类似肉粉,只是颜色浅。鱼骨为半透明至不透明的银色体,一些鱼骨块呈琥珀色,其空隙呈深色的流线型波状线段,似鞭状葡萄枝,从根部沿着整个边缘向上伸出。鱼鳞为平坦或弯曲的透明物,有同心圆,以深色和浅色交替排布。鱼鳞表面有轻微的十字架。鱼鳞表面破裂,形成乳白色的玻璃珠。在鱼粉中和以上特征相差较远的其他颗粒或粉状物多为掺假物,可根据掺假物的显微特征进行鉴别。

(二)浮沉法鉴别

取样品少许,放入洁净的玻璃杯或烧杯中,加入 10 倍体积的水,剧烈搅拌,静置后,观察水面漂浮物和水底沉淀物。若水面漂有羽毛碎片或植物性物质,如稻壳粉、花生壳粉、麦麸等,说明有水解羽毛粉或植物性物质掺入。若杯底有沙石及矿物质,说明有这些物质掺入。

(三)容重法鉴别

粒度为 1.5 mm 的纯鱼粉,容重 550～600 g/L。如果容重偏大或偏小均不是纯鱼粉。

(四)筛选法鉴别

将鱼粉样品用孔径为 2.80 mm 的标准筛网筛选,标准鱼粉至少有 98% 的颗粒通过,否则说明鱼粉中有掺假物。使用不同网眼的筛子可检出掺入的杂物。

三、化学分析

(一)鱼粉中粗蛋白质和纯蛋白质含量的分析

有分析表明,正常国产鱼粉的粗蛋白质含量为 49.0%～61.9%,纯蛋白质 40.7%～55.4%,纯蛋白质/粗蛋白质 79.4%～91.9%。初步认为纯蛋白质/粗蛋白质 80% 可作为判断鱼粉是否掺有高氮化合物的依据之一,高于该值即没有掺入高氮化合物。

粗蛋白质测定采用凯氏定氮法,纯蛋白质测定采用硫酸铜沉淀法。

（二）鱼粉中粗灰分和钙、磷比例的分析

全鱼鱼粉的粗灰分含量为 16％～20％,如果鱼粉中掺入贝壳粉、骨粉、细沙等,则鱼粉粗灰分含量明显增加。

优质鱼粉的钙、磷比例一般为 (1.5～2)∶1(多在 1.5∶1 左右)。若鱼粉中掺入石粉、细沙、泥土、贝壳粉等的比例较大,则鱼粉中钙、磷比例增大。

（三）鱼粉中粗纤维和淀粉的分析

鱼粉中粗纤维含量极少,优质鱼粉一般不超过 0.5％,并且鱼粉中不含淀粉。如果鱼粉中混入稻壳粉、棉籽饼粕等物质,则粗纤维含量势必大幅度增加。若混入玉米粉等富含淀粉物质,则无氮浸出物含量大大增加。

如果怀疑鱼粉中掺有纤维类物质,可用下述方法检验:取样品 2～5 g,分别用 1.25％硫酸和 12.5 g/L 氢氧化钠溶液煮沸过滤,干燥后称重,再置于 (550±5)℃ 高温炉中灰化后称重,计算粗纤维含量,若超过 2％则认定掺有粗纤维类物质。

如果怀疑掺有淀粉,可用碘蓝反应来鉴定:取试样 2～3 g 置于烧杯中,加入 2～3 倍水后,加热 1 min,冷却后滴加碘-碘化钾溶液(取碘化钾 5 g,溶于 100 mL 水中,再加碘 2 g)。若鱼粉中掺有淀粉类物质,则颜色变蓝,随掺入量的增加,颜色由蓝变紫。

（四）鱼粉中掺杂锯末(木质素)的分析

可用两种方法分析。

方法 1:将少量鱼粉置于培养皿中,加入 95％的乙醇浸泡样品,再滴入几滴浓盐酸,若出现深红色,加水后该物质浮在水面,说明鱼粉中掺有锯末类物质。

方法 2:称取鱼粉 1～2 g 置于试管中,再加入 20 g/L 的间苯三酚 95％乙醇溶液 10 mL,滴入数滴浓盐酸,观察样品的颜色变化,如其中有红色颗粒产生,则为木质素,说明鱼粉中掺有锯末类物质。

（五）鱼粉中掺入碳酸钙粉、石粉、贝壳粉和蛋壳粉的分析

可利用盐酸对碳酸盐反应产生二氧化碳来判断。取试样 10 g,放在烧杯中,加入 2 mL 盐酸,立即产生大量气泡,就说明掺入了上述物质。

（六）鱼粉中掺入皮革粉的分析

可以利用钼酸铵溶液浸泡鱼粉观察有无颜色变化来分析,无色为皮革粉,呈绿色为鱼粉。钼酸铵溶液的配制方法是:称取 5 g 钼酸铵,溶解于 100 mL 蒸馏水中,再加入 35 mL 的浓硝酸即可。

另一种方法是称取 2 g 鱼粉样品置于坩埚中,经高温灰化,冷却后用水浸润,加入 1.0 mol/L 硫酸溶液 10 mL,使之呈酸性。滴加数滴二苯基卡巴腙溶液,如有紫红色物质产生,则有铬存在,说明鱼粉中有皮革粉。

1.0 mol/L 硫酸溶液的配制:量取 55 mL 浓硫酸,慢慢倒入有 200 mL 左右蒸馏水的玻璃烧杯中,再转入 1 000 mL 的容量瓶中,稀释定容即可。

二苯基卡巴腙溶液的配制:称取 0.28 g 二苯基卡巴腙,溶解于 100 mL 90％的乙醇中。

该方法的原理是在皮革鞣制过程中,采用铬制剂,通过灰化后,有一部分转变为六价铬,在强酸溶液中,六价铬与二苯基卡巴腙反应,生成紫红色的水溶性化合物二硫代卡巴腙。

（七）鱼粉中掺入羽毛粉的分析

分别称取约 1 g 试样于 2 个 500 mL 三角烧杯中，一个加入 1.25% 硫酸溶液 100 mL，另一个加入 50 g/L 氢氧化钠溶液 100 mL，煮沸 30 min 后静置，吸去上清液，将残渣放在 50～100 倍显微镜下观察。如果有羽毛粉，用 1.25% 硫酸处理的残渣在显微镜下会有一种特殊形状，而 50 g/L 氢氧化钠溶液处理后的残渣没有这种特殊形状。

（八）鱼粉中掺入血粉的分析

取被检鱼粉 1～2 g 于试管中，加入 5 mL 蒸馏水，搅拌，静置数分钟。另取一支试管，先加联苯胺粉末少许，然后加入 2 mL 冰醋酸，振荡溶解，再加入 1～2 mL 过氧化氢溶液，将被检鱼粉的滤液徐徐注入其中，如两液接触面出现绿色或蓝色的环或点，表明鱼粉中含有血粉，反之，不含血粉。

如不用滤液，而将被检鱼粉直接徐徐注入，则在液面上及液面以下可见绿色或蓝色的环或柱，表明有血粉掺入，否则没有血粉掺入。

该方法的原理是鱼粉中铁质有类似过氧化氢酶的作用，可分解过氧化氢，放出新生态氧，使联苯胺氧化为联苯胺蓝，呈绿色或蓝色。所用试剂现配现用。

（九）鱼粉中掺入尿素的分析

方法 1：快速化学鉴定方法检验尿素。

方法 2：取两份 1.5 g 鱼粉于两支试管中，其中一支加入少许黄豆粉，两管各加蒸馏水 5 mL，振荡，置 60～70℃ 恒温水浴中 3 min，滴 6～7 滴甲基红指示剂。若加黄豆粉的试管中出现深紫红色，则说明鱼粉中有尿素。

方法 3：称取 10 g 鱼粉样品，置于 150 mL 三角瓶中，加入 50 mL 蒸馏水，加塞用力振荡 2～3 min，静置，过滤，取滤液 5 mL，置于 20 mL 的试管中，将试管放在酒精灯上加热灼烧，当溶液蒸干时，可嗅到强烈的氨臭味。同时把湿润的 pH 试纸放在管口处，试纸立即变成红色，此时 pH 高达近 14。如果是纯鱼粉没有强烈的氨臭味，置于管口处的 pH 试纸稍有碱性反应，显微蓝色，离开管口处则慢慢褪去。

（十）鱼粉中掺入双缩脲的分析

称取鱼粉试样 2 g，加 20 mL 蒸馏水，充分搅拌，静置 10 min，干燥滤纸过滤，取滤液 4 mL 于试管中，加 6 mol/L 氢氧化钠溶液 1 mL，再加 15 g/L 硫酸铜溶液 1 mL，摇匀，立即观察，溶液呈蓝色的鱼粉没有掺入双缩脲，若是紫红色，则掺有双缩脲，颜色越深，掺入的双缩脲越多。

【知识链接】

GB/T 5917.1—2008《饲料粉碎粒度测定 两层筛筛分法》，GB/T 17890—2008《饲料用玉米》，GB/T 19164—2003《鱼粉》，GB/T 20193—2006《饲料用骨粉及肉骨粉》，NY/T 126—2005《饲料用菜籽粕》，GB/T 19541—2004《饲料用大豆粕》，GB/T 22549—2008《饲料级 磷酸氢钙》。

饲料概略养分分析

➤ **学习目标**

　　了解饲料概略养分测定的内容；掌握饲料中水分含量的测定方法；掌握饲料中粗蛋白质和真蛋白质含量的测定方法；掌握饲料中粗脂肪含量的测定方法；掌握饲料中粗纤维含量的测定方法；掌握饲料中粗灰分含量的测定方法。

【学习内容】

100 多年来,人们沿用德国 Henneberg 和 Stohmann 两位科学家在 Weende 试验站所创立的方法来分析饲料概略养分,这种方法称为 Weende 饲料分析体系,也就是饲料常规成分分析体系,亦称饲料近似成分分析或饲料概略养分分析(feed proximate analysis)。它把饲料分为 6 个组分进行分析测定(图 4-1):①水分(moisture);②粗蛋白质(CP);③粗脂肪(EE);④粗纤维(CF);⑤粗灰分(Ash);⑥无氮浸出物(NFE)。

用该方法测得的各种营养物质的含量,并非化学上某种确定的化合物,故也有人称之为"粗养分"。尽管这一分析方案存在某些不足或缺陷,但长期以来,这种方法在科学研究和教学中被广泛采用,用该分析方法所获得的数据在动物营养和饲料研究、生产中起到了十分重要的作用。

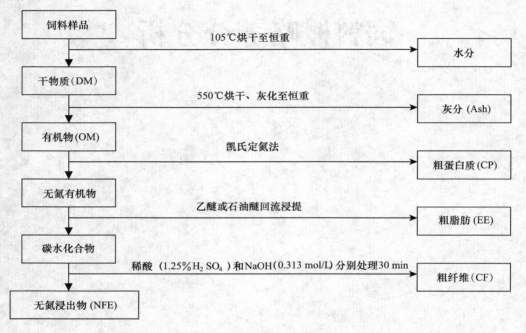

图 4-1　概略养分分析方法

任务一　饲料中水分及其他挥发性物质含量的测定

水也是一种重要的营养成分,具有重要的营养生理功能。无论植物或动物,没有水都不能生产或存活。饲料中的水分分为游离水、吸附水和结合水三种形式。游离水也称自由水或初水分,是吸附在饲料表面的水分,存在于细胞间,所受作用力主要为毛细管力,加热时易蒸发逸出。饲料样品在一定温度下加热一定时间失去游离水后成为风干样品(或半干样品)。吸附水是吸附在营养物质及细胞膜上的水分;结合水是与饲料的糖和盐类结合的水。含有吸附水和结合水的样品为风干样品,风干样品在一定温度下加热一定时间失去吸附水和结合水后成为绝干样品。由于结合态的水与饲料组分结合较紧密不易分离,所以,一般方

饲料分析检测技术

法测定的风干样品中的吸附水,饲料分析中也称吸湿水。新鲜饲料中含有的大量游离水和少量吸附水及结合水,称为总水分。

在生产实践中,要比较饲料的营养价值,第一步必须测定饲料中水分含量的多少。许多水分含量高的产品,如甜菜,其干物质与玉米和其他传统饲料相比,品质要好得多,但甜菜水分含量过高,因而限制了它的干物质进食量。由于众多饲料的水分不一致,故饲料营养价值表中多以干物质为基础表示各种成分含量。

不同化合物或饲料的水分含量测定需要采用不同的分析技术,主要根据以下几点选择适宜的方法:一是是否有挥发性物质存在? 二是成分变棕色的可能性如何? 三是是否需低温真空? 四是某些化合物是否可起化学变化?

水分的测定通常有以下五种方法。

1. 烘箱干燥

依 AOAC(Association of Official Analytical Chemists)的正规方法,将样品放在 105℃烘箱中烘至恒重,样品的失重即代表水分含量。这种方法很不精确,因为在水分蒸发的同时,一些短链脂肪酸和有机酸有挥发损失的情况。

2. 真空干燥

样品能在低温真空条件下干燥。样品处于真空条件时,水的沸点降低,因此,真空烘箱有时可用来减少其他挥发性化合物的相对损失。

3. 甲苯蒸馏

样品的干物质中含有大量能通过甲苯蒸馏测定出来的挥发性酸和碱。

4. 冷冻干燥

这种水分测定方法越来越受到重视。冷冻干燥机大体由制冷系统、真空系统、加热系统、电器仪表控制系统所组成。冷冻干燥前先将样品冰冻,将冰冻样品放入冷冻干燥机后,机器将空气排空,冷冻干燥机内压力相当低,在这种条件下,升华开始,即样品中水的结晶体不变成液体而直接进入气体阶段。这种方法可防止样品中的很多挥发性物质的损失。

5. 水分快速测定装置

很多时候,养殖场或配合饲料加工厂需要立即知道饲料的含水量。比如,如果他们正在购买谷物,不可能等实验室化学分析后的结果。因此,为了方便,现在已推广应用了几种水分快速测定装置,且价格也不是很贵。这对饲料厂商保证购进饲料原料的质量方面有极大帮助。

对于一般饲料原料和产品,通常采用烘箱干燥法测定水分。该方法也是我国目前采用的推荐性国家标准。由于测定过程中饲料中的其他挥发性物质随水分一起流失,故其测定结果为饲料水分及其他挥发性物质含量。下面详细介绍烘箱干燥法。

◆ 一、适用范围

本方法适用于测定配合饲料和单一饲料中水分含量,但用作饲料的奶制品、动物和植物油脂、矿物质除外。

二、测定原理

根据样品性质不同,在特定条件下对试样进行干燥所损失的质量在试样中所占的比例为水分含量。即试样在(103±2)℃烘箱内,在大气压下烘干,直至恒重,逸失的重量为水分及其他挥发性物质。

三、仪器设备

(1)分析天平:感量0.000 1 g。

(2)玻璃称量瓶:①直径50 mm,高30 mm,或能使样品铺开约0.3 g/cm² 规格的其他耐腐蚀金属称量瓶(减压干燥法需耐负压的材质)。②直径70 mm,高35 mm,或能使样品铺开约0.3 g/cm² 规格的其他耐腐蚀金属称量瓶(减压干燥法需耐负压的材质)。

(3)电热干燥箱:温度可控制在(103±2)℃。

(4)电热真空干燥箱:温度可控制在(80±2)℃,真空度可达13 kPa以下。应备有通入干燥空气导入装置或以氧化钙(CaO)为干燥剂的装置(20个样品需300 g氧化钙)。

(5)干燥器:具有干燥剂。

(6)砂:经酸洗或市售(试剂)海砂。

四、试样的选取和制备

(1)选取有代表性的试样,其原始样量应在1 000 g以上。

(2)用四分法将原始样品缩至500 g,风干后粉碎至40目(孔径0.42 mm),再用四分法缩至200 g,装入密封容器,放阴凉干燥处保存。

(3)如试样是多汁的鲜样或无法粉碎时,应预先干燥处理,称取试样200～300 g,在105℃烘箱中烘15 min,立即降至66℃,烘干5～6 h。取出后,在室内空气中冷却4 h,称重,即得风干试样。

五、测定步骤

(一)直接干燥法

1. 固体样品

将洁净的称量瓶放入(103±2)℃干燥箱中,取下称量瓶盖并放在称量瓶的边上。干燥(30±1)min后盖上称量瓶盖,将称量瓶取出,放在干燥器中冷却至室温。称其质量(m_1),准确至0.000 1 g。

称取5 g(m_2)试样于称量瓶内,准确至0.000 1 g,并摊平。将称量瓶放入(103±2)℃干燥箱内,取下称量瓶盖并放在称量瓶的边上,建议平均每立方分米干燥箱空间最多放一个称量瓶。

当干燥箱温度达(103±2)℃后,干燥(4±0.1)h。盖上称量瓶盖,将称量瓶取出放入干

饲料分析检测技术

燥器中冷却至室温。称量其质量(m_3),准确至 0.000 1 g。再置于(103±2)℃干燥箱中干燥(30±1)min,从干燥箱中取出,放入干燥器冷却至室温。称其质量,准确至 0.000 1 g。

如果两次称量值的变化小于等于试样质量的 0.1%,以第一次称量的质量(m_3)按式(4-1)计算水分含量;若两次称量值的变化大于试样质量的 0.1%,将称量瓶再次放入干燥箱中于(103±2)℃干燥(2±0.1)h,移至干燥器中冷却至室温,称量其质量至恒重(m_3),准确至 0.000 1 g,将此质量(m_3)代入式(4-1)计算水分含量。

2. 半固体、液体或含脂肪高的样品

在洁净的称量瓶内放一薄层砂和一根玻璃棒。将称量瓶放入(103±2)℃干燥箱内,取下称量瓶盖并放在称量瓶的边上,干燥(30±1)min。盖上称量瓶盖,将称量瓶从干燥箱取出,放在干燥器中冷却至室温。称其质量(m_1),准确至 0.000 1 g。

称取 10 g 试样(m_2)于称量瓶内,准确至 0.000 1 g。用玻璃棒将试样与砂混匀并摊平,玻璃棒留在称量瓶内。将称量瓶放入干燥箱中,取下称量瓶盖并放在称量瓶的边上。建议平均每平方分米干燥箱空间最多放一个称量瓶。

当干燥箱温度达到(103±2)℃后,干燥(4±0.1)h。盖上称量瓶盖,将称量瓶从干燥箱中取出,放入干燥器中冷却至室温。称量其质量(m_3),准确至 0.000 1 g。再置于(103±2)℃干燥箱中干燥(30±1)min,从干燥箱中取出,放入干燥器冷却至室温。称量其质量,准确至 0.000 1 g。

如果两次称量值的变化小于等于试样质量的 0.1%,以第一次称量的质量(m_3)按式(4-1)计算水分含量;若两次称量值的变化大于试样质量的 0.1%,将称量瓶再次放入干燥箱中于(103±2)℃干燥(2±0.1)h,移至干燥器中冷却至室温,称量其质量至恒重(m_3),准确至 0.000 1 g,将此质量(m_3)代入式(4-1)计算水分含量。

(二)减压干燥法

烘干称量瓶,称量其质量(m_1),准确至 0.000 1 g。称取试样(m_2)。将称量瓶放入真空干燥箱中,取下称量瓶盖并放在称量瓶的边上,减压至约 13 kPa。通入干燥空气或放置干燥剂。在放置干燥剂的情况下,当达到设定的压力后断开真空泵。在干燥过程中保持所设定的压力。当干燥箱温度达到(80±2)℃后,加热(4±0.1)h。干燥箱恢复至常压,盖上称量瓶盖,将称量瓶从干燥箱中取出,放在干燥器中冷却至室温。称量其质量,准确至 1 mg。将试样再次放入真空干燥箱中(30±1)min,直至连续两次称量值的变化之差小于试样质量的0.2%,以最后一次干燥称量值(m_3)计算水分的含量。

◆ 六、结果计算

试样中水分的质量分数 w 按式(4-1)计算:

$$w = \frac{m_2 - (m_3 - m_1)}{m_2} \times 100\%$$ (4-1)

式中:m_1 为称量瓶的质量,如使用砂和玻璃棒,也包括砂和玻璃棒,g;m_2 为试样的质量,g;m_3 为干燥后称量瓶和试样的质量,如使用砂和玻璃棒,也包括砂和玻璃棒,g。

取两次平行测定的算数平均值作为结果。结果准确至0.1%。直接干燥法:两个平行测定结果,水分含量<15%的样品绝对值不大于0.2%。水分含量≥15%的样品相对偏差不大于1.0%。减压干燥法:两个平行测定结果,水分含量的绝对值不大于0.2%。

八、注意事项

(1)实验过程中,试样质量的变化不应与试验的重复性相混淆。

(2)在整个操作过程中,移动称量瓶时必须用坩埚钳或干净的纸条操作,不允许用手直接接触。

(3)样品烘干的时间要在达到指定温度后开始计时。

(4)样品烘干时,称量瓶盖要打开,冷却和称量时应将盖盖严。

任务二　饲料中蛋白质含量的测定

蛋白质是细胞的重要组成成分,在生命过程中起着重要的作用,涉及动物代谢的大部分生命攸关的化学反应。动物在组织器官的生长和更新过程中,必须从食物中不断获取蛋白质等含氮物质。蛋白质的主要组成元素是碳、氢、氧、氮,大多数的蛋白质还含有硫,少数含有磷、铁、铜和碘等元素。各种蛋白质的含氮量虽不完全相等,但差异不大。一般蛋白质的含氮量按16%计算。

一、饲料中粗蛋白质含量的测定

(一)适用范围

本方法适用于配合饲料、浓缩饲料和单一饲料。

(二)测定原理

饲料中的有机物质在催化剂(如硫酸铜或硒粉)的帮助下,用浓硫酸进行消化作用,使蛋白质中氮和氨态氮(在一定处理条件下也包括硝酸态氮)都转变成铵离子(NH_4^+),并被浓硫酸吸收变为硫酸铵,而非含氮物质,则以二氧化碳、水、二氧化硫的气体状态逸出。消化液在浓碱的作用下进行蒸馏,释放出的氨气随汽水顺着冷凝管流入硼酸吸收液中,并与其结合成硼酸铵,然后以甲基红-溴甲酚绿作混合指示剂,用盐酸标准溶液滴定,求出氮的含量,再乘以一定的换算系数(通常用系数6.25计算),得出样品中粗蛋白质的含量。

其主要化学反应如下:

$$2CH_3CHNH_2COOH + 13H_2SO_4 \rightarrow (NH_4)_2SO_4 + 6CO_2 \uparrow + 12SO_2 \uparrow + 16H_2O$$

$$(NH_4)_2SO_4 + 2NaOH \rightarrow 2NH_3 \uparrow + 2H_2O + Na_2SO_4$$

$$4H_3BO_3 + NH_3 \rightarrow NH_4HB_4O_7 + 5H_2O$$

饲料分析检测技术

$$NH_4HB_4O_7 + HCl + 5H_2O \rightarrow NH_4Cl + 4H_3BO_3$$

(三)仪器设备

(1)实验室用样品粉碎机或研钵。

(2)分样筛:40目(孔径0.42 mm)。

(3)分析天平:感量0.000 1 g。

(4)消煮炉或电炉。

(5)滴定管:酸式,10,25 mL。

(6)凯氏烧瓶:250 mL。

(7)凯氏蒸馏装置:常量直接蒸馏式或半微量水蒸气蒸馏式。

(8)锥形瓶:150,250 mL。

(9)容量瓶:100 mL。

(10)消化管:250 mL。

(11)定氮仪:以凯氏原理制造的各类半自动、全自动蛋白质测定仪。

(四)试剂及其配制

(1)硫酸:化学纯,含量为98%,无氮。

(2)混合催化剂:0.4 g硫酸铜(5个结晶水),6 g硫酸钾或硫酸钠,均为化学纯,磨碎混匀。

(3)氢氧化钠:化学纯,400 g/L水溶液。

(4)硼酸:化学纯,20 g/L水溶液。

(5)混合指示剂:甲基红0.1%乙醇溶液,溴甲酚绿0.5%乙醇溶液,两溶液等体积混合,在阴凉处保存期为3个月。

(6)盐酸标准液:$c(HCl) = 0.02$ mol/L。1.67 mL浓盐酸,注入1 000 mL蒸馏水中。

(7)蔗糖:分析纯。

(8)硫酸铵:分析纯,干燥。

(9)硼酸吸收液:20 g/L硼酸水溶液1 000 mL,加入0.1%溴甲酚绿乙醇溶液10 mL,0.1%甲基红乙醇溶液7 mL,400 g/L氢氧化钠水溶液0.5 mL,混合,置阴凉处可保存1个月。

(五)试样的选取和制备

将试样用四分法缩减至200 g,粉碎后全部通过40目筛,装于密封容器中,防止试样成分的变化。液体或膏状黏液试样应注意取样的代表性。用干净的、可放入凯氏烧瓶或消化管的玻璃容器量取。

(六)测定步骤

1. 半微量蒸馏

(1)试样的消煮:称取试样0.5~1 g(含氮量5~80 mg),准确至0.000 2 g,放入凯氏烧瓶中,加入6.4 g混合催化剂,与试样混合均匀,再加入12 mL硫酸和2粒玻璃珠,将凯氏烧瓶置于电炉上加热,开始小火,待样品焦化,泡沫消失后,再加强火力(360~410℃)直至呈透明的蓝绿色,然后再继续加热,至少2 h。

(2)氨的蒸馏:将试样消煮液冷却,加入20 mL蒸馏水,转入100 mL容量瓶中,冷却后用水稀释至刻度,摇匀,作为试样分解液。将半微量蒸馏装置的冷凝管末端浸入装有20 mL硼酸吸收液和2滴混合指示剂的锥形瓶内。蒸汽发生器的水中应加入甲基红指示剂数滴,硫酸数滴,在蒸馏过程中保持此液为橙红色,否则需补加硫酸。准确移取试样分解液 10～20 mL 注入蒸馏装置的反应室中(图 4-2),用少量蒸馏水冲洗进样入口,塞好入口玻璃塞,再加 10 mL 氢氧化钠溶液,小心提起玻璃塞使之流入反应室,将玻璃塞塞好,且在入口处加水密封,防止漏气。蒸馏 4 min 降下锥形瓶使冷凝管末端离开吸收液面,再蒸馏 1 min,用蒸馏水冲洗冷凝管末端,洗液均流入锥形瓶内,然后停止蒸馏。

蒸馏步骤的检验,准确称取 0.2 g 硫酸铵,代替试样,按上述步骤进行操作,测得硫酸铵含氮量为 $(21.19 \pm 0.2)\%$,否则应检查加碱、蒸馏是否正确。

(3)滴定:蒸馏后的吸收液立即用 0.1 mol/L 或 0.02 mol/L 盐酸标准溶液滴定,溶液由蓝绿色变成灰红色为终点。

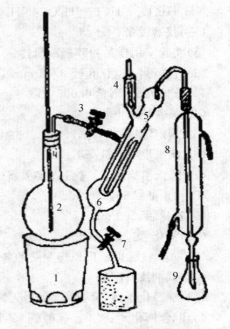

图 4-2　凯氏蒸馏装置
1.电炉　2.蒸汽发生器　3.螺丝夹
4.小玻杯及棒状玻璃塞　5.反应室
6.反应室外层　7.橡皮管及螺丝夹
8.冷凝器　9.蒸馏液接三角瓶

2. 凯氏定氮仪蒸馏

(1)试样的消煮:称取试样 0.5～1 g(含氮量 5～80 mg),准确至 0.000 2 g,放入消化管中,加 2 片消化片(仪器自备)或 6.4 g 混合催化剂,12 mL 硫酸,于 420℃ 下在消煮炉上消煮 1 h。取出放凉后加入 30 mL 蒸馏水。

(2)氨的蒸馏:采用全自动定氮仪时,按仪器本身常规程序进行测定。

采用半自动定氮仪时,将带消化液的管子插在蒸馏装置上,以 25 mL 硼酸为吸收液,加入 2 滴混合指示剂,蒸馏装置的冷凝管末端要浸入装有吸收液的锥形瓶内,然后向消化管中加入 50 mL 氢氧化钠溶液进行蒸馏。蒸馏时间以吸收液体积达到 100 mL 时为宜。降下锥形瓶,用蒸馏水冲洗冷凝管末端,洗液均需流入锥形瓶内。

(3)滴定:用 0.1 mol/L 标准盐酸溶液滴定吸收液,溶液由蓝绿色变成灰红色为终点。

(七)空白测定

称取蔗糖 0.5 g,代替试样,按测定步骤进行空白测定,消耗 0.1 mol/L 盐酸标准溶液的体积不得超过 0.2 mL,消耗 0.02 mol/L 盐酸标准溶液的体积不得超过 0.3 mL。

(八)结果计算

测定结果按式(4-2)计算:

$$\text{粗蛋白质含量} = \frac{(V_2 - V_1) \times c \times 0.014 \times 6.25}{m \times \dfrac{V'}{V}} \times 100\% \qquad (4\text{-}2)$$

式中:V_2 为滴定试样时所需标准酸溶液体积,mL;V_1 为滴定空白时所需标准酸溶液体积,mL;c 为盐酸标准溶液浓度,mol/L;m 为试样质量,g;V 为试样分解液总体积,mL;V' 为试样分解液蒸馏用体积,mL;0.014 为与 1.00 mL 盐酸标准溶液 $[c(\text{HCl}) = 1.000\ \text{mol/L}]$ 相当的、以克表示的氮的质量;6.25 为氮换算成蛋白质的平均系数。

(九)重复性

每个试样取两个平行样进行测定,以其算术平均值为结果。当粗蛋白质含量在25%以上时,允许相对偏差为1%;当粗蛋白含量在10%～25%时,允许相对偏差为2%;当粗蛋白质含量在10%以下时,允许相对偏差为3%。

(十)注意事项

(1)每次测定样本时必须做试剂空白试验。

(2)消化时硫酸的用量以刚淹没样品为宜,但脂肪含量高的样品应适当增加用量。试验过程中应经常转动凯氏烧瓶,以使消化进行得迅速而完全,如果有黑炭粒不能全部消失,烧瓶冷却后加少量浓硫酸继续加热,直到溶液澄清为止。

(3)在使用蒸馏器时必须进行检查。检查的方法是:吸取5 mL 0.005 mol/L硫酸铵标准溶液,放入反应室中,加饱和氢氧化钠溶液,然后进行蒸馏,过程和样本消化相同。滴定硫酸铵蒸馏液所需0.01 mol/L标准盐酸量减去空白样消耗标准盐酸的量是5 mL,这个蒸馏装置才合标准。

(4)凯氏蒸馏在排废液和冲洗反应室时,切断气源的时间不要太长,否则,会造成蒸汽发生器中压力过大,产生不良的后果。

(5)蒸馏前应先将盛有接收液的锥形瓶放入冷凝管下,防止反应产生氨气损失;蒸馏完毕应先取下接收瓶,然后关闭电源,以免接收液倒流。

(6)一次蒸馏后必须彻底洗净碱液,以免再次使用时引起误差。

(7)各种饲料中粗蛋白质的实际含氮量差异很大,变异范围在14.7%～19.5%,平均为16%。凡饲料中粗蛋白质的含氮量尚未确定的,可用6.25平均系数来乘以氮量换算成粗蛋白质量。凡饲料中粗蛋白质的含氮量已经确定的,可用它们的实际系数来换算。例如荞麦、玉米用系数6.00,箭筈豌豆、大豆、蚕豆、燕麦、小麦、黑麦用系数5.70,牛奶用系数6.38。

二、饲料中真蛋白质含量的测定

真蛋白质又叫纯蛋白质,它是由多种氨基酸合成的一类高分子化合物。凯氏定氮法测定的结果是含氮化合物的总量,包括非蛋白质含氮化合物,而这一部分不能被单胃动物所利用。因此,粗蛋白质含量不能准确反映饲料的营养价值。同时为了防止市场上价格高的蛋白质饲料的掺假现象,客观评定饲料的营养价值,必须进行真蛋白质测定。

(一)测定原理

硫酸铜在碱性溶液中,可将真蛋白质沉淀,且不溶于热水,过滤和洗涤后,可将纯蛋白质和非蛋白质含氮物分离,再用凯氏定氮法测定沉淀中的蛋白质含量。

(二)仪器设备

(1)烧杯:200 mL。

(2)定性滤纸。

(3)漏斗:ϕ为9～12 cm。

(4)其他设备与粗蛋白质测定法相同。

(三)试剂配制

(1)100 g/L 硫酸铜溶液:分析纯硫酸铜($CuSO_4 \cdot 5H_2O$)10 g 溶于 100 mL 水中。

(2)25 g/L 氢氧化钠溶液:将 2.5 g 分析纯氢氧化钠溶于 100 mL 水中。

(3)10 g/L 氯化钡溶液:1 g 氯化钡($BaCl_2 \cdot H_2O$)溶于 100 mL 水中。

(4)2 mol/L 盐酸溶液。

(5)其他试剂与粗蛋白质测定法相同。

(四)测定步骤

称取试样 1 g 左右(准确至 0.000 1 g),置于 200 mL 烧杯中,加 50 mL 水,加热至沸,加入 20 mL 硫酸铜溶液,20 mL 氢氧化钠溶液,用玻璃棒充分搅拌,静置 1 h 以上,用定性滤纸过滤,然后用 60~80℃ 热水洗涤沉淀 5~6 次,用氯化钡溶液 5 滴和盐酸溶液 1 滴检查滤液,直至不生成白色硫酸钡沉淀为止。将沉淀和滤纸放在 65℃ 烘箱干燥 2 h,然后全部转移到凯氏烧瓶中,消化后进行定氮测定。

(五)结果计算

同粗蛋白质测定。

任务三　饲料中粗脂肪含量的测定

脂类是含能最高的营养素,动物生产中常基于脂肪适口性好,含能高的特点,用补充脂肪的高能饲粮提高生产效率。饲粮脂肪作为供能营养素,热增耗最低。在饲粮中添加一定水平的油脂替代等能值的碳水化合物和蛋白质,能提高饲粮代谢能,使消化过程中能量消耗减少,热增耗降低,使饲粮的净能增加。但是脂类饲料贮存过久,经光、热、水、空气或微生物的作用,容易产生酸败。氧化酸败既降低脂类营养价值,也产生不适宜气味,可能影响饲料适口性,也可能产生低级的醛、酮、酸引起动物的中毒现象。因此,准确测定饲料中的脂肪含量具有重要的意义。

饲料脂肪的测定,多采用低沸点的有机溶剂直接提取。通常是将试样放在特制的仪器中,用脂溶性溶剂(乙醚、石油醚、氯仿等)反复抽提,可把脂肪抽提出来,浸提出的物质除脂肪外,还有一部分类似脂肪的物质,如游离脂肪酸、磷脂、蜡、色素以及脂溶性维生素等,所以称为粗脂肪或醚浸出物。

(一)适用范围

本方法适用于各种单一、浓缩、配合饲料和预混料中除油籽和油籽残渣外的粗脂肪测定。

(二)测定原理

根据脂肪不溶于水而溶于有机溶剂的特点,在特定的仪器中用无水乙醚反复浸提一定质量试样中的脂肪,被浸提出的脂肪收集于已知质量的脂肪接收瓶中。根据浸提前后脂肪接收瓶质量之差,计算脂肪的含量。

(三)仪器设备

(1)实验室用样品粉碎机或研钵。

(2)分样筛:40 目(孔径 0.42 mm)。

（3）分析天平：感量 0.000 1 g。

（4）电热恒温水浴锅：室温至 100℃。

（5）恒温烘箱：50～200℃。

（6）索氏脂肪提取仪或索氏脂肪提取器（带球形冷凝管）：100 或 150 mL。

（7）电热真空干燥箱：50～200℃。

（8）干燥器：用氯化钙（干燥级）或变色硅胶为干燥剂。

（四）试剂

无水乙醚：分析纯。

（五）试样的选取和制备

选取有代表性的试样，用四分法将试样缩减至 500 g，粉碎至 40 目（孔径 0.42 mm），再用四分法缩减至 200 g 于密封容器中保存。

如试样不易粉碎，或因脂肪含量高（超过 200 g/kg）而不易获得均质的缩减的试样，需预先提取。

（六）测定步骤

1. 准备索氏脂肪提取器

将索氏脂肪提取器洗净、烘干。脂肪接收瓶在（105±2）℃烘箱中烘干 30 min，在干燥器中冷却 30 min，称其质量。再烘干 30 min，同样冷却称重，两次质量之差小于 0.000 8 g 为恒重，同时记下脂肪接收瓶的质量。

2. 称样

称取试样 1～5 g（准确至 0.000 2 g）于滤纸筒中或用滤纸包好，用铅笔编号，放到（105±2）℃烘箱中烘干 2 h 至恒重。

3. 浸提

（1）将烘干的滤纸包或滤纸筒放入浸提管中。

（2）在脂肪接收瓶中加入 60～100 mL 无水乙醚，连接好冷凝管、浸提管和脂肪接收瓶。

（3）在 60～70℃的水浴上加热。脂肪接收瓶中的乙醚蒸发至冷凝管处凝结为液体滴到浸提管中，其中样品受到乙醚的浸渍而使脂肪溶解于乙醚。当浸提管中的乙醚聚集到虹吸管的高度时，含有脂肪的乙醚回流到脂肪接收瓶，这样反复使乙醚回流次数为每小时约 10 次，共回流 5～7 h，检查浸提管流出的乙醚挥发后不留下油迹为浸提终点。

4. 回收乙醚

取出滤纸包或滤纸筒，使乙醚再回流 1～2 次，以冲洗浸提管中残留的脂肪。然后继续使脂肪接收瓶中的乙醚蒸发，当浸提管中的乙醚聚集到虹吸管高度的 2/3 时，将浸提管取下，其中的乙醚回收。如此反复操作，直至脂肪接收瓶中的乙醚全部回收完毕。此时脂肪接收瓶中只有粗脂肪和少量的乙醚。

5. 烘干脂肪接收瓶

（1）取下脂肪接收瓶，在 60～70℃水浴上蒸干剩余的乙醚。

（2）用蒸馏水洗净脂肪接收瓶外壁（必要时可在稀盐酸中浸泡 1 min，再分别用自来水和蒸馏水冲洗外壁），然后用洁净的纱布擦净脂肪接收瓶外壁，将其放（105±2）℃烘箱中烘干 2 h，在干燥器中冷却 30 min，称其质量。再烘干 30 min，同样冷却、称重，两次质量之差小于 0.001 g 为恒重。

(七)结果计算

测定结果按式(4-3)计算:

$$粗脂肪含量 = \frac{m_2 - m_1}{m} \times 100\% \tag{4-3}$$

式中:m 为风干试样的质量,g;m_1 为恒重的脂肪接收瓶的质量,g;m_2 为恒重的盛有脂肪的脂肪接收瓶的质量,g。

(八)重复性

每个试样取两个平行样进行测定,以其算术平均值为结果。粗脂肪含量 ≥10% 时,允许相对偏差为 3%;粗脂肪含量 <10% 时,允许相对偏差为 5%。

(九)注意事项

(1)由于乙醚为易燃品,全部操作应远离明火,更不能用明火加热。

(2)保持室内通风,防止乙醚过热。

(3)滤纸包的高度不应超过浸提管的虹吸管高度,以试样全部浸泡于乙醚中为宜。

(4)盛有脂肪的脂肪接收瓶烘干时间不能过长,防止脂肪氧化。

(5)脂肪接收瓶称重时不能用手直接接触,可用坩埚钳或干净的纸条取放,以免手上的汗、油等污渍污染脂肪接收瓶,影响测定结果。

(6)肉类中的脂肪测定前应将其中的水分烘干。具体方法为:称取磨碎鲜肉 10 g 放在铺有少量石棉的滤纸筒或滤纸上,用小玻璃棒混匀,将装有样品的滤纸筒或滤纸放入磁盘中,在 100~120℃ 烘箱中烘干 6 h,取出冷却后,用棉线将滤纸包扎好,按照以上饲料中粗脂肪的测定方法进行测定。

任务四　饲料中粗纤维含量的测定

纤维素是植物细胞壁的主要成分,它是高分子化合物,包括纤维素、半纤维素、木质素及角质等成分,不溶于水和任何有机溶剂。根据纤维素的性质,测定时首先将其与淀粉、蛋白质等物质分离,然后定量。常用的测定方法有:酸碱洗涤法、中性洗涤剂法、酸性洗涤剂法等。

常规饲料分析方法测定的粗纤维,是将饲料样品经 1.25% 稀酸、稀碱各煮沸 30 min 后,所剩余的不溶解碳水化合物。其中纤维素是由 β-1,4-葡萄糖聚合而成的同质多糖;半纤维素是葡萄糖、果糖、木糖、甘露糖和阿拉伯糖等聚合而成的异质多糖;木质素则是一种苯丙基衍生物的聚合物,它是动物利用各种养分的主要限制因子。该方法在分析过程中,有部分半纤维素、纤维素和木质素溶解于酸、碱中,使测定的粗纤维含量偏低,同时又增加了无氮浸出物的计算误差。为了改进粗纤维分析方案,van Soest(1976)提出了用中性洗涤纤维(neutral detergent fiber,NDF)、酸性洗涤纤维(acid detergent fiber,ADF)、酸性洗涤木质素(acid detergent lignin,ADL)作为评定饲草中纤维类物质的指标。同时将饲料粗纤维中的半纤维素、纤维素和木质素全部分离出来,能更好地评定饲料粗纤维的营养价值。

一、饲料中粗纤维的测定（过滤法）

（一）适用范围

本方法适用于粗纤维含量大于1%的各种混合饲料、配合饲料、浓缩饲料及单一饲料，还适用于谷物和豆类植物。

（二）测定原理

用浓度准确的酸和碱，在特定条件下消煮样品，再用醚、丙酮除去可溶物，经高温灼烧扣除矿物质的量，所余量为粗纤维。（试样用沸腾的稀硫酸处理，过滤分离残渣，洗涤，然后用沸腾的氢氧化钾溶液处理，过滤分离残渣，洗涤，干燥，称量，然后灰化。因灰化而失去的质量相当于试样中粗纤维质量。）它不是一个确切的化学实体，只是在公认强制规定的条件下测出的概略成分，其中以纤维素为主，还有少量半纤维素和木质素。

（三）仪器设备

(1)实验室用样品粉碎机。

(2)古氏坩埚：30 mL。

(3)分析天平或电子天平：感量0.000 1 g。

(4)电炉或电热板。

(5)消煮器：有冷凝球的高型烧杯或有冷凝管的锥形瓶。

(6)电热恒温干燥箱：用电加热，能通风，能保持温度(130±2)℃。

(7)干燥器：盛有蓝色硅胶干燥剂，内有厚度为2～3 mm的多孔板，最好由铝或不锈钢制成。

(8)高温电炉：可控温度在550～600℃。

(9)滤器：为200目(孔径0.075 mm)的不锈钢网或尼龙滤布。

(10)抽滤装置：包括抽真空装置(真空泵)、吸滤瓶和布氏漏斗。

（四）试剂准备

(1)0.5 mol/L盐酸溶液。

(2)(0.13±0.005)mol/L硫酸溶液：吸取浓硫酸6.89 mL，注入800 mL水中，冷却后稀释至1 000 mL，用无水碳酸钠标定。

(3)(0.23±0.005)mol/L氢氧化钾溶液：称取分析纯氢氧化钾12.88 g，溶于100 mL水中，定容至1 000 mL，用邻苯二甲酸氢钾法标定。

(4)丙酮。

(5)滤器铺料：酸洗石棉。将中等长度的酸洗石棉在1：3盐酸溶液中煮沸45 min，过滤后于550℃灼烧16 h，用(0.13±0.005)mol/L硫酸溶液浸泡且煮沸30 min，过滤，用水洗净酸。同样用(0.23±0.005)mol/L氢氧化钾溶液煮沸30 min，然后用少量硫酸溶液洗涤1次，再用水洗净，烘干后于550℃灼烧2 h，其空白试验结果为每克石棉含粗纤维小于1 mg。

(6)防泡剂：如正辛醇。

(7)石油醚：沸点范围40～60℃。

(五)测定步骤

1. 称取试样

称取约 1 g 试样,将试样倒入烧杯中。

2. 酸消煮

将 150 mL 硫酸倾注在试样上,在电热板上尽快使其沸腾,并保持沸腾状态(30±1)min。在沸腾开始时,转动烧杯一段时间。如果产生泡沫,则加数滴防泡剂。在沸腾期间用一个适当冷却的装置保持体积恒定。

3. 第一次过滤

将烧杯取下,静置片刻,用装有 200 目滤布的抽滤装置趁热抽滤,残渣用煮沸的蒸馏水反复洗涤至中性(蓝色石蕊试纸不变红)后抽干。

4. 碱消煮

将残渣定量转移至酸消煮用的同一烧杯中。加 150 mL 氢氧化钾溶液,尽快使其沸腾,保持沸腾状态(30±1)min,在沸腾期间用一适当的冷却装置使溶液体积保持恒定。

5. 第二次过滤

将烧杯取下,静置片刻,用装有 200 目滤布的抽滤装置趁热抽滤,残渣用煮沸的蒸馏水反复洗涤至中性(红色石蕊试纸不变蓝)后抽干。

6. 脱脂

将残渣无损地转移到已铺有酸洗石棉的古氏坩埚或玻璃滤器中,用石油醚脱脂 3 次,每次用石油醚 30 mL,每次洗涤后抽干。

7. 干燥

将盛有内容物的古氏坩埚放入(130±2)℃干燥箱中至少干燥 2 h。在干燥器中冷却至室温,从干燥器中取出后,立即称量。

8. 灰化

将古氏坩埚置于马弗炉中,其内容物在(500±25)℃下灰化,直至冷却后连续 2 次称量的差值不超过 2 mg。

(六)结果计算

测定结果按式(4-4)计算:

$$粗纤维含量 = \frac{m_1 - m_2}{m} \times 100\% \tag{4-4}$$

式中:m_1 为(130±2)℃烘干后坩埚与残渣的质量,g;m_2 为(500±25)℃灰化后坩埚与残渣的质量,g;m 为试样质量,g。

(七)重复性

每个样品取两个平行样进行测定,如果相对偏差在以下允许的范围之内,以其算数平均值为结果。粗纤维含量在 10% 以上时,允许相对偏差为 4%;粗纤维含量在 10% 以下时,允许相差(绝对值)为 0.4。

(八)注意事项

(1)用本方法测定的粗纤维,不是一个确切的化学实体,只是在公认强制规定条件下测定的概略养分,包括纤维素和部分半纤维素、木质素。为保证测定结果的重现性较好,使测定结果具有可比性,在测定过程中必须满足以下条件:

饲料分析检测技术

①硫酸和氢氧化钠的浓度必须准确,并且经过标定。

②样品的粒度必须保证全部通过 40 目(孔径 0.42 mm)的标准筛。

③用硫酸和氢氧化钾消煮样品时,应保证其在 1～2 min 之内开始沸腾,并使溶液保持微沸(30±1)min。

④抽滤时滤器使用 200 目的不锈钢网或尼龙滤布。

(2)在酸碱处理期间要及时补充水分,保持硫酸的浓度不变;试样不能离开溶液沾到瓶壁上。

(3)酸洗石棉搅拌成稀薄悬浮液再倒入坩埚中,使之自然漏去水分,再用抽滤装置抽干,石棉应铺均匀,不留空隙,不可过厚。

二、饲料中中性洗涤纤维和酸性洗涤纤维含量的测定

传统的粗纤维测定法(酸碱洗涤法)存在严重的缺点,测得的结果仅包括部分纤维素和少量半纤维素以及木质素,所测粗纤维含量要低于实际含量,而计算得出的无氮浸出物含量则又高于实际含量。另外,粗纤维不是一种纯化合物,而是几种化合物的混合物。鉴于此,van Soest 提出了中性洗涤纤维和酸性洗涤纤维的测定方法。

(一)测定原理

(1)应用中性洗涤剂分析饲料,使植物性饲料中大部分细胞内容物溶解于洗涤剂中,称之为中性洗涤溶解物(NDS),其中包括脂肪、糖和蛋白质。剩余的不溶解残渣主要是细胞壁组分,称为中性洗涤纤维(NDF),其中包括半纤维素、纤维素、木质素、硅酸盐和很少量的蛋白质。

(2)应用酸性洗涤剂可将 NDF 各组分进一步细分。植物性饲料中可溶于酸性洗涤剂的部分称为酸性洗涤溶解物(ADS),它包括 NDS 和半纤维素;剩余的残渣称为酸性洗涤纤维(ADF),其中包括纤维素、木质素和硅酸盐。由 NDF 和 ADF 之差,可得饲料的半纤维素含量。

(3)应用 72％硫酸消化 ADF,纤维素被溶解,其残渣为木质素和硅酸盐。从 ADF 值中减去 72％硫酸消化后残渣部分,则为纤维素含量。

(4)将经 72％硫酸消化后的残渣灰化,留下的部分即为灰分。在灰化中逸失的部分即为酸性洗涤木质素(ADL)。

鉴于以上所述,利用洗涤剂纤维分析法,可以准确地获得植物性饲料中所含纤维素、半纤维素、木质素和酸不溶灰分的含量(图 4-3),从而解决了传统的常规分析中测定粗纤维时带来的问题。

目前,酸性洗涤纤维测定法已获得公认,而中性洗涤纤维测定法由于还存在某些缺点,尚在继续研究改进之中,所以还不能完全代替传统的粗纤维测定法。

(二)仪器设备

(1)实验室用样品粉碎机。

(2)分样筛:40 目(孔径 0.42 mm)。

(3)分析天平:感量 0.000 1 g。

(4)电加热器(电炉):可调节温度。

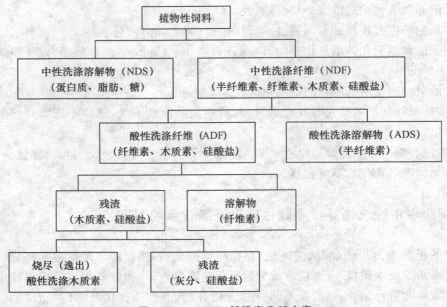

图 4-3　van Soest 纤维素分析方案

（5）电热恒温箱（烘箱）：可控制温度在 130℃。

（6）高温炉：有高温计且可控制炉温在 500～600℃。

（7）消煮器：有冷凝球的 600 mL 高型烧杯或有冷凝管的锥形瓶。

（8）抽滤装置：抽真空装置，吸滤瓶。

（9）古氏坩埚：30 mL，预先加入酸洗石棉悬浮液 30 mL（内含酸洗石棉 0.2～0.3 g）再抽干，以石棉厚度均匀，不透光为宜。上下铺两层玻璃纤维有助于过滤。

（10）干燥器：以氯化钙或变色硅胶为干燥剂。

（11）200 目（孔径 0.075 mm）尼龙滤布。

（12）布氏漏斗。

(三)试剂准备

（1）30 g/L 十二烷基硫酸钠（中性洗涤剂）溶液：称取 18.61 g 化学纯乙二胺四乙酸二钠（EDTA）和 6.81 g 四硼酸钠（$Na_2B_4O_7 \cdot 10H_2O$）一同放入 1 000 mL 烧杯中，加少量水加热溶解后，再加入 30 g 十二烷基硫酸钠和 10 mL 乙二醇乙醚。称取 4.65 g 无水磷酸氢二钠，置于另一烧杯中，加少量水，微微加热溶解后倾于第一个烧杯中，稀释至 1 000 mL。此溶液 pH 6.9～7.0（一般不需调整）。

（2）20 g/L 十六烷三甲基溴化铵（酸性洗涤剂）溶液：称取 20 g 十六烷三甲基溴化铵，溶于 1 000 mL 已标定过的 0.5 mol/L 硫酸溶液中，搅动溶解，必要时过滤。

（3）2.0 mol/L 硫酸溶液：取 49 g（约 27 mL）浓硫酸，慢慢加入已装有 500 mL 水的 1 000 mL 容量瓶中，冷却后加水至刻度，标定。

（4）酸洗石棉：将中等长度的酸洗石棉在 1∶3 盐酸溶液中煮沸 45 min，过滤后于 550℃ 灼烧 16 h，用（0.128±0.005）mol/L 硫酸溶液浸泡且煮沸 30 min，过滤，用水洗净酸。同样用（0.313±0.005）mol/L 氢氧化钠溶液煮沸 30 min，然后用少量硫酸溶液洗涤 1 次，再用水

饲料分析检测技术

洗净,烘干后于550℃灼烧2 h,其空白试验结果为每克石棉含粗纤维少于1 mg。

(5)72%硫酸:取734.69 mL浓硫酸,倒入200 mL水中,冷却后稀释至1 000 mL。

(6)其他试剂:丙酮,无水亚硫酸钠,十氢化萘(萘烷)。

(四)测定步骤

1. NDF的测定

(1)准确称取过40目筛饲料样品1.0 g左右,置无嘴高型烧杯中,加入中性洗涤剂溶液100 mL,2 mL十氢化萘和0.5 g无水亚硫酸钠。

(2)装上冷凝装置,立即置于电炉上煮沸(5～10 min内煮沸),并微沸1 h。

(3)煮沸完毕,冷却10 min,将已知质量的玻璃坩埚(m_1)安装于抽滤瓶上,将残渣全部移入,抽滤,并用沸水冲洗,再抽滤。再用20 mL丙酮冲洗,抽滤。

(4)取下坩埚,在105℃烘箱中3 h烘干,称重(m_2)。

2. ADF的测定

(1)准确称取过40目筛饲料样品1 g左右(m'),置于无嘴烧杯中,加入酸性洗涤剂溶液100 mL和数滴十氢化萘。

(2)装上冷凝装置,立即置于电炉上煮沸(5～10 min内煮沸),并微沸1 h。

(3)用已知质量的古氏坩埚(m_1'),在抽滤瓶上抽滤残渣,并用沸水洗涤残渣,抽滤反复3次。然后用少量丙酮洗涤残渣,反复冲洗至滤液无色为止,抽净全部丙酮。

(4)取下坩埚,在105℃烘箱中3 h烘干,称重,坩埚+残渣质量为m_2'。

3. 木质素的测定

(1)在上述酸性洗涤纤维测定中含有纤维残渣的已知质量的玻璃坩埚(m_1')中加入1 g石棉,将玻璃坩埚安放在50 mL烧杯或浅搪瓷盘上,坩埚中注入凉的72%硫酸(15℃),淹没坩埚中的纤维与石棉,用玻璃棒搅成浆状,并将全部大块弄碎,玻璃棒可存在坩埚内。

(2)当坩埚中酸流出时,每1 h再加酸并搅动,使坩埚温度保持在20～23℃(必要时可以冷却)。

(3)3 h后过滤。可利用真空泵尽量抽尽坩埚中的酸,用水洗涤直到洗涤液中性为止,冲洗坩埚边缘,取出玻璃棒。

(4)将坩埚置于105℃烘箱中,烘干3 h,至恒重(m_3)。

(5)在高温电炉中(550℃)灼烧坩埚2 h,将坩埚趁热取出,冷却至室温,称重(m_4)。

(6)用石棉做空白试验:称取1 g石棉,放入已知质量的玻璃坩埚中,与上述木质素测定的步骤相同方法进行测定,然后计算烧灼石棉的失重(m_5)。如果石棉空白试验失重小于2 mg/g石棉,则可停止空白试验。

注:测定高蛋白饲料中的中性洗涤纤维时,由于中性洗涤剂提取蛋白质的效率不高,因而残留的蛋白质混杂在中性洗涤纤维中,使测定值偏高。同样,淀粉也有相似的干扰作用,针对这一问题,已有人提出了以下改进方法:

(1)将中性洗涤剂溶液的pH由6.9～7.0调节到3.5左右。

(2)在用中性洗涤剂消化高蛋白饲料之前,先用蛋白酶处理样品,使其中的蛋白质被充分水解后,再用中性洗涤剂消化,得到蛋白酶处理的中性洗涤纤维。

(3)对高淀粉饲料可以考虑先用α-淀粉酶处理后再经中性洗涤剂消化,得到α-淀粉酶处理的中性洗涤纤维。

（五）结果计算

1. NDF

$$w(\text{NDF}) = \frac{m_2 - m_1}{m} \times 100\%$$ (4-5)

式中：m 为试样质量，g；m_2 为坩埚 ＋ NDF 质量，g；m_1 为坩埚质量，g。

2. ADF

$$w(\text{ADF}) = \frac{m_2' - m_1'}{m'} \times 100\%$$ (4-6)

式中：m' 为试样质量，g；m_2' 为坩埚 ＋ ADF 质量，g；m_1' 为坩埚质量，g。

3. 半纤维素

$$w(\text{半纤维素}) = w(\text{NDF}) - w(\text{ADF})$$ (4-7)

4. 酸性洗涤木质素（ADL）

$$w(\text{ADL}) = \frac{m_3 - m_4 - m_5}{m'} \times 100\%$$ (4-8)

式中：m' 为试样质量，g；m_3 为 72％硫酸消化后坩埚 ＋ 石棉 ＋ 残渣质量，g；m_4 为灰化后坩埚 ＋ 石棉 ＋ 残渣质量，g；m_5 为石棉空白试验中失重，g。

5. 酸不溶灰分（AIA）

$$w(\text{AIA}) = \frac{m_4 - m_1' - m_5 - \text{石棉重量}}{m'} \times 100\%$$ (4-9)

式中：m' 为试样质量，g；m_1' 为坩埚质量，g ；m_4 为灰化后坩埚 ＋ 石棉 ＋ 残渣质量，g；m_5 为石棉空白试验中失重，g。

6. 纤维素

$$w(\text{纤维素}) = w(\text{ADF}) - w(\text{ADL}) - w(\text{AIA})$$ (4-10)

（六）注意事项

(1)消煮样品时，要不时摇动锥形瓶，以充分混合内容物，并避免样品沾到锥形瓶壁上。

(2)洗涤滤器中的残渣时，加入的沸水不能过满，以滤器体积的 2/3 为宜。

(3)洗涤滤器中的残渣时，应打碎残渣的团块，并浸泡 15～30 s 后抽滤，使溶液能浸透纤维。

任务五　饲料中粗灰分含量的测定

粗灰分是饲料、动物组织和动物排泄物样品在 550℃高温炉中将所有有机物质全部氧化后剩余的残渣，主要为矿物质氧化物或盐类等无机物质，有时还含有少量泥沙，故称粗灰分。粗灰分有水溶性与水不溶性，酸溶性与酸不溶性。水溶性灰分大部分是钾、钠、钙、镁等的氧化物和可溶性盐，水不溶性灰分除泥沙外，还有铁、铝等的氧化物和碱土金属的碱式磷酸盐。酸不溶性灰分大部分为污染掺入的泥沙和原来存在于动植物组织中经灼烧成的二氧化硅。

一、适用范围

本方法适用于配合饲料、浓缩饲料及各种单一饲料中粗灰分的测定。

二、测定原理

试样在550℃灼烧后所得残渣,主要是氧化物、盐类等矿物质,也包括混入饲料中的沙石、土等,故称粗灰分。

三、仪器设备

(1)实验室用样品粉碎机或研钵。
(2)分样筛:40目(孔径0.42 mm)。
(3)分析天平:分度值0.000 1 g。
(4)高温炉:有高温计且可控制炉温在(550±20)℃。
(5)干燥箱:温度控制在(103±2)℃。
(6)电热板或煤气喷灯。
(7)煅烧盘:铂或铂合金或在实验室条件下不受影响的其他物质(如瓷质材料)。
(8)干燥器:用氯化钙(干燥试剂)或变色硅胶做干燥剂。

四、试样的选取和制备

取具有代表性试样,粉碎至40目。用四分法缩减至200 g,装于密封容器,防止试样的成分变化或变质。

五、测定步骤

将煅烧盘放入高温炉,在(550±20)℃下灼烧30 min,取出,在空气中冷却约1 min,放入干燥器冷却30 min,称其质量,准确至0.001 g。称取约5 g试样于煅烧盘中,准确至0.001 g。

将盛有试样的煅烧盘放在电热板或煤气喷灯上,小心炭化,在炭化过程中,应将试料在较低温度状态加热灼烧至无烟。转入预先加热至(550±20)℃的高温炉,灼烧3 h。观察是否有炭粒。如无炭粒,再同样灼烧1 h。如有炭粒或怀疑有炭粒,将煅烧盘冷却并用蒸馏水湿润,在(103±2)℃的干燥箱中仔细蒸发至干,再将煅烧盘置于马弗炉中同样灼烧1 h。取出,在空气中冷却约1 min,放入干燥器中冷却30 min,迅速称取质量,准确至0.001 g。

六、结果计算

粗灰分含量按式(4-11)计算:

$$粗灰分含量 = \frac{m_2 - m_0}{m_1 - m_0} \times 100\%$$ (4-11)

式中：m_0 为空煅烧盘质量，g；m_1 为煅烧盘加试样的质量，g；m_2 为灰化后煅烧盘加灰分的质量，g。所得结果应表示至 0.01%。

七、重复性

每个试样应称两份平行样进行测定，以其算术平均值为分析结果。粗灰分含量在 5% 以上，允许相对偏差为 1%；粗灰分含量在 5% 以下，允许相对偏差为 5%。

八、注意事项

(1)取煅烧盘时必须用坩埚钳。

(2)煅烧盘烧热后必须用烧热的坩埚钳夹取。

(3)高温灼烧后取煅烧盘时要待炉温降到 200℃ 以下再夹取。

(4)用电炉炭化时应小心，打开部分煅烧盘盖，便于空气流通，以防止炭化过快，试样飞溅。

(5)灼烧残渣颜色与试样中各元素含量有关，含铁高时为红棕色，含锰高时为淡蓝色。灰化后如果还能观察到炭粒，须加蒸馏水或过氧化氢进行处理。

(6)新煅烧盘编号，将带盖的煅烧盘洗净烘干后，用钢笔蘸 5 g/L 氯化铁墨水溶液（称 0.5 g $FeCl_3 \cdot 6H_2O$ 溶于 100 mL 蓝墨水中）编号，然后于高温炉中 550℃ 灼烧 30 min 即可。

(7)为了避免试样氧化不足，不应把试样压得过紧，试样应松松地放在煅烧盘内。

(8)灼烧温度不宜超过 600℃，否则会引起磷、硫等盐的挥发。

任务六　饲料中无氮浸出物含量的计算

无氮浸出物是多糖、双糖、单糖等物质的总称。常用饲料中无氮浸出物含量一般在 50% 以上，特别是植物籽实和块根块茎饲料中含量高达 70%～85%，适口性好，消化率高，是动物能量的主要来源；动物性饲料中无氮浸出物含量很少。一般采用的饲料分析方案中，无氮浸出物（NFE）无法进行直接测定，可根据相差计算法而求得，即在 1 中减去水分、粗蛋白质、粗脂肪、粗纤维、粗灰分等的质量分数，所得之差即为无氮浸出物的质量分数。

一、原理

饲料中无氮浸出物主要指的是淀粉、葡萄糖、果糖、蔗糖、糊精、五碳糖胶、有机酸和不属于纤维素的其他碳水化合物，如半纤维素及一部分木质素（不同来源的饲料，其无氮浸出物中所含木质素的量相差极大）。在植物性饲料中只有少量的有机酸游离存在或与钾、钠、钙等形成盐类。有机酸多为酒石酸、柠檬酸、草酸、苹果酸；发酵过的饲料多含乳酸、醋酸和酪酸等。

由于不同种类饲料的无氮浸出物所含上述各种养分的比重相差很大(特别是木质素的成分),因此不同种类饲料无氮浸出物的营养价值也相差悬殊。但饲料由水分、粗蛋白质、粗脂肪、粗灰分、粗纤维和无氮浸出物六大养分组成,无氮浸出物中除碳水化合物外,还包括水溶性维生素等其他成分。随着营养科学的发展,饲料养分分析方法的不断改进,分析手段越来越先进,如氨基酸自动分析仪、原子吸收分光光度计、气相色谱分析仪等的使用,使饲料分析的劳动强度大大减轻,效率提高,各种纯养分皆可进行分析,促使动物营养研究更加深入细致,饲料营养价值评定也更加精确可靠。在新的饲料分析方案未确定下来以前,无氮浸出物一般不进行实际测定,暂时仍采用旧方案中规定的相差计算法。

二、结果计算

$$w(NFE) = 1 - w(H_2O) - w(CP) - w(EE) - w(CF) - w(Ash) \qquad (4\text{-}12)$$

或

$$w(NFE) = w(DM) - w(CP) - w(EE) - w(CF) - w(Ash) \qquad (4\text{-}13)$$

【学习要求】

识记:饲料常规成分、水分、粗灰分、粗蛋白质、真蛋白质、粗脂肪、无氮浸出物、粗纤维、中性洗涤纤维、酸性洗涤纤维、酸性洗涤木质素。

理解:饲料常规营养成分分析的程序;饲料常规营养成分分析的局限性;饲料中水分含量测定的原理、主要步骤及注意事项;饲料中粗蛋白质含量测定的原理、主要步骤及注意事项;饲料中粗脂肪含量测定的原理、主要步骤及注意事项;饲料中粗灰分含量测定的原理、主要步骤及注意事项;饲料中粗纤维含量测定的原理、主要步骤及注意事项。

应用:能够准确测定出饲料中的水分、粗灰分、粗蛋白质、真蛋白质、粗脂肪和粗纤维的含量。

【知识拓展】

饲料中粗脂肪的测定(SZF-06A 粗脂肪测定仪)

一、适用范围

适用于食品、饲料等行业脂肪的测定。

二、测定原理

根据索氏抽提原理并采用重量测定法来测定脂肪含量。即在有机溶剂中溶解脂肪,用抽提法使脂肪从溶剂中分离出来,然后烘干、称重,计算脂肪含量。

三、仪器设备

(1)粉碎机或研钵。

(2)分析筛:40 目(孔径 0.42 mm)。

(3)滤纸筒。

(4)分析天平(感量 0.000 1 g)。

(5)电热恒温箱。

（6）粗脂肪测定仪（图 4-4）。本仪器主要由加热抽提、溶剂回收和冷却三大部分组成。

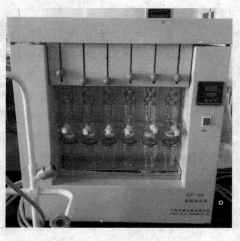

图 4-4　粗脂肪测定仪

四、试剂

（1）无水乙醚：分析纯。

（2）海砂：用水洗去泥土的海砂或河砂，用盐酸（1＋1）煮沸 0.5 h，用水洗至中性，再用氢氧化钠溶液（240 g/L）煮沸 0.5 h，用水洗至中性，经（100±5）℃干燥备用。

五、测定步骤

（1）试样处理：

①固体试样（谷物、肉）：谷物或干燥制品用粉碎机粉碎后过 40 目筛；肉用绞肉机绞两次，再用组织捣碎机捣碎。称取 2.00～5.00 g（可取测定水分后的试样），必要时拌以海砂，全部移入滤纸筒内。

②液体或半固体试样：称取 2.00～5.00 g，置于蒸发皿中，加入 20 g 海砂于沸水浴中蒸干后，在（100±5）℃干燥，研细，全部移入滤纸筒内，蒸发皿及沾有试样的玻璃棒均用蘸有乙醚的脱脂棉擦净，并将棉花放入滤纸筒内。

（2）检查电源及冷却水进出口。

（3）向水浴锅内注水，移动滑动球，将抽提器往上拉，把抽提瓶拿出，从注水口注水，水应尽量加满，保证抽提瓶底部完全进入水中且不会往外溢出。

（4）称取除去水分后试样约 2.00 g，放入滤纸筒中，称重。

（5）移动滑动球，把滤纸筒置于抽提筒内，使磁铁把过滤筒（吊篮）吸住。

（6）在抽提瓶内注入无水乙醚约 50 mL，然后将抽提瓶移置水浴锅上，调节位置使抽提瓶与抽提筒保持良好接触。

（7）开启电源，调节加热温度（60～70℃）。

（8）移动滑动球（上滑）将试样置于抽提筒内，此时滤纸筒底与抽提筒接触，做到不使滤纸筒脱落，使试样完全浸入溶液内浸泡。

（9）从溶剂挥发开始浸泡适当时间，然后将吊篮升高 5 cm 进行抽提，约 1 h 后再将吊篮提升 1 cm（最高位置），同时将冷凝管调节旋塞完全关闭（即旋塞柄与水平面垂直），进行溶剂回收。

（10）先将抽提筒与冷凝管磨口旋松，使冷凝管上提，再把红球下拉使吊篮移到最高点再将抽提筒从水浴锅中取出，挥发。

（11）将滤纸筒置于恒温箱中，烘干，冷却，称重。

（12）使用完毕关闭电源和进水口，擦净。

六、结果计算

与本项目任务三索氏脂肪提取法相同。

【知识链接】

GB/T 6435—2014《饲料中水分的测定》,GB/T 6432—2006《饲料中粗蛋白的测定》,GB/T 6433—2006《饲料中粗脂肪的测定》,GB/T 6434—2006《饲料中粗纤维的含量测定 过滤法》,GB/T 6438—2007《饲料中粗灰分的测定》。

项目四 饲料概略养分分析

Project 5

饲料中矿物质元素分析

➤ **学习目标**

　　理解饲料中矿物元素分析的意义;理解饲料中矿物元素测定的基本原理;掌握饲料中主要矿物元素测定的方法。

【学习内容】

任务一　饲料中钙含量的测定

一、高锰酸钾滴定法（仲裁法）

（一）适用范围
本方法适用于配合饲料、浓缩饲料和单一饲料中钙的测定。

（二）测定原理
将试样有机物破坏,钙变成溶于水的离子,并与盐酸反应生成氯化钙,在溶液中加入草酸铵溶液,使钙成为草酸钙白色沉淀,然后用硫酸溶液溶解草酸钙,再用高锰酸钾标准溶液滴定游离的草酸根离子。根据高锰酸钾标准溶液的用量,可计算出试样中钙含量。

主要化学反应式如下：

$$CaCl_2 + (NH_4)_2C_2O_4 \rightarrow CaC_2O_4 \downarrow + 2NH_4Cl$$

$$CaC_2O_4 + H_2SO_4 \rightarrow CaSO_4 + H_2C_2O_4$$

$$2KMnO_4 + 5H_2C_2O_4 + 3H_2SO_4 \rightarrow 10CO_2 \uparrow + 2MnSO_4 + 8H_2O + K_2SO_4$$

（三）仪器设备
(1)实验室用样品粉碎机或研钵。

(2)分析筛:40 目(孔径 0.42 mm)。

(3)分析天平:感量 0.000 1 g。

(4)高温炉:可控制温度在(550±20)℃。

(5)坩埚:瓷质。

(6)容量瓶:100 mL。

(7)酸式滴定管:25 或 50 mL。

(8)玻璃漏斗:直径 6 cm。

(9)定量滤纸:中速,7～9 cm。

(10)移液管:10,20 mL。

(11)烧杯:200 mL。

(12)凯氏烧瓶:250 或 500 mL。

（四）试剂及配制
(1)盐酸溶液:1+3($V+V$)。

(2)硫酸溶液:1+3($V+V$)。

(3)高氯酸:70%～72%。

(4)氨水溶液:1+1($V+V$)。

(5)42 g/L 草酸铵溶液:溶解 42 g 分析纯草酸铵于水中,稀释至 1 000 mL。

(6)1 g/L 甲基红指示剂:0.1 g 分析纯甲基红溶于 100 mL 的 95% 乙醇中。

(7)浓硝酸。

(8)氨水溶液:1+50($V+V$)。

(9)高锰酸钾标准溶液$[c(\frac{1}{5}KMnO_4)=0.05\ mol/L]$:称取高锰酸钾约 1.6 g 溶于 800 mL 水中,煮沸 10 min,再用水稀释至 1 000 mL,冷却静置 1～2 d,用烧结玻璃滤器过滤,保存于棕色瓶中。

(五)试样的选取与制备

取具有代表性试样至少 2 kg,用四分法缩减至 250 g,粉碎过 0.42 mm 孔筛,混合均匀,装入样品瓶中,密闭保存备用。

(六)测定步骤

1. 试样的分解

(1)干法:称取试样 2～5 g(准确至 0.000 2 g)于坩埚中,在电炉上低温小心炭化至无烟。再将其放入高温炉于(550±20)℃下灼烧 3 h。取出冷却后,在盛有灰分的坩埚中加入盐酸溶液(1+3,$V+V$)10 mL 和浓硝酸数滴,小心煮沸。冷却后将此溶液转入 100 mL 容量瓶中,并以热蒸馏水洗涤坩埚及漏斗中滤纸,冷却至室温后,定容,摇匀,为试样分解液。

(2)湿法:称取试样 2～5 g(准确至 0.000 2 g)于凯氏烧瓶中。加入浓硝酸 10 mL,加热煮沸,至二氧化氮黄烟逸尽,冷却后加入 70%～72%高氯酸 10 mL,小心煮沸至无色,不得蒸干(危险!)。冷却后加水 50 mL,并煮沸驱除二氧化氮,冷却后转入 100 mL 容量瓶中,用水定容至刻度,摇匀,为试样分解液。

2. 试样的测定

(1)草酸钙沉淀:用移液管准确吸取样品液 10～20 mL(含钙量为 20 mg 左右)于烧杯中,加水 100 mL,甲基红指示剂 2 滴,滴加氨水溶液(1+1,$V+V$)至溶液由红变橙黄色,再滴加盐酸溶液(1+3,$V+V$)至溶液又呈红色(pH 2.5～3.0)为止。小心煮沸,慢慢滴加草酸铵溶液 10 mL,且不断搅拌。若溶液由红变橙色,应补滴盐酸溶液(1+3,$V+V$)至红色,煮沸数分钟后,放置过夜使沉淀陈化(或在水浴上加热 2 h)。

(2)沉淀洗涤:用定量滤纸过滤上述沉淀溶液,用氨水溶液(1+50,$V+V$)洗涤沉淀 6～8 次,至无草酸根离子为止[用试管接取滤液 2～3 mL,加硫酸溶液(1+3,$V+V$)数滴,加热至 80℃,加高锰酸钾溶液 1 滴,溶液呈微红色,且 30 s 不褪色]。

(3)沉淀的溶解与滴定:将沉淀和滤纸移入原烧杯中,加硫酸溶液(1+3,$V+V$)10 mL,蒸馏水 50 mL,加热至 75～85℃,立即用 0.05 mol/L 高锰酸钾标准溶液滴定至溶液呈微红色,且 30 s 不褪色为止。

(4)空白试验:在干净烧杯中加滤纸 1 张,硫酸溶液(1+3,$V+V$)10 mL,蒸馏水 50 mL,加热至 75～85℃,立即用 0.05 mol/L 高锰酸钾标准溶液滴定至微红色且 30 s 不褪色为止。

(七)结果计算

试样中钙的质量分数按式(5-1)计算。

$$w(Ca)=\frac{(V_3-V_0)\times c\times 0.02}{m}\times\frac{V_1}{V_2}\times 100\% \tag{5-1}$$

式中:m 为试样质量,g;V_1 为样品灰化后溶解液定容体积,mL;V_2 为测定钙时样品溶液移取用量,mL;V_3 为试样滴定时消耗高锰酸钾标准溶液体积,mL;V_0 为空白滴定消耗的高锰酸钾标准溶液体积,mL;c 为高锰酸钾标准溶液浓度,mol/L;0.02 为与 1.00 mL 高锰酸钾标准溶液$[c(\frac{1}{5}KMnO_4)=1.000\ mol/L]$相当的、以克表示的钙的质量。

（八）重复性

每个试样应取两个平行样进行测定，以其算术平均值为分析结果。钙含量在 5％以上，允许相对偏差 3％；钙含量在 1％～5％时，允许相对偏差 5％；钙含量在 1％以下，允许相对偏差 10％。

（九）注意事项

(1)高锰酸钾标准溶液浓度不稳定，至少每月标定 1 次。

(2)每种滤纸空白滴定消耗高锰酸钾标准溶液的用量不同，至少每盒滤纸做一次空白测定。

(3)洗涤草酸钙沉淀时，必须沿滤纸边缘向下洗，使沉淀集中于滤纸中心，以免损失。每次洗涤过滤时，都必须等上次洗涤液完全滤净后再加，每次洗涤液不得超过漏斗体积的 2/3。

二、乙二胺四乙酸二钠(EDTA)络合滴定法(快速法)

（一）适用范围

本方法适用于配合饲料、浓缩饲料、预混合饲料和单一饲料中钙的快速测定。

（二）测定原理

将试样中有机物破坏，使钙溶解制备成溶液，用三乙醇胺、乙二胺、盐酸羟胺和淀粉溶液消除干扰离子的影响，在碱性溶液中，以钙黄绿素为指示剂，用 EDTA 标准溶液络合滴定钙，可快速测定钙的含量。

反应方程式可简写如下：

$In^{2-}+Ca^{2+}=CaIn$(红色不稳定)

$Ca^{2+}+H_2y=Cay$(无色)$+2H^+$

注：In 为钙红指示剂，H_2y 为 EDTA

（三）试剂及配制

(1)氢氧化钾溶液:200 g/L。

(2)三乙醇胺溶液:1+1($V+V$)水溶液。

(3)乙二胺溶液:1+1($V+V$)水溶液。

(4)钙红指示剂:0.1 g 钙黄绿素与 0.10 g 甲基麝香草酚蓝，0.03 g 百里香酚蓝，5 g 氯化钾研细混匀，贮存于磨口瓶中。

(5)盐酸羟胺:分析纯。

(6)1 g/L 孔雀石绿指示剂:0.1 g 指示剂溶于 100 mL 蒸馏水。

(7)10 g/L 淀粉溶液:称取 1 g 可溶性淀粉于 200 mL 烧杯中，加 5 mL 水浸湿，再加 95 mL 沸水搅匀，煮沸，冷却备用(现配现用)。

(8)1 mg/mL 钙标准溶液:称取 2.497 g 于 105～110℃干燥 3 h 的基准物碳酸钙，溶于 40 mL 盐酸溶液(1+3,$V+V$)中，加热，驱除二氧化碳，冷却，转移至 1 000 mL 容量瓶中，并稀释至刻度。

(9)0.01 mol/L EDTA 标准滴定溶液:

①配制：准确称取分析纯 EDTA 3.8 g 于 1 000 mL 烧杯中，加 200 mL 水，加热溶解，冷却后转入 1 000 mL 容量瓶中，并加水定容。

②标定：准确移取钙标准溶液 10 mL，按样品测定法进行滴定。

③计算：EDTA 标准滴定溶液对钙的滴定度，可按式(5-2)计算。

$$T = \frac{\varrho \times V}{V_0} \tag{5-2}$$

式中：T 为 EDTA 标准滴定溶液对钙的滴定度，g/mL；V_0 为 EDTA 标准滴定溶液用量，mL；V 为所取钙标准溶液的体积，mL；ρ 为钙标准溶液的质量浓度，g/mL。

(四)仪器设备

同高锰酸钾滴定法。

(五)测定步骤

1. 试样分解

同高锰酸钾滴定法。

2. 测定

准确移取试样分解液 5～25 mL(含钙量 2～25 mg)于 150 mL 三角瓶中，加蒸馏水 50 mL，淀粉溶液 10 mL，三乙醇胺溶液 2 mL，乙二胺溶液 1 mL，每加完一种试剂要充分摇匀，然后加孔雀石绿指示剂 1 滴，摇匀，滴加 200 g/L 氢氧化钾溶液至无色，再加氢氧化钾溶液 2 mL，加入 0.1 g 盐酸羟胺，摇匀溶解后，加钙红指示剂少许，呈墨绿色，在黑色背景下，立即用 0.01 mol/L EDTA 标准滴定溶液滴定至绿色荧光消失，呈紫红色为滴定终点。同时做试剂空白试验。

(六)结果计算

试样中钙的质量分数按式(5-3)计算。

$$w(\text{Ca}) = \frac{T \times V_2 \times V_0}{m \times V_1} \times 100\% \tag{5-3}$$

式中：T 为 EDTA 标准滴定溶液对钙的滴定度，g/mL；V_0 为试样分解液总体积，mL；V_1 为移取试样分解液的体积，mL；V_2 为实际消耗的 EDTA 标准滴定溶液的体积，mL；m 为试样质量，g。

所得结果应表示至 2 位小数。

(七)重复性

同高锰酸钾滴定法。

任务二　饲料中总磷和植酸磷含量的测定

一、饲料中总磷含量的测定

(一)适用范围

本方法适用于配合饲料、浓缩饲料、预混合饲料和单一饲料中总磷的测定。

(二)测定原理

将试样中有机物破坏,使磷元素游离出来,在酸性溶液中,用钒钼酸铵处理,生成黄色的络合物[(NH$_4$)$_3$PO$_4$·NH$_4$VO$_3$·16MoO$_3$(磷-钒-钼酸复合体)],在波长 400 nm 下进行比色测定。

此法测得结果为总磷量,其中包括动物难以吸收利用的植酸磷。

(三)仪器设备

(1)实验室用样品粉碎机或研钵。

(2)分析筛:40 目(孔径 0.42 mm)。

(3)分析天平:感量 0.000 1 g。

(4)分光光度计:有 10 mm 比色池,可在 400 nm 下进行比色测定。

(5)高温炉:可控炉温在(550±20)℃。

(6)坩埚:瓷质。

(7)容量瓶:50,100,1 000 mL。

(8)刻度移液管:1.0,2.0,3.0,5.0,10 mL。

(9)凯氏烧瓶:250 或 500 mL。

(10)可调温电炉:1 000 W。

(四)试剂及配制

(1)盐酸溶液:1+1(V+V)水溶液。

(2)浓硝酸。

(3)高氯酸:70%～72%。

(4)钒钼酸铵显色试剂:称取偏钒酸铵 1.25 g,加浓硝酸 250 mL;另取钼酸铵 25 g,加蒸馏水 400 mL,加热溶解,冷却后,将此溶液倒入上溶液,且加蒸馏水定容至 1 000 mL,避光保存。如生成沉淀则不能使用。

(5)磷标准溶液:将磷酸二氢钾在 105℃干燥 1 h,在干燥器中冷却后称 0.219 5 g,溶解于蒸馏水中,转入 1 000 mL 容量瓶中,加浓硝酸 3 mL,用蒸馏水稀释到刻度,摇匀,即成 50 μg/mL 的磷标准溶液。

(五)试样的选取和制备

取有代表性试样用四分法缩减至 200 g,粉碎至 40 目,装入密封容器中,以防止试样成分的变化或变质。

(六)测定步骤

1. 试样的分解

(1)干法(不适用于含磷酸氢钙的饲料):称取试样 2～5 g(准确至 0.000 2 g)于坩埚中,在电炉上低温炭化至无烟为止,再将其放入高温炉于(550±20)℃下灼烧 3 h(或测灰分后继续进行),取出冷却,在坩埚中加入盐酸溶液(1+1,V+V)10 mL 和浓硝酸数滴,小心煮沸约 10 min。将此溶液转入 100 mL 容量瓶中,并用热蒸馏水洗涤坩埚及漏斗中滤纸,冷却至室温后,定容,摇匀,为试样分解液。

(2)湿法:称取试样 0.5～5 g(准确至 0.000 2 g)于凯氏烧瓶中。加入浓硝酸 30 mL,小心加热煮沸,至二氧化氮黄烟逸尽,冷却后加入高氯酸 10 mL,继续加热煮沸至溶液无色,不得蒸干(危险!)。冷却后加蒸馏水 50 mL,并煮沸驱除二氧化氮,冷却后转入 100 mL 容量瓶中,用蒸馏水定容至刻度,摇匀,为试样分解液。

(3)盐酸溶解法(适用于微量元素预混料):称取试样 0.2～1 g(准确至 0.000 2 g)于 100 mL 烧杯中,缓慢加入盐酸溶液(1+1,$V+V$)10 mL 使其全部溶解,冷却后转入 100 mL 容量瓶中,用水稀释至刻度,摇匀,为试样分解液。

2. 标准曲线的绘制

准确移取磷标准溶液 0,1.0,2.0,5.0,10.0,15.0 mL 于 50 mL 容量瓶中,各加入钒钼酸铵显色试剂 10 mL,用蒸馏水稀释至刻度,摇匀,放置 10 min。以 0 mL 溶液为参比,用 10 mm 比色池,在 400 nm 波长下,用分光光度计测定各溶液的吸光度。以磷含量(μg)为横坐标,吸光度为纵坐标绘制标准曲线。

3. 试样的测定

准确移取试样分解液 1～10 mL(含磷量 50～750 μg)于 50 mL 容量瓶中,加入钒钼酸铵显色试剂 10 mL,用蒸馏水稀释至刻度,摇匀,放置 10 min。以 0 mL 溶液为参比,用 10 mm 比色池,在 400 nm 波长下,用分光光度计测定试样溶液的吸光度,并由标准曲线查得试样分解液的含磷量。

(七)结果计算

样品中总磷的质量分数按式(5-4)计算:

$$w(总磷) = \frac{a \times 10^{-6}}{m} \times \frac{V}{V_1} \times 100\% \tag{5-4}$$

式中:m 为试样质量,g;V 为试样分解液总体积,mL;V_1 为比色测定时所移取试样分解液体积,mL;a 为由标准曲线查得试样分解液含磷量,μg;10^{-6} 为从 μg 转化为 g 的系数。

所得结果应准确至两位小数。

(八)重复性

每个试样称取两个平行样进行测定,以其算术平均值为结果。含磷量在 0.5% 以上(含 0.5%),允许相对偏差 3%;含磷量在 0.5% 以下,允许相对偏差 10%。

(九)注意事项

(1)比色时,待测液磷含量不宜过浓,最好控制在 1 mL 含磷 0.5 mg 以下。

(2)待测液在加入试液后应静置 10 min,再进行比色,但不能静置过久。

▶ 二、饲料中植酸磷的测定

(一)适用范围

本方法适用于配合饲料、浓缩饲料和单一饲料中植酸磷的测定。

(二)测定原理

用 30 g/L 三氯乙酸作浸提液提取植酸盐,然后加入铁盐使植酸盐生成植酸铁沉淀,与氢氧化钠反应转化为可溶性植酸钠和棕色氢氧化铁沉淀,用钼黄法直接测出植酸磷含量。

(三)仪器设备

(1)实验室用样品粉碎机或研钵。

(2)分析筛:40 目(孔径 0.42 mm)。

(3)分析天平:感量 0.000 1 g。

(4)分光光度计:有 10 mm 比色池,可在 400 nm 下进行比色测定。

(5)容量瓶:50,100 mL。

(6)移液管:10,50 mL。

(7)吸量管:5,10 mL。

(8)卧式振荡机。

(9)凯氏烧瓶:100 mL。

(10)具塞三角瓶:250 mL。

(11)离心机。

(12)具塞离心管:40 mL。

(四)试剂及配制

(1)30 g/L 三氯乙酸溶液:称取 3 g 三氯乙酸(分析纯),加水溶解至 100 mL,混匀。

(2)三氯化铁溶液(1 mL 相当于 2 mg 铁):称取三氯化铁($FeCl_3 \cdot 6H_2O$) 0.97 g,用 30 g/L 的三氯乙酸溶液溶解至 100 mL,混匀。

(3)1.5 mol/L 氢氧化钠溶液:称取氢氧化钠(分析纯)60 g,加水溶解至 1 000 mL,混匀。

(4)浓硝酸:1.4 g/cm^3,煮沸除去游离二氧化氮(NO_2),使其成为无色。

(5)硝酸溶液:1+1($V+V$)。

(6)混合酸:硝酸+高氯酸=2+1($V+V$)。

(7)显色剂:

①100 g/L 钼酸铵溶液:称取分析纯钼酸铵 10 g,加入少量水,加热至 50～60℃,使溶解。冷却后,再用水稀释至 100 mL,混匀。

②3 g/L 偏钼酸铵溶液:称取分析纯偏钼酸铵 0.3 g,溶于 50 mL 水中,再加 50 mL 硝酸溶液(1+3,$V+V$)溶解,混匀。

使用时将溶液①徐徐倒入溶液②中,应边加边搅拌,然后再加入已赶尽二氧化氮的浓硝酸 18 mL,混匀。

(8)标准磷溶液(1 mL 相当于 100 μg 磷):准确称取 105～110℃烘干 1～2 h 的优级纯磷酸二氢钾 0.439 0 g,用水溶解后移入 1 000 mL 容量瓶中,并用水稀释至刻度,摇匀。

(五)试样的选取与制备
同饲料中总磷量的测定。

(六)测定步骤

1. 磷标准曲线的绘制

准确吸取磷标准溶液 0,0.5,1.0,2.0,3.0,4.0,5.0,6.0,7.0 mL,分别盛入 50 mL 容量瓶中,用水稀释至 20 mL 左右,各加硝酸溶液(1+1,$V+V$) 4 mL,显色剂 10 mL,再用水稀释至刻度,混匀。此时系列每 50 mL 中分别含磷:0,50,100,200,300,400,500,600,700 μg,静置 20 min,用 10 mm 比色池,在波长 400 nm 处,用分光光度计测定其吸光度。最后,以 50 mL 中磷含量(μg)为横坐标,用相应的吸光度为纵坐标,绘制出磷的标准曲线。

2. 试样的测定

(1)称取饲料样本 3～6 g(含植酸磷在 5～30 mg 范围内)于干燥的 250 mL 具塞三角瓶中,准确加入 30 g/L 三氯乙酸溶液 50 mL,浸泡 2 h,机械振荡浸提 30 min,离心(或用干漏斗、干滤纸、干烧杯进行过滤)。准确吸取上层清液 10 mL 于 40 mL 离心管中,迅速加入三氯化铁溶液(1 mL 相当于 2 mg Fe^{2+})4 mL,置于沸水浴中加热 45 min,冷却后,3 000 r/min 离心 10 min,除去上层清液,加入 30 g/L 三氯乙酸溶液 20~25 mL,进行洗涤(沉淀必须搅散),水浴加热煮沸 10 min,冷却后 3 000 r/min 离心 10 min,除去上层清液,如此重复 2 次,再用水洗涤 1 次。洗涤后的沉淀加入 3~5 mL 水及 1.5 mol/L 氢氧化钠溶液 3 mL,摇匀,用水稀释至 30 mL 左右,置沸水中煮沸 30 min,趁热用中速滤纸过滤,滤液用 100 mL 容量瓶盛接,再用热水 60~70 mL,分数次洗涤沉淀。

(2)滤液冷却至室温后,稀释至刻度,准确吸取 5~10 mL 滤液(含植酸磷 0.1~0.4 mg)于 100 mL 凯氏烧瓶中,加入硝酸和高氯酸混合酸 3 mL,于电炉上低温消化至冒白烟,使余 0.5 mL 左右溶液为止(切忌蒸干),冷却后用 30 mL 水,分数次洗入 50 mL 容量瓶中,加入硝酸溶液(1+1,$V+V$)4 mL,显色剂 10 mL,用水稀释至刻度,混匀,静置 20 min 后,用分光光度计在波长 400 nm 处测定吸光度。查对磷标准曲线,并计算植酸磷的含量。

(七)结果计算

试样中植酸磷的质量分数按式(5-5)计算。

$$w(植酸磷) = \frac{a \times 10^{-6} \times \dfrac{V}{V_1}}{m} \times 100\% \qquad (5\text{-}5)$$

式中:a 为由磷标准曲线查得的含磷量,μg;V 为试样分解液总体积,mL;V_1 为比色测定时吸取的试样消化液体积,mL;m 为试样质量,g;10^{-6} 为从 μg 转化为 g 的系数。

(八)重复性

每个试样称取两个平行样进行测定,以其算术平均值为结果。含植酸磷含量在 0.5% 以上(含 0.5%),允许相对偏差 3%;植酸磷含量在 0.5% 以下,允许相对偏差 10%。

(九)注意事项

(1)试样粉碎粒度要求不小于 40 目。颗粒太粗造成试样浸提不完全,使分析结果波动太大,重现性差。

(2)在离心法洗涤植酸铁沉淀过程中,注意不要损失铁沉淀物。

(3)显色时的硝酸酸度要求在 5%~8%($V+V$)。

(4)显色时温度不能低于 15℃,否则显色缓慢。

任务三 饲料中水溶性氯化物含量的测定

一、硫氰酸盐返滴定法

(一)适用范围

本方法适用于各种配合饲料、浓缩饲料和单一饲料中水溶性氯化物的测定。

(二)测定原理

试样中的氯离子溶解于水中,如果试样含有有机物,需将溶液澄清,然后用硝酸稍加酸

化,并加入硝酸银标准溶液使氯化物生成氯化银沉淀,过量的硝酸银溶液用硫氰酸铵或硫氰酸钾标准溶液滴定。反应式如下:

$$AgNO_3 + Cl^- \rightarrow NO_3^- + AgCl\downarrow(白色)$$

$$AgNO_3 + NH_4SCN \rightarrow NH_4NO_3 + AgSCN\downarrow(白色)$$

$$6NH_4SCN + Fe_2(SO_4)_3 \rightarrow 3(NH_4)_2SO_4 + 2Fe(SCN)_3\downarrow(血红色)$$

(三)仪器设备

(1)实验室用样品粉碎机或研钵。

(2)分样筛:40目(孔径0.42 mm)。

(3)分析天平:感量0.000 1 g。

(4)刻度移液管:2,10 mL。

(5)滴定管:酸式,25 mL。

(6)容量瓶:250,500 mL。

(7)中速定量滤纸。

(8)回旋振荡器:35～40 r/min。

(四)试剂及配制

(1)硝酸:化学纯。

(2)氯化钠标准储备溶液:基准级氯化钠,于500℃灼烧1 h,干燥器中冷却保存。称取5.845 4 g溶解于水中,转入1 000 mL容量瓶中,用水稀释至刻度,摇匀。此氯化钠标准储备液的浓度为0.100 0 mol/L。

(3)氯化钠标准工作液:准确吸取氯化钠标准储备溶液20.00 mL于100 mL容量瓶中,用水稀释至刻度,摇匀。此氯化钠标准工作液的浓度为0.020 0 mol/L。

(4)60 g/L硫酸铁溶液:称取分析纯硫酸铁($Fe_2(SO_4)_3 \cdot xH_2O$)60 g,加水微热溶解后,定容至1 000 mL。

(5)硫酸铁指示剂:250 g/L硫酸铁的水溶液,过滤除去不溶物,与等体积的浓硝酸混合均匀。

(6)氨水溶液:1+19(V+V)。

(7)0.02 mol/L硫氰酸铵:称取分析纯硫氰酸铵1.52 g溶于1 000 mL水中。

(8)0.02 mol/L硝酸银标准溶液:称取分析纯硝酸银3.4 g溶于1 000 mL水中,贮于棕色瓶中。

体积比:吸取硝酸银溶液20.00 mL,加硝酸4 mL,指示剂2 mL,在剧烈摇动下用硫氰酸铵溶液滴定,滴至终点为持久的淡红色。两溶液体积比F按式(5-6)计算。

$$F = \frac{20.00}{V_2} \tag{5-6}$$

式中:F为硝酸银与硫氰酸铵溶液的体积比;20.00为硝酸银溶液的体积,mL;V_2为硫氰酸铵溶液的体积,mL。

(五)试样的选取和制备

选取有代表性的试样,用四分法缩减至200 g,粉碎至40目,密封保存,以防试样组分的变化或变质。

(六)测定步骤

1. 氯化物的提取

称取试样适量(氯含量在0.8%以内,称取试样5g左右;氯含量在0.8%~1.6%,称取试样3g左右;氯含量在1.6%以上,称取试样1g左右),准确至0.0002g,准确加入硫酸铁溶液50 mL,氨水溶液100 mL,搅拌数分钟,放置10 min,用干的快速滤纸过滤。

2. 滴定

准确移取含氯化物的滤液50 mL,于100 mL容量瓶中,加浓硝酸10 mL,硝酸银标准溶液25.00 mL,用力振荡使沉淀凝结,用水稀释至刻度,摇匀静置5 min,干过滤于150 mL干锥形瓶中或静置(过夜)沉化。吸取滤液(澄清液)50.00 mL,加硫酸铁指示剂10 mL,用硫氰酸铵溶液滴定,出现淡橘红色,且30 s不褪色即为终点。

(七)结果计算

试样中水溶性氯化物的质量分数按式(5-7)和式(5-8)计算。

$$w(Cl^-)=\frac{(V_1-V_2\times F\times\frac{100}{50})\times c\times 150\times 0.035\ 5}{m\times 50}\times 100\%\qquad(5\text{-}7)$$

$$w(NaCl)=\frac{(V_1-V_2\times F\times\frac{100}{50})\times c\times 150\times 0.058\ 45}{m\times 50}\times 100\%\qquad(5\text{-}8)$$

式中:m为试样的质量,g;V_1为硝酸银溶液体积,mL;V_2为滴定时硫氰酸铵溶液消耗体积,mL;F为硝酸银和硫氰酸铵溶液的体积比;c为硝酸银标准溶液浓度,mol/L;0.035 5为与1.00 mL硝酸银标准溶液$[c(AgNO_3)=1.000\ 0\ mol/L]$相当的以克表示的氯元素的质量;0.058 45为与1.00 mL硝酸银标准溶液$[c(AgNO_3)=1.000\ 0\ mol/L]$相当的以克表示的氯化钠的质量。

所得结果应准确至两位小数。

(八)重复性

每个试样取两个平行样进行测定,以其算术平均值为分析结果。氯化钠含量在3%以下(含3%),允许绝对值差为0.05;氯化钠含量在3%以上,允许相对偏差为3%。

(九)注意事项

(1)在标定硝酸银溶液或滴定试样滤液时,速度应快,不要过分剧烈摇动,以防下列反应发生:

$$AgCl+CNS^-\rightarrow AgCNS+Cl^-$$

这样会因氯化银沉淀转化成硫氰酸银沉淀,消耗的硫氰酸铵溶液增加,而使结果偏低。

(2)本法是根据氯离子来计算氯化钠含量的,但由于添加到配合饲料、浓缩饲料和添加剂预混合饲料中的氨基酸、维生素等添加剂都可能带入氯离子,所以通过此法测定的氯化钠的含量往往比实际添加的氯化钠的量高。

▶ 二、饲料中水溶性氯化物快速测定

(一)测定原理

在中性溶液中,银离子能分别与氯离子和铬酸根离子形成溶解度较小的白色氯化银沉淀和溶解度比较大的砖红色铬酸银沉淀,因此,在滴入硝酸银标准滴定溶液的过程中,只要

溶液中有适量的铬酸钾,首先析出的是溶解度较小的氯化银,而当快达到化学计量点时,银离子浓度随着氯离子的减少而迅速增加,当增加到铬酸银沉淀所需的银离子浓度时,便析出铬酸银沉淀,使溶液呈浅砖红色。反应式如下:

$$Ag^+ + Cl^- \rightarrow AgCl\downarrow(白色)$$
$$2Ag^+ + CrO_4^{2-} \rightarrow Ag_2CrO_4\downarrow(砖红色)$$

(二)仪器设备

(1)滴定管:酸式,棕色,25 或 50 mL。

(2)三角瓶:150 mL。

(3)烧杯:400 mL。

(三)试剂及配制

(1)硝酸银标准溶液:$c(AgNO_3) = 0.02$ mol/L。

(2)铬酸钾指示剂:称取 10 g 铬酸钾,溶于 100 mL 水中。

(四)测定步骤

称取试样 5～10 g(准确至 0.001 g),于 400 mL 烧杯中,准确加水 200 mL,搅拌 15 min,放置 15 min,准确移取上清液 20 mL 于 150 mL 三角瓶中,加水 50 mL,铬酸钾指示剂1 mL,用硝酸银标准滴定溶液滴定,呈现砖红色,且 30 s 不褪色为终点。同时做空白测定。

(五)结果计算

试样中氯化钠的质量分数按式(5-9)计算。

$$w(NaCl) = \frac{(V-V_0) \times c \times 200 \times 0.058\ 45}{m \times 20} \times 100\% \tag{5-9}$$

式中:m 为试样的质量,g;V 为滴定时试样溶液消耗的硝酸银标准滴定溶液体积,mL;V_0 为滴定时空白溶液消耗的硝酸银标准滴定溶液体积,mL;c 为硝酸银标准滴定溶液浓度,mol/L;200 为试样溶液的总体积,mL;20 为滴定时移取的试样溶液体积,mL;0.058 45 为与 1.00 mL 硝酸银标准滴定溶液$[c(AgNO_3) = 1.000\ 0$ mol/L$]$相当的以克表示的氯化钠的质量。

所得结果应精确至 2 位小数。

任务四　饲料级微量元素添加剂的测定

一、硫酸铜含量的测定

(一)测定原理

试样用水溶解,在微酸性条件下,加入适量的碘化钾与二价铜离子作用,析出等物质的量的碘,以淀粉为指示剂,用硫代硫酸钠标准滴定溶液滴定析出的碘。根据消耗的硫代硫酸钠标准滴定溶液的体积,计算试样中硫酸铜含量。化学反应式如下:

$$2Cu^{2+} + 4I^- \rightarrow 2CuI\downarrow + I_2$$
$$I_2 + 2S_2O_3^{2-} \rightarrow 2I^- + S_4O_6^{2-}$$

(二)试剂与溶液

(1)硫代硫酸钠标准滴定溶液:$c(Na_2S_2O_3) = 0.1$ mol/L。

(2)冰乙酸。

(3)5 g/L可溶性淀粉溶液。

(4)碘化钾。

(三)测定步骤

称取 1.0 g 试样,准确至 0.000 2 g,置于碘量瓶中,加入 100 mL 蒸馏水使之溶解,再加入 4 mL 冰乙酸和 2 g 碘化钾,混匀后,在暗处放置 10 min。然后,用硫代硫酸钠标准滴定溶液滴定,直至溶液呈现淡黄色,加入 3 mL 可溶性淀粉溶液,并继续滴定至蓝色刚刚消失为止,即为反应终点。

(四)结果计算

试样中硫酸铜(CuSO₄·5H₂O)和铜(Cu)的质量分数分别按式(5-10)和式(5-11)计算。

$$w(CuSO_4 \cdot 5H_2O) = \frac{c \times V \times 0.249\ 7}{m} \times 100\% \tag{5-10}$$

$$w(Cu) = \frac{c \times V \times 0.063\ 55}{m} \times 100\% \tag{5-11}$$

式中:c 为硫代硫酸钠标准溶液的浓度,mol/L;V 为滴定所消耗硫代硫酸钠标准溶液的体积,mL;m 为试样质量,g;0.249 7 为与 1.00 mL 硫代硫酸钠标准滴定溶液[$c(Na_2S_2O_3)=1.000$ mol/L]相当的以克表示的无水硫酸铜的质量;0.063 55 为与 1.00 mL 硫代硫酸钠标准滴定溶液[$c(Na_2S_2O_3)=1.000$ mol/L] 相当的以克表示的铜的质量。

取平行测定结果的算术平均值为测定结果。

(五)重复性

平行测定结果的绝对差值不大于 0.2%。

▶ 二、硫酸锌含量的测定

(一)测定原理

将硫酸锌用硫酸溶液溶解,加适量水,加入氟化铵溶液、硫脲溶液、抗坏血酸作为掩蔽剂,以乙酸-乙酸钠调节 pH 至 5~6,以二甲酚橙为指示剂,用乙二胺四乙酸二钠标准滴定溶液进行滴定,至溶液由紫红色变为亮黄色即为终点。

(二)试剂与溶液

(1)抗坏血酸。

(2)硫脲溶液:200 g/L。

(3)氟化铵溶液:200 g/L。

(4)硫酸溶液:1+1(V+V)。

(5)乙酸-乙酸钠缓冲液:pH 5.5。称取 200 g 乙酸钠,溶于水,加 10 mL 冰乙酸,用水稀释至 1 000 mL。

(6)2 g/L 二甲酚橙指示剂溶液:使用期不超过 1 周。

(7)乙二胺四乙酸二钠标准滴定溶液:$c(EDTA)=0.05$ mol/L。

(三)测定步骤

称取 0.3 g 七水硫酸锌试样(或 0.2 g 一水硫酸锌试样),准确至 0.000 2 g,置于 250 mL

三角瓶中,加少量水润湿,滴加 2 滴硫酸溶液使试样溶解,加 50 mL 水、10 mL 氟化铵溶液、2.5 mL 硫脲溶液、0.2 g 抗坏血酸,摇匀溶解,加入 15 mL 乙酸-乙酸钠缓冲溶液,加 3 滴二甲酚橙指示剂,用乙二胺四乙酸二钠标准滴定溶液滴定至溶液由紫红色变为亮黄色即为终点。同时做空白试验。

(四)结果计算

试样中七水硫酸锌($ZnSO_4 \cdot 7H_2O$)、一水硫酸锌($ZnSO_4 \cdot H_2O$)和锌(Zn)的质量分数分别按式(5-12)、式(5-13)和式(5-14)计算。

$$w(ZnSO_4 \cdot 7H_2O) = \frac{c \times (V - V_0) \times 0.287\ 6}{m} \times 100\% \qquad (5-12)$$

$$w(ZnSO_4 \cdot H_2O) = \frac{c \times (V - V_0) \times 0.179\ 5}{m} \times 100\% \qquad (5-13)$$

$$w(Zn) = \frac{c \times (V - V_0) \times 0.065\ 39}{m} \times 100\% \qquad (5-14)$$

式中:c 为乙二胺四乙酸二钠标准滴定溶液的浓度,mol/L;V 为滴定试样溶液消耗乙二胺四乙酸二钠标准滴定溶液的体积,mL;V_0 为滴定空白溶液所消耗乙二胺四乙酸二钠标准滴定溶液的体积,mL;m 为试样质量,g;0.287 6 为与 1.00 mL 乙二胺四乙酸二钠标准滴定溶液 $[c(EDTA) = 1.000\ mol/L]$ 相当的以克表示的七水硫酸锌($ZnSO_4 \cdot 7H_2O$)的质量;0.179 5 为与 1.00 mL 乙二胺四乙酸二钠标准滴定溶液 $[c(EDTA) = 1.000\ mol/L]$ 相当的以克表示的一水硫酸锌($ZnSO_4 \cdot H_2O$)的质量;0.065 39 为与 1.00 mL 乙二胺四乙酸二钠标准滴定溶液 $[c(EDTA) = 1.000\ mol/L]$ 相当的以克表示的锌(Zn)的质量。

(五)重复性

取平行测定结果的算术平均值为测定结果。

平行测定结果的绝对差值:一水硫酸锌和七水硫酸锌不大于 0.2%,锌(Zn)不大于 0.15%。

▶ 三、硫酸锰含量的测定

(一)测定原理

在磷酸介质中,于 220～240℃下用硝酸铵将试样中的二价锰定量氧化成三价锰,以 N-苯代邻氨基苯甲酸作指示剂,用硫酸亚铁铵标准滴定溶液滴定。

(二)试剂与溶液

(1)磷酸。

(2)硝酸铵。

(3)无水碳酸钠。

(4)2 g/L N-苯代邻氨基苯甲酸指示剂:称取 0.2 g N-苯代邻氨基苯甲酸,溶于少量水,加 0.2 g 无水碳酸钠,低温加热溶解后,加水至 100 mL。

(5)硫磷混酸:于 700 mL 水中徐徐加入 150 mL 浓硫酸、150 mL 磷酸,混匀,冷却。

(6)重铬酸钾标准溶液 $[c(\frac{1}{6}K_2Cr_2O_7) = 0.1\ mol/L]$:称取 120℃烘至质量恒定的基准重铬酸钾约 4.9 g(准确至 0.000 2 g),置于 1 000 mL 容量瓶中,加适量水溶解后,稀释至刻度,摇匀。

(7)硫酸亚铁铵标准滴定溶液：$c[\mathrm{Fe(NH_4)_2(SO_4)_2}] = 0.1\ \mathrm{mol/L}$。

硫酸亚铁铵标准滴定溶液的标定应与样品测定同时进行。

配制：称取 40 g 硫酸亚铁铵，加入 300 mL 硫酸溶液（$1+4, V+V$），溶解后加 700 mL 水，摇匀。

标定：移取 25 mL 重铬酸钾标准溶液，加 10 mL 硫磷混酸，加水至 100 mL。用硫酸亚铁铵标准滴定溶液滴定至橙黄色消失。加入 2 滴 N-苯代邻氨基苯甲酸指示剂，继续滴定至溶液显亮绿色即为终点。

硫酸亚铁铵标准滴定溶液的浓度按式(5-15)计算。

$$c[\mathrm{Fe(NH_4)_2(SO_4)_2}] = \frac{V_1 c_1}{V} \tag{5-15}$$

式中：V_1 为重铬酸钾标准滴定溶液的体积，mL；c_1 为重铬酸钾标准滴定溶液的浓度，mol/L；V 为滴定中消耗的硫酸亚铁铵标准滴定溶液的体积，mL。

(三)测定步骤

称取约 0.5 g 试样，准确至 0.000 2 g，置于 500 mL 三角瓶中，用少量水润湿。加入 20 mL 磷酸，摇匀后加热煮沸，至液面平静并微冒白烟（此时温度为 220～240℃），移离热源，立即加入 2 g 硝酸铵，充分摇匀，让黄烟逸尽。冷却至约 70℃后，加 100 mL 水，充分摇匀，使盐类溶解，冷却至室温。用硫酸亚铁铵标准滴定溶液滴定至浅红色，加入 2 滴 N-苯代邻氨基苯甲酸指示剂，继续滴定至溶液由红色变为亮黄色即为终点。

(四)结果计算

试样中硫酸锰（$\mathrm{MnSO_4 \cdot H_2O}$）和锰（Mn）的质量分数分别按式(5-16)和式(5-17)计算。

$$w(\mathrm{MnSO_4 \cdot H_2O}) = \frac{c \times V \times 0.169\ 0}{m} \times 100\% \tag{5-16}$$

$$w(\mathrm{Mn}) = \frac{c \times V \times 0.054\ 94}{m} \times 100\% \tag{5-17}$$

式中：c 为硫酸亚铁铵标准滴定溶液的浓度，mol/L；V 为滴定消耗硫酸亚铁铵标准滴定溶液的体积，mL；m 为试样质量，g；0.169 0 为与 1.00 mL 硫酸亚铁铵标准滴定溶液 $\{c[\mathrm{Fe(NH_4)_2(SO_4)_2}] = 1.000\ \mathrm{mol/L}\}$ 相当的以克表示的硫酸锰（$\mathrm{MnSO_4 \cdot H_2O}$）的质量；0.054 94 为与 1.00 mL 硫酸亚铁铵标准滴定溶液 $\{c[\mathrm{Fe(NH_4)_2(SO_4)_2}] = 1.000\ \mathrm{mol/L}\}$ 相当的以克表示的锰（Mn）的质量。

取平行测定结果的算术平均值为测定结果。

(五)重复性

平行测定结果的绝对差值以 $\mathrm{MnSO_4 \cdot H_2O}$ 计不大于 0.5%，以 Mn 计不大于 0.2%。

◈ 四、硫酸亚铁含量的测定

(一)测定原理

试样溶解后，加入硫磷混酸，以二苯胺磺酸钠为指示剂，用重铬酸钾标准滴定溶液滴定，测定硫酸亚铁和铁的含量。

(二)试剂与溶液

(1)碳酸氢钠。

（2）盐酸溶液：1＋1(V＋V)。

（3）硫磷混酸：700 mL 水中加入 150 mL 浓硫酸、150 mL 磷酸，混匀。

（4）饱和碳酸氢钠溶液。

（5）5 g/L 二苯胺磺酸钠指示液。

（6）重铬酸钾标准滴定溶液：$c(\frac{1}{6}K_2Cr_2O_7)$＝0.1 mol/L。

（三）测定步骤

称取约 0.15 g 试样，准确至 0.000 2 g，置于 250 mL 碘量瓶中，加 10 mL 盐酸溶液，加 5 g 碳酸氢钠，迅速用带有导管的橡胶塞盖上瓶口，在电炉上慢慢加热至试样完全溶解，取下，将导管另一端迅速插入饱和碳酸氢钠溶液中，待冷却至室温后，取下橡胶塞，加 10 mL 硫磷混酸、2 滴二苯胺磺酸钠指示液，用重铬酸钾标准滴定溶液滴定至溶液呈紫色为终点。同时做空白试验。

（四）结果计算

试样中七水硫酸亚铁（$FeSO_4 \cdot 7H_2O$）、一水硫酸亚铁（$FeSO_4 \cdot H_2O$）和铁的质量分数分别按式（5-18）、式（5-19）和式（5-20）计算。

$$w(FeSO_4 \cdot 7H_2O)=\frac{c \times (V-V_0) \times 0.278\ 0}{m} \times 100\% \tag{5-18}$$

$$w(FeSO_4 \cdot H_2O)=\frac{c \times (V-V_0) \times 0.169\ 9}{m} \times 100\% \tag{5-19}$$

$$w(Fe)=\frac{c \times (V-V_0) \times 0.055\ 85}{m} \times 100\% \tag{5-20}$$

式中：c 为重铬酸钾标准滴定溶液的浓度，mol/L；V 为滴定试样溶液消耗重铬酸钾标准滴定溶液的体积，mL；V_0 为滴定空白溶液消耗重铬酸钾标准滴定溶液的体积，mL；m 为试样质量，g；0.278 0 为与 1.00 mL 重铬酸钾标准滴定溶液$[c(\frac{1}{6}K_2Cr_2O_7)＝1.000\ mol/L]$相当的以克表示的七水硫酸亚铁（$FeSO_4 \cdot 7H_2O$）的质量；0.169 9 为与 1.00 mL 重铬酸钾标准滴定溶液$[c(\frac{1}{6}K_2Cr_2O_7)＝1.000\ mol/L]$相当的以克表示的一水硫酸亚铁（$FeSO_4 \cdot H_2O$）的质量；0.055 85 为与 1.00 mL 重铬酸钾标准滴定溶液$[c(\frac{1}{6}K_2Cr_2O_7)＝1.000\ mol/L]$相当的以克表示的铁（Fe）的质量。

取平行测定结果的算术平均值为测定结果。

（五）重复性

平行测定结果的绝对差值：硫酸亚铁不大于 0.3%，铁含量不大于 0.1%。

五、氧化锌含量的测定

（一）测定原理

在试样溶液中，以二甲酚橙为指示剂，用 EDTA 标准滴定溶液滴定锌离子，根据 EDTA 标准滴定溶液的消耗量，计算氧化锌的含量。

（二）试剂与溶液

（1）碘化钾。

（2）盐酸溶液：1+1($V+V$)。

（3）氨水溶液：1+1($V+V$)。

（4）200 g/L 氟化钾溶液。

（5）硫脲饱和溶液。

（6）乙酸-乙酸钠缓冲溶液：pH 5.5。称取 200 g 乙酸钠，溶于水，加 10 mL 冰乙酸，用水稀释至 1 000 mL。

（7）2 g/L 二甲酚橙指示液：使用期不超过 1 周。

（8）乙二胺四乙酸二钠标准滴定溶液：c(EDTA)＝0.05 mol/L。

（三）测定步骤

称取约 0.2 g 试样，准确至 0.000 2 g，置于 250 mL 三角瓶中，加入 10 mL 盐酸溶液，加热使试样溶解，冷却后加 10 mL 水，5 mL 氟化钾溶液，2 滴二甲酚橙指示液，摇匀。用氨水溶液调节试样溶液呈红色，加 10 mL 硫脲饱和溶液，20 mL 乙酸-乙酸钠缓冲溶液，4 g 碘化钾，摇匀。用 EDTA 标准滴定溶液滴定至溶液呈亮黄色即为终点。

（四）结果计算

试样中氧化锌（ZnO）和锌（Zn）的质量分数分别按式（5-21）和式（5-22）计算。

$$w(ZnO)=\frac{c\times V\times 0.081\ 39}{m}\times 100\% \tag{5-21}$$

$$w(Zn)=\frac{c\times V\times 0.065\ 39}{m}\times 100\% \tag{5-22}$$

式中：c 为 EDTA 标准滴定溶液的浓度，mol/L；V 为滴定试样溶液消耗 EDTA 标准滴定溶液体积，mL；m 为试样质量，g；0.081 39 为与 1.00 mL EDTA 标准滴定溶液[c(EDTA)＝1.000 mol/L]相当的以克表示的氧化锌的质量；0.065 39 为与 1.00 mL EDTA 标准滴定溶液[c(EDTA)＝1.000 mol/L]相当的以克表示的锌的质量。

取平行测定结果的算术平均值为测定结果。

（五）重复性

平行测定结果的绝对差值不大于 0.3%。

六、碘酸钙含量的测定

（一）测定原理

在酸性溶液中，碘酸根离子被碘离子还原成游离碘，然后用硫代硫酸钠标准滴定溶液进行滴定。反应式如下：

$$IO_3^- +5I^- +6H^+ \rightarrow 3I_2 +3H_2O$$
$$I_2 +2Na_2S_2O_3 \rightarrow Na_2S_4O_6 +2NaI$$

（二）试剂与溶液

（1）高氯酸。

（2）碘化钾。

（3）10 g/L 可溶性淀粉溶液。

（4）硫代硫酸钠标准滴定溶液：c(Na$_2$S$_2$O$_3$)＝0.1 mol/L。

(三)测定步骤

称取约 0.1 g 试样,准确至 0.000 2 g,置于 150 mL 烧杯中。加入 10 mL 高氯酸及 10 mL 水,微热溶解试样,冷却后转移至 250 mL 容量瓶中,用水稀释至刻度,摇匀。用移液管移取 50 mL 置于 250 mL 碘量瓶中,加入 1 mL 高氯酸,3 g 碘化钾,盖住瓶口,稍一旋转,静置 5 min。用硫代硫酸钠标准滴定溶液滴定。近终点时,加入 2 mL 淀粉指示液,继续滴定至蓝色消失为终点。同时进行空白试验。

(四)结果计算

试样中碘酸钙[$Ca(IO_3)_2$]和碘(I)的质量分数分别按式(5-23)和式(5-24)计算。

$$w[Ca(IO_3)_2] = \frac{c \times (V - V_0) \times 0.032\ 49}{m} \times \frac{250}{50} \times 100\% \tag{5-23}$$

$$w(I) = \frac{c \times (V - V_0) \times 0.021\ 15}{m} \times \frac{250}{50} \times 100\% \tag{5-24}$$

式中:c 为硫代硫酸钠标准滴定溶液的浓度,mol/L;V 为滴定试样溶液消耗硫代硫酸钠标准滴定溶液体积,mL;V_0 为滴定空白溶液消耗硫代硫酸钠标准滴定溶液体积,mL;m 为试样质量,g;0.032 49 为与 1.00 mL 硫代硫酸钠标准滴定溶液[$c(Na_2S_2O_3) = 1.000$ mol/L]相当的以克表示的碘酸钙的质量;0.021 15 为与 1.00 mL 硫代硫酸钠标准滴定溶液[$c(Na_2S_2O_3) = 1.000$ mol/L]相当的以克表示的碘的质量。

取平行测定结果的算术平均值为测定结果。

(五)重复性

平行测定结果的绝对差值不大于 0.3%。

七、亚硒酸钠含量的测定

(一)测定原理

在强酸性介质中,亚硒酸钠与碘化钾发生氧化还原反应产生游离碘,用硫代硫酸钠标准滴定溶液滴定产生的游离碘,以淀粉作为指示剂,根据颜色变化判断反应终点。化学反应式如下:

$$SeO_3^{2-} + 4I^- + 6H^+ \rightarrow 2I_2 + Se + 3H_2O$$
$$I_2 + 2S_2O_3^{2-} \rightarrow 2I^- + S_4O_6^{2-}$$

(二)试剂与溶液

(1)碘化钾。

(2)盐酸溶液:1+1($V+V$)。

(3)10 g/L 淀粉指示液:使用期为 2 周。

(4)硫代硫酸钠标准滴定溶液:$c(Na_2S_2O_3) = 0.1$ mol/L。

(5)三氯甲烷。

(三)测定步骤

称取约 0.1 g 预先在 105～110℃下烘干至质量恒定的试样(准确至 0.000 2 g),置于 250 mL 碘量瓶中,加 100 mL 水使其溶解,再加入 2 g 碘化钾、10 mL 三氯甲烷和 5 mL 盐酸溶液,摇匀,在暗处放置 5 min。用硫代硫酸钠标准滴定溶液进行滴定,近终点时(溶液由棕红色变为淡黄色),加 2 mL 淀粉指示液,强力振摇 1 min,继续滴定至水层蓝色消失。同时做空白试验。

(四)结果计算

试样中亚硒酸钠(Na_2SeO_3)和硒(Se)的质量分数分别按式(5-25)和式(5-26)计算。

$$w(Na_2SeO_3) = \frac{c \times (V_1 - V_2) \times 0.043\,23}{m} \times 100\% \tag{5-25}$$

$$w(Se) = \frac{c \times (V_1 - V_2) \times 0.019\,74}{m} \times 100\% \tag{5-26}$$

式中:V_1 为试样测定时消耗硫代硫酸钠标准滴定溶液的体积,mL;V_2 为空白测定消耗的硫代硫酸钠标准滴定溶液的体积,mL;c 为硫代硫酸钠标准滴定溶液的浓度,mol/L;m 为试样的质量(干物质基础),g;0.043 23 为与 1.00 mL 硫代硫酸钠标准滴定溶液[$c(Na_2S_2O_3) = 1.000$ mol/L]相当的以克表示的亚硒酸钠的质量;0.019 74 为与 1.00 mL 硫代硫酸钠标准滴定溶液[$c(Na_2S_2O_3) = 1.000$ mol/L]相当的以克表示的硒的质量。

取平行测定结果的算术平均值为测定结果。

(五)重复性

平行测定结果的绝对差值以 Na_2SeO_3 计不大于 0.3%。

(六)注意事项

(1)如果所测定的试样为 1‰亚硒酸钠预混剂,也可以采用该方法。但要注意将称样量由约 0.1 g 增加到 1 g 左右。

(2)亚硒酸钠为剧毒物品,因此在测定时尤其是对纯品进行测定时,一定要注意操作安全,将器皿和手洗净。

八、氯化钴含量的测定

(一)测定原理

在酸性介质中,Co^{2+} 能与 SCN^- 反应,生成具有[$Co(SCN)_4$]$^{2-}$ 络离子的蓝色络合物。在丙酮存在下,用乙二胺四乙酸二钠标准滴定溶液滴定,Co^{2+} 能与乙二胺四乙酸二钠反应生成淡红色络合物,当到达反应终点时,蓝色完全消失。

(二)试剂与溶液

(1)盐酸羟胺。

(2)硫氰酸铵。

(3)乙酸铵饱和溶液。

(4)丙酮。

(5)乙二胺四乙酸二钠标准滴定溶液:$c(EDTA) = 0.05$ mol/L。

(三)测定步骤

称取 0.3 g 试样,准确至 0.000 2 g,置于 250 mL 三角瓶中,加入 50 mL 水使之溶解,再依次加入 0.25 g 盐酸羟胺、10 g 硫氰酸铵及 4 mL 乙酸铵饱和溶液。混匀后,加入 50 mL 丙酮,然后用 EDTA 标准滴定溶液进行滴定,直至蓝色完全消失,即为滴定反应的终点。

(四)结果计算

试样中氯化钴($CoCl_2 \cdot 6H_2O$)和钴(Co)的质量分数分别按式(5-27)和式(5-28)计算。

$$w(\text{CoCl}_2 \cdot 6\text{H}_2\text{O}) = \frac{c \times V \times 0.237\,9}{m} \times 100\%$$ （5-27）

$$w(\text{Co}) = \frac{c \times V \times 0.058\,93}{m} \times 100\%$$ （5-28）

式中：c 为乙二胺四乙酸二钠标准滴定溶液的浓度，mol/L；V 为滴定消耗乙二胺四乙酸二钠标准滴定溶液的体积，mL；m 为试样质量，g；0.237 9 为与 1.00 mL 乙二胺四乙酸二钠标准滴定溶液 $[c(\text{EDTA}) = 1.000\ \text{mol/L}]$ 相当的以克表示的氯化钴（$\text{CoCl}_2 \cdot 6\text{H}_2\text{O}$）的质量；0.058 93 为与 1.00 mL 乙二胺四乙酸二钠标准滴定溶液 $[c(\text{EDTA}) = 1.000\ \text{mol/L}]$ 相当的以克表示的钴（Co）的质量。

取平行测定结果的算术平均值为测定结果。

（五）重复性

平行测定结果之差不大于 0.2%。

任务五 原子吸收光谱法测定饲料中矿物质元素的含量

一、原子吸收光谱法概述

原子吸收光谱分析法（AAS）定量测定的基本原理为：光源（空心阴极灯）辐射出具有待测元素特征谱线的光波，当通过试样所产生的原子蒸气时，被蒸气中待测元素的基态原子所吸收，根据辐射光强度减弱的程度，即可求出试样中待测元素的含量。即透射光进入单色器，经过分光后再照射到检测器上，产生直流电信号，经过放大器放大后，就可以从读数器（或记录器）上读出（或记录）吸光度。在一定的实验条件下，试样的吸光度与其中待测元素的含量之间服从朗伯-比尔定律。因此，只需测定试样溶液的吸光度和相应标准溶液的吸光度，即可根据标准溶液的浓度计算出试样中待测元素的含量。

（一）仪器的组成及其主要作用

原子吸收光谱分析仪主要由光源、原子化系统、分光系统、测光系统、数据处理和显示系统五大部分组成（图 5-1）。

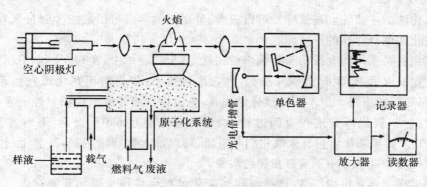

图 5-1 原子吸收光谱分析仪的组成示意图

1. 光源

包括元素灯(空心阴极灯)和灯电源两个部分,其作用是为仪器的光学系统提供一个输出稳定、发射强度大、具有特定波长和谱线宽度窄的锐线光谱。

2. 原子化系统

使待测试样在仪器中变为基态原子的装置,其作用是保证空心阴极灯发射的待测元素特征谱线,能被试样中相应元素的基态原子充分而有效地吸收。包括火焰原子化器和无火焰原子化器两种,可根据具体测定分析的需要选用不同的原子化器。

3. 分光系统

由衍射光栅(或色散棱镜)和反射镜等组成,其主要作用是将透过原子化系统的复合光,经过衍射光栅的色散作用,展开成按照波长顺序排列的单色光,并通过扫描机构把待测元素的原子吸收信号送入光电倍增管进行检测。

4. 测光系统

包括光电倍增管、负高压电源和放大器等部件,其作用是将从分光系统传送过来的原子吸收信号接收下来,转换成光电流并经过放大器放大后输出。

5. 数据处理和显示系统

主要包括数据处理系统、显示器和打印机,其作用是将测光系统输出的电信号显示或记录下来,也可以根据特定的数学公式进行计算和处理,并把处理结果用一定的方式显示和打印出来。

原子吸收光谱分析法的测定灵敏度高,干扰少或易于克服,且测定程序简单、快速,可测定的元素有 60～70 种,因此其应用范围相当广泛。

(二)定量测定方法

原子吸收光谱法的常用测定方法包括标准曲线法、直接比较法和标准加入法等,其基本原理都是利用朗伯-比尔定律,由已知浓度的标准溶液求得待测试样溶液的浓度。这些测定方法各有其不同的用途和优缺点,并且在分析测试过程中还存在着不同的干扰问题,因此,在具体应用过程中还应不断摸索,并查阅有关文献书籍。

(三)样品的前处理

原子吸收光谱法测定试样之前,必须对试样进行前处理,以破坏其中所包含的有机物质,使待测元素解离出来。样品的前处理有以下两种方法:

1. 干式灰化法

干式灰化法的主要优点是试样量可以很大,且试剂的污染可以被减少到最低程度,而这正是湿式消化法中所存在的严重问题。

干式灰化法常采用陶瓷或铂金坩埚盛放试样,置于高温炉中,在 550～600℃ 温度下灼烧灰化试样。在此温度下,汞将会挥发损失,且损失程度不尽相同;而其他挥发性元素如铅、锌、镉一般可以保留下来。但不可让试样燃烧,以免因挥发而导致上述挥发性元素损失。为了操作方便起见,灰化可安排在夜间进行,炉温一般控制在 500℃ 以上,有时甚至可高达 800～1 000℃。如果灰化后仍有未氧化的有机质,可以加入数滴浓硝酸,待蒸干后再进行灰化。最终灰化的试样灰分中不应存在黑色炭粒。

在某些试样中硅含量相当高,这些试样的灰化过程会导致金属元素的损失。此时试样应在铂金坩埚中先用 2～5 mL 氢氟酸(HF)处理,在水浴中蒸干,通过形成氟化硅(SiF_4)而

饲料分析检测技术

使硅挥发，从而防止硅对金属元素的吸附作用。

2. 湿式消化法

湿式消化法所用的酸是浓硝酸（HNO_3）和高氯酸（$HClO_4$），尽量避免与浓硫酸（H_2SO_4）并用，且必须是优级纯的试剂，以防止试剂中所含杂质的污染干扰。

采用高氯酸消化是很好的方法，但高氯酸是易爆危险试剂，应用时应注意安全。为使易氧化物质先分解，防止高氯酸爆炸，在消化之初应加入过量的浓硝酸（30 mL），煮沸 30～45 min 至二氧化氮黄烟逸尽，冷却后，加入 70%～72% 高氯酸 10 mL，小心煮沸至溶液变为无色或冒白烟，但切不可蒸干。整个消化过程必须在安全柜（毒气柜）中进行，以便使有害废气排出。

(四)样品的采集与制备

采样和样品制备的基本原则是代表性，如待测小试样不能代表全部样品，或大样品不能代表原始样品，则分析结果再准确也毫无价值。关于不同物质的采样方法，EU/VDLUFA（欧洲共同体/德国农业科学院）、AOAC（美国分析化学家协会）、英国的分析化学协会等组织或机构都提出了各自的规则，可供运用时参考。

此外，关于大样品和次级样品的污染问题，在实际工作中也应引起足够的重视。如植物表面的土壤颗粒和尘埃必须用蒸馏水洗净；样品粉碎将会导致来源于粉碎机的污染，如铁、锰、钴、镍、铬和钼的污染，食品绞碎机的金属部件与样品接触也会造成污染；样品在贮存过程中也可能带来污染。

二、动物饲料中钙、铜、铁、镁、锰、钾、钠和锌含量的测定

(一)适用范围

本方法适用于测定动物饲料中钙（Ca）、铜（Cu）、铁（Fe）、镁（Mg）、锰（Mn）、钾（K）、钠（Na）和锌（Zn）含量，各元素含量的检测限如下：

K，Na——500 mg/kg；

Ca，Mg——50 mg/kg；

Cu，Fe，Mn，Zn——5 mg/kg。

(二)测定原理

将试样放在马弗炉（550±15）℃下灰化之后，用盐酸溶解残渣，并稀释定容，然后导入原子吸收分光光度计的空气-乙炔火焰中。测量每个元素的吸光度，并与同一元素校正溶液的吸光度比较定量。

(三)试剂与溶液

(1)浓盐酸。

(2)盐酸溶液：$c(HCl) = 6.0$ mol/L。

(3)盐酸溶液：$c(HCl) = 0.6$ mol/L。

(4)硝酸镧溶液：溶解 133 g 的硝酸镧[$La(NO_3)_3 \cdot 6H_2O$]于 1 000 mL 蒸馏水中。如果配制的溶液镧含量相同，可以使用其他镧盐。

(5)氯化铯溶液：溶解 100 g 氯化铯（CsCl）于 1 L 水中。如果配制的溶液铯含量相同，可以使用其他的铯盐。

（6）Cu,Fe,Mn,Zn 的标准贮备溶液：取 100 mL 水，125 mL 浓盐酸于 1 L 容量瓶中，混匀。称取下列试剂：

——392.9 mg 硫酸铜（$CuSO_4 \cdot 5H_2O$）；

——702.2 mg 硫酸亚铁铵[（NH_4）$_2SO_4 \cdot FeSO_4 \cdot 6H_2O$]；

——307.7 mg 硫酸锰（$MnSO_4 \cdot H_2O$）；

——439.8 mg 硫酸锌（$ZnSO_4 \cdot 7H_2O$）。

将上述试剂加入容量瓶中，用水溶解并定容。此贮备液中 Cu,Fe,Mn,Zn 的含量均为 100 μg/mL。

注：可以使用市售配制好的适合的溶液。

（7）Cu,Fe,Mn,Zn 的标准溶液：取 20.0 mL 贮备溶液加入 100 mL 容量瓶中，用水稀释定容。此标准溶液中 Cu,Fe,Mn,Zn 的含量均为 20 μg/mL。该标准溶液当天使用当天配制。

（8）Ca,K,Mg,Na 的标准贮备溶液：称取下列试剂：

——1.907 g 氯化钾（KCl）；

——2.028 g 硫酸镁（$MgSO_4 \cdot 7H_2O$）；

——2.542 g 氯化钠（NaCl）。

将上述试剂加入 1 L 容量瓶中。称取 2.497 g 碳酸钙（$CaCO_3$）放入烧杯中，加入 50 mL 6.0 mol/L 盐酸溶液。

注：当心产生二氧化碳。

在电热板上加热 5 min，冷却后将碳酸钙溶液转移到含有 K，Mg，Na 盐的容量瓶中，用 0.6 mol/L 盐酸溶液定容。

此贮备液中 Ca,K,Na 的含量均为 1 mg/mL，Mg 的含量为 200 μg/mL。

注：可以使用市售配制好的适合溶液。

（9）Ca,K,Mg,Na 的标准溶液：取 25.0 mL 贮备溶液加入 250 mL 容量瓶中，用 0.6 mol/L 盐酸溶液定容。此标准溶液中 Ca,K,Na 的含量均为 100 μg/mL，Mg 的含量为 20 μg/mL。

配制的标准溶液贮存在聚乙烯瓶中，可以在 1 周内使用。

（10）镧铯空白溶液：取 5 mL 硝酸镧溶液、5 mL 氯化铯溶液和 5 mL 6.0 mol/L 盐酸加入 100 mL 容量瓶中，用水定容。

（四）仪器设备

所有的容器，包括配制校正溶液的吸管，在使用前用 0.6 mol/L 盐酸溶液冲洗。如果使用专用的灰化皿和玻璃器皿，每次使用前不需要用盐酸煮。

实验室常用设备和专用设备如下：

（1）分析天平：称量精度到 0.1 mg。

（2）坩埚：铂金、石英或瓷质，不含钾、钠，内层光滑没有被腐蚀，上部直径为 4～6 cm，下部直径 2～2.5 cm，高 5 cm 左右，使用前用 6.0 mol/L 盐酸煮。

（3）硬质玻璃器皿：使用前用 6.0 mol/L 盐酸煮沸，并用水冲洗净。

（4）电热板或煤气炉。

（5）水浴锅。

(6)马福炉:温度能控制在(550±15)℃。

(7)原子吸收分光光度计:波长范围在分析步骤中详细说明。带有空气-乙炔火焰和1个校正设备或测量背景吸收装置。

(8)测定 Ca,Cu,Fe,Mn,K,Mg,Na,Zn 所用的空心阴极灯或无极放电灯。

(9)定量滤纸。

(五)采样

实验室收到有代表性的样品是十分重要的,样品在运输、贮存中不能污染或变质,保存的样品要防止变质及其他变化。

(六)测定步骤

1. 检测有机物的存在

用平勺取一些试样在火焰上加热。

如果试样融化没有烟,即不存在有机物。

如果试样颜色有变化,并且不融化,则试样含有机物。

2. 称取试样

根据估计含量称取 1～5 g 制备好的试样,准确至 1 mg,放进坩埚中。如果试样含有机物,按以下 3 操作。如果试样不含有机物,按以下 4 操作。

3. 干灰化

将坩埚放在电热板或煤气炉上加热,直到试样完全炭化(要避免试样燃烧)。将坩埚转到已在 550℃ 温度下预热 15 min 的马福炉中灰化 3 h,冷却后用 2 mL 水浸润坩埚中内容物。如果有许多炭粒,则将坩埚放在水浴上干燥,然后再放到马福炉中灰化 2 h,让其冷却,再加 2 mL 水。

4. 溶解

取 10 mL 6.0 mol/L 盐酸溶液,开始慢慢一滴一滴加入,边加边旋动坩埚,直到不冒泡为止(可能产生二氧化碳),然后再快速加入,旋动坩埚并加热直到内容物近乎干燥,在加热期间务必避免内容物溅出。用 6.0 mol/L 盐酸 5 mL 加热溶解残渣后,分次用 5 mL 左右的水将试样溶液转移到 50 mL 容量瓶中。待其冷却后,用水稀释定容并用滤纸过滤。

5. 空白溶液

直接在坩埚中加 10 mL 6.0 mol/L 盐酸溶液,开始慢慢一滴一滴加入,边加边旋动坩埚,直到不冒泡为止(可能产生二氧化碳),然后再快速加入,旋动坩埚并加热直到内容物近乎干燥,在加热期间务必避免内容物溅出。用 6.0 mol/L 盐酸 5 mL 加热溶解残渣后,分次用 5 mL 左右的水将空白溶液转移到 50 mL 容量瓶中。待其冷却后,用水稀释定容并用滤纸过滤。

6. 铜、铁、锰、锌的测定

(1)测量条件:按照仪器说明要求调节原子吸收分光光度计的仪器条件,使在空气-乙炔火焰测量时的仪器灵敏度为最佳状态。Cu,Fe,Mn,Zn 的测量波长如下:

Cu——324.8 nm;

Fe——248.3 nm;

Mn——279.5 nm;

Zn——213.8 nm。

（2）校正曲线制备：用 0.6 mol/L 盐酸溶液稀释 Cu，Fe，Mn，Zn 的标准溶液，配制一组适宜的校正溶液。测量 0.6 mol/L 盐酸的吸光度，校正溶液的吸光度。用校正溶液的吸光度减去 0.6 mol/L 盐酸溶液的吸光度，以吸光度修正值分别对 Cu，Fe，Mn，Zn 的含量绘制校正曲线。

（3）试样溶液的测量：在同样条件下，测量试样溶液和空白溶液的吸光度，试样溶液的吸光度减去空白溶液的吸光度。如果必要的话，用 0.6 mol/L 盐酸溶液稀释试样溶液和空白溶液，使其吸光度在校正曲线线性范围之内。

7. 钙、镁、钾、钠的测定

（1）测量条件：按照仪器说明要求调节原子吸收分光光度计的仪器条件，使在空气-乙炔火焰测量时的仪器灵敏度为最佳状态。Ca，K，Mg，Na 的测量波长如下：

Ca——422.6 nm；

K——766.5 nm；

Mg——285.2 nm；

Na——589.6 nm。

（2）校正曲线制备：用水稀释 Ca，K，Mg，Na 的标准溶液，每 100 mL 标准稀释溶液加 5 mL 的硝酸镧溶液、5 mL 氯化铯溶液和 5 mL 6.0 mol/L 盐酸。配制一组适宜的校正溶液。测量镧铯空白溶液的吸光度。测量校正溶液吸光度并减去镧铯空白溶液的吸光度。以修正的吸光度分别对 Ca，K，Mg，Na 的含量绘制校正曲线。

（3）试样溶液的测量：用水定量稀释试样溶液和空白溶液，每 100 mL 稀释溶液，加 5 mL 硝酸镧，5 mL 氯化铯和 5 mL 盐酸。在相同条件下，测量试样溶液和空白溶液的吸光度。用试样溶液的吸光度减去空白溶液的吸光度。

如果必要的话，用镧铯空白溶液稀释试样溶液和空白溶液，使其吸光度在校正曲线线性范围之内。

（七）结果表示

由校正曲线、试样的质量和稀释度分别计算出 Ca，Cu，Fe，Mn，Mg，K，Na，Zn 各元素的含量。

按照表 5-1 修约，并以 mg/kg 或 g/kg 表示。

表 5-1　结果计算的修约

含量	修约到	含量	修约到
5～10 mg/kg	0.1 mg/kg	1～10 g/kg	100 mg/kg
10～100 mg/kg	1 mg/kg	10～100 g/kg	1 g/kg
100 mg/kg～1 g/kg	10 mg/kg		

（八）重复性和再现性

1. 重复性

同一操作人员在同一实验室，用同一方法使用同样设备对同一试样在短时期内所做的 2 个平行样结果之间的差值，超过表 5-2 或表 5-3 重复性限 γ 的情况，不大于 5%。

表 5-2　预混料的重复性限(γ)和再现性限(R)

元素	含量/(mg/kg)	γ	R
Ca	3 000~300 000	$0.07 \times \overline{w}$	$0.20 \times \overline{w}$
Cu	200~20 000	$0.07 \times \overline{w}$	$0.13 \times \overline{w}$
Fe	500~30 000	$0.06 \times \overline{w}$	$0.21 \times \overline{w}$
K	2 500~30 000	$0.09 \times \overline{w}$	$0.26 \times \overline{w}$
Mg	1 000~100 000	$0.06 \times \overline{w}$	$0.14 \times \overline{w}$
Mn	150~15 000	$0.08 \times \overline{w}$	$0.28 \times \overline{w}$
Na	2 000~250 000	$0.09 \times \overline{w}$	$0.26 \times \overline{w}$
Zn	3 500~15 000	$0.08 \times \overline{w}$	$0.20 \times \overline{w}$

注:$\overline{w}$为两结果的平均值(mg/kg)。

表 5-3　动物饲料的重复性限(γ)和再现性限(R)

元素	含量/(mg/kg)	γ	R
Ca	5 000~50 000	$0.07 \times \overline{w}$	$0.28 \times \overline{w}$
Cu	10~100	$0.27 \times \overline{w}$	$0.57 \times \overline{w}$
Cu	100~200	$0.09 \times \overline{w}$	$0.16 \times \overline{w}$
Fe	50~1 500	$0.08 \times \overline{w}$	$0.32 \times \overline{w}$
K	5 000~30 000	$0.09 \times \overline{w}$	$0.28 \times \overline{w}$
Mg	1 000~10 000	$0.06 \times \overline{w}$	$0.16 \times \overline{w}$
Mn	15~500	$0.06 \times \overline{w}$	$0.40 \times \overline{w}$
Na	1 000~6 000	$0.15 \times \overline{w}$	$0.23 \times \overline{w}$
Zn	25~500	$0.11 \times \overline{w}$	$0.19 \times \overline{w}$

注:$\overline{w}$为两结果的平均值(mg/kg)。

注:表 5-2 和表 5-3 指出的重复性限和再现性限对各元素和范围用一个计算式表示。式中的系数是调查研究一些样品在指出范围中求得的一个平均值。在特殊情况下对特定样品特定元素的测定所得到的值较高,对这些样品没有考虑进去。大多数情况,这些偏差可能是由于样品的均匀度不好而致。

2. 再现性

不同分析人员在不同实验室,用不同设备,使用同一方法对同一试样所得到的两个单独试验结果之间的绝对差值,超过表 5-2 或表 5-3 再现性限 R 的情况,不大于 5%。

【学习要求】

识记:滴定度、总磷、植酸磷、标准曲线。

理解:饲料中钙含量测定的方法、步骤及注意事项;饲料中总磷与植酸磷含量测定的方法、步骤及注意事项;原子吸收分光光度计的原理与分析特点;测定矿物元素饲料添加剂中主要元素含量时,应该注意的问题。

应用:能够准确测定出饲料中的钙、总磷含量;能够准确测定出饲料中微量元素含量;能够测定矿物元素饲料添加剂中主要元素含量。

【知识拓展】

微量元素定性分析与点滴试验

一、预混料中微量元素的定性检测

（一）试样的制备

用于定性检测的微量元素预混料试样，可按常规分析要求进行采集和制备。

（二）试剂与溶液

1. 铜离子检测用试剂

(1)150 g/L 乙二胺四乙酸二钠(EDTA)溶液。

(2)0.1 mol/L 氢氧化钠溶液。

(3)乙酸乙酯。

(4)铜试剂溶液：称取 5 g 二乙基二硫代氨基甲酸钠，溶于 100 mL 92％乙醇中即可。

2. 铁离子检测用试剂

(1)0.1 mol/L 盐酸溶液。

(2)氯化亚锡溶液：称取 1.5 g 氯化亚锡，加入少量盐酸使之溶解，再加水至 100 mL 即可。

(3)2,2′-联吡啶乙醇溶液：称取 2,2′-联吡啶 2 g，加入 100 mL 乙醇中溶解即可。

(4)三氯甲烷。

3. 锌离子检测用试剂

(1)6％冰乙酸溶液。

(2)250 g/L 硫代硫酸钠溶液。

(3)0.1 g/L 二硫腙四氯化碳溶液。

(4)三氯甲烷。

4. 钴离子检测用试剂

(1)乙酸钠-乙酸缓冲溶液：称取 2.7 g 乙酸钠，加入 60 mL 冰乙酸，溶于 100 mL 水中。

(2)钴试剂｛4-[(5-氯-2-吡啶)偶氮]-1,3-二氨基苯｝：称取钴试剂 0.1 g，溶于 100 mL 95％乙醇中，置于棕色试剂瓶中保存。

(3)浓盐酸。

5. 锰离子检测用试剂

(1)浓硝酸。

(2)铋酸钠。

6. 亚硒酸根检测用试剂

(1)10％甲酸溶液。

(2)6 mol/L 盐酸溶液。

(3)0.5 g/L 硒试剂（盐酸-3,3′-二氨基联苯胺）：需现配现用。

(4)150 g/L 乙二胺四乙酸二钠溶液。

7. 碘离子检测用试剂

(1)10 g/L 可溶性淀粉溶液。

(2)10％氨水溶液。

(3)三氯甲烷。

（三）检测方法

称取微量元素预混料50 g，置于250 mL三角瓶中，加去离子水100 mL使之溶解，加塞放置过夜，然后过滤，并收集滤液备用。

1. 铜离子的检测　吸取滤液2 mL置于试管中，加入150 g/L EDTA溶液5滴，0.1 mol/L氢氧化钠溶液5滴，再加入铜试剂溶液1 mL和乙酸乙酯1 mL，振摇混合后，若有机层显黄棕色，表示有Cu^{2+}存在。

2. 铁离子的检测　吸取滤液1 mL置于试管中，加入0.1 mol/L盐酸溶液1 mL，酸性氯化亚锡溶液3滴，再加入20 g/L联吡啶乙醇溶液10滴，放置5 min后，加入1 mL三氯甲烷，振摇混合后，若水层显淡红色，表示有Fe^{2+}存在。

3. 锌离子的检测　吸取滤液1 mL置于试管中，加入6％冰乙酸溶液，将pH调至4～5，再加入250 g/L硫代硫酸钠溶液2滴，0.1 g/L二硫腙四氯化碳溶液数滴和三氯甲烷1 mL，振摇混合后，若有机层显紫红色，表示有Zn^{2+}存在。

4. 钴离子的检测　吸取滤液2 mL置于试管中，加入乙酸钠-乙酸缓冲溶液2 mL，再加入1 g/L钴试剂3滴和浓盐酸3滴，若显现红色，表示有Co^{2+}存在。

5. 锰离子的检测　吸取滤液3滴，置于点滴板上，加入浓硝酸2滴，再加入少量铋酸钠粉末，若产生紫红色，表示有Mn^{2+}存在。

6. 亚硒酸根的检测　吸取滤液2 mL置于试管中，加入150 g/L EDTA溶液5滴和10％甲酸溶液5滴，然后用6 mol/L盐酸溶液调pH至2～3，再加入0.5 g/L的硒试剂溶液5滴，混匀后，放置10～20 min，若有沉淀产生，取2滴置于载玻片上，于显微镜下观察，可见灰紫色透明棒状结晶，表示有SeO_3^{2-}存在。

7. 碘离子的检测　吸取滤液2 mL置于试管中，加入少量氨水溶液，碘离子即游离出来。若加入1 mL三氯甲烷，振摇混合后，三氯甲烷层显现紫色，若加入1 mL 10 g/L可溶性淀粉溶液，试液显现蓝色，则表示有I^-存在。

二、矿物质及硝酸盐、磷酸盐、硫酸盐的点滴试验

（一）矿物质的点滴试验

动物饲料中所使用的矿物质或无机化合物，有天然的或人工化学合成的两大类，它们在动物体内起着重要的生物学作用，除作为动物骨骼、血液、肌肉和脂肪等组织的重要组成成分外，还具有调节机体内体液的酸碱度、渗透压及神经肌肉的兴奋性等功能。

1. 样品的制备　配合饲料中的矿物质一般为粉状物或细小颗粒。筛分样品，并将其颗粒较细的部分倒入盛有少许三氯甲烷的100 mL烧杯中，倒去上浮物，然后将剩下的试样用小勺撒到滤纸上，进行点滴试验。

2. 钴、铜、铁的点滴试验

(1)试剂：

溶液A：将100 g酒石酸钾钠溶解于水中，定容至500 mL即可。

溶液B：将1 g 1-亚硝基-2-羟基萘-3,6-二磺酸钠盐溶解于水中，定容至500 mL即可。

(2)试验步骤：用3～4滴溶液A浸润滤纸，然后将待检试样撒到滤纸上，再加2～3滴溶液B，待滤纸干燥后用显微镜仔细检查。

（3）阳性反应特征：钴离子存在时，显现粉红色；铜离子存在时，显现淡褐色，并呈环状；铁离子存在时，显现深绿色。

3．锰（二氧化锰、硫酸锰）的点滴试验

（1）试剂：

溶液 A：2 mol/L 氢氧化钠溶液。

溶液 B：将 0.07 g 二水合氯化联苯胺溶解于 1 mL 冰乙酸中，混匀后，再用水稀释至 100 mL。

（2）试验步骤：先用溶液 A 浸润滤纸，然后将待检试样撒于滤纸上，静置 1 min，加 2～3 滴溶液 B，若不立即发生反应，则再补加溶液 B，但不要溢出。

（3）阳性反应特征：二氧化锰存在时，显现深蓝色，并带一黑色中心；硫酸锰存在时，很快显现较大的蓝色斑点。

4．碘（碘-碘化钾）点滴试验

（1）试剂与材料：

①淀粉试纸。

②溴溶液：取 1 mL 饱和溴水，用水稀释至 20 mL。

（2）试验步骤：用溴溶液浸润淀粉试纸，然后将待检试样撒于淀粉试纸上。

（3）阳性反应特征：有碘化物存在时，显现蓝紫色。

5．镁（硫酸镁）点滴试验

（1）试剂：

溶液 A：1 mol/L 氢氧化钾溶液。

溶液 B：将 12.7 g 碘和 40 g 碘化钾溶解于 25 mL 水中，混匀后，再加水稀释至 100 mL。

（2）试验步骤：将溶液 A 与过量的溶液 B 混合制成深褐色的混合液，然后取少量混合液，加入 2～3 滴溶液 A 至变成淡黄色为止。用此淡黄色溶液浸润滤纸，再将少量试样撒于滤纸上。

（3）阳性反应特征：有镁存在时，显现黄褐色斑点。

注意：溶液 A 与溶液 B 的混合液变质很快，需现配现用。

6．锌的点滴试验

（1）试剂：

溶液 A：2 mol/L 氢氧化钠溶液。

溶液 B：将 0.1 g 二硫腙溶解于 100 mL 四氯化碳中。

（2）试验步骤：用溶液 A 浸润滤纸，然后将少量试样撒于滤纸上，再加 2～3 滴溶液 B。

（3）阳性反应特征：有锌存在时，显现木莓红色。

（二）硝酸盐、磷酸盐、硫酸盐的点滴试验

1．硝酸盐点滴试验

（1）试剂：二苯胺，浓硫酸。

（2）试验步骤：将试样置于白色滴试板上，加入 2～3 颗二苯胺晶粒和 1 滴水，再加 1 滴浓硫酸。

（3）阳性反应特征：有硝酸盐存在时，显现深蓝色。

2. 磷酸盐点滴试验

(1)试剂:

溶液 A:将 5 g 钼酸铵溶解于 100 mL 水中,加入 35 mL 浓硝酸。

溶液 B:将 0.05 g 联苯胺(采用碱或其氯化物)溶解于 10 mL 冰乙酸中,再用 100 mL 水稀释。

溶液 C:饱和乙酸钠溶液。

(2)试验步骤:先用溶液 A 浸润滤纸,并于烘箱中烘干,然后加入 1～2 滴待检试样,再分别加入 1 滴溶液 B 和 1 滴溶液 C。

(3)阳性反应特征:有磷酸盐存在时,显现蓝色斑点或环。

3. 硫酸盐点滴试验

(1)试剂:50 g/L 氯化钡溶液,盐酸溶液(1＋1,V＋V)。

(2)试验步骤:将试样置于表面玻璃上或培养皿中,然后加入 2～3 滴盐酸溶液,再加入 1～2 滴氯化钡溶液。

(3)阳性反应特征:若有硫酸盐存在,产生白色沉淀物。

【知识链接】

GB/T 6436—2002《饲料中钙的测定》,GB/T 6437—2002《饲料中总磷的测定 分光光度法》,GB/T 21695—2008《饲料级 沸石粉》,GB/T 13088—2006《饲料中铬的测定》。

项目五 饲料中矿物质元素分析

饲料中氨基酸和维生素分析

任务一　饲料中氨基酸的测定

一、普通酸水解法(盐酸水解法)

(一)适用范围

本方法适用于饲料原料、配合饲料和浓缩饲料中除了色氨酸、含硫氨基酸以外的 15 种氨基酸的准确测定。

(二)测定原理

饲料中蛋白质在 110℃、6 mol/L 盐酸溶液作用下,水解成单一氨基酸,再经离子交换色谱法分离,并以茚三酮做柱后衍生测定。水解过程中色氨酸全部破坏,不能测定;胱氨酸和蛋氨酸部分氧化,测定结果偏低。

(三)仪器设备

(1)实验室用样品粉碎机。

(2)样品筛:孔径 60 目(0.25 mm)。

(3)分析天平:感量 0.000 1 g。

(4)真空泵。

(5)喷灯。

(6)恒温箱或水解炉。

(7)旋转蒸发器或浓缩器:控温范围室温至 65℃(控温精度±1℃),真空度可低至 3.3 kPa。

(8)氨基酸自动分析仪:茚三酮柱后衍生离子交换色谱仪,要求各氨基酸的分辨率＞90％。

(四)试剂与溶液

(1)盐酸溶液:6.0 mol/L。

(2)液氯。

(3)稀释用柠檬酸钠缓冲溶液:pH 2.2,$c(Na^+)=0.2$ mol/L。称取柠檬酸钠 19.6 g,用水溶解,然后加入优级纯盐酸 16.5 mL、硫二甘醇 5.0 mL、苯酚 1 g,加水定容至 1 000 mL,摇匀,用 G4 垂熔玻璃砂芯漏斗过滤,备用。

(4)不同 pH 和离子强度的洗脱用柠檬酸钠缓冲液:按氨基酸分析仪器说明书配制。

(5)茚三酮溶液:按氨基酸分析仪器说明书配制。

(6)氨基酸混合标准贮备液:含 L-天冬氨酸、L-苏氨酸等 17 种常规蛋白质水解液分析用层析纯氨基酸,各组分浓度为 2.5(或 2.00)μmol/mL。

(7)混合氨基酸标准工作液:吸取一定量的氨基酸混合标准贮备液于 50 mL 容量瓶中,以稀释用柠檬酸钠缓冲液定容,摇匀,使各氨基酸组分浓度为 100 nmol/L。

(五)样品制备

取具有代表性的饲料样品,用四分法缩减,取 25 g 左右,粉碎并过 60 目筛,充分混匀后装入磨口瓶中备用。

(六)测定步骤

1. 样品处理

称取 50～100 mg 试样(含蛋白质 7.5～25 mg,准确至 0.1 mg)于 20 mL 具塞玻璃水解管中,加 10 mL 6.0 mol/L 盐酸溶液,置液氮中冷冻,然后,抽真空至 7 Pa 后封口或充氮气,塞紧,将水解管放在(110±1)℃恒温干燥箱中,水解 22～24 h。将水解管从干燥箱中取出,冷却至室温,摇匀,开管,过滤,用移液管吸取适量的滤液,置旋转蒸发器或浓缩器中,于 60℃,抽真空,蒸发至干。必要时,加少许水,重复蒸干 1～2 次。加入 3～5 mL pH 2.2 的稀释上机用柠檬酸钠缓冲液,使样液中氨基酸浓度达 50～250 nmol/mL,摇匀,过滤或离心,取上清液上机测定。

2. 测定

用相应的混合氨基酸标准工作液,按仪器说明书调整仪器操作参数和(或)洗脱用柠檬酸钠的 pH,使各氨基酸分辨率≥85%,注入制备好的试样水解液和相应的混合氨基酸标准工作液,进行分析测定。酸解液每 10 个单样为一组,组间插入混合氨基酸标准工作液进行校准。

(七)结果计算

试样中某种氨基酸的质量分数按式(6-1)计算。

$$w(某氨基酸)=\frac{\rho(某氨基酸)\times D\times 10^{-6}}{m} \tag{6-1}$$

式中:ρ 为上机水解液中氨基酸的质量浓度,ng/mL;m 为试样质量,mg;D 为试样稀释倍数。

以两个平行试样测定结果的算术平均值报告,结果保留至小数点后两位。

(八)重复性

氨基酸含量＞0.5% 时,两个平行试样测定值的相对偏差不大于 4%;氨基酸含量≤0.5% 时,相对偏差不大于 5%。对于色氨酸,当含量＜2% 时,两个平行试样测定值相差不大于 0.03%;当含量≥2% 时,相对偏差不大于 5%。

二、氧化-酸水解法

(一)适用范围

本方法主要适用于含硫氨基酸的准确分析测定,另外也可用于除酪氨酸、苯丙氨酸及组氨酸以外的其他氨基酸测定。

在以偏重亚硫酸钠作氧化终止剂时,酪氨酸被氧化,不能准确测定;在以氢溴酸作终止剂时,酪氨酸、苯丙氨酸和组氨酸被氧化,不能准确测定。

(二)测定原理

考虑到蛋白质酸水解过程中含硫氨基酸(半胱氨酸、胱氨酸和蛋氨酸)的损失,可用过甲酸氧化,使胱氨酸和蛋氨酸分别转变成半胱磺酸及甲硫氨酸砜,因为这两种产物在酸水解过程中是稳定的,且易于与其他氨基酸分离。用氢溴酸或偏重亚硫酸钠终止反应,再进行普通酸水解,最后用离子交换色谱法分离,并以茚三酮做柱后衍生测定。

(三)仪器设备

同普通酸水解法。

(四)试剂与溶液

(1)88%甲酸溶液。

(2)30%过氧化氢。

(3)硝酸银。

(4)过甲酸溶液:

①常规过甲酸溶液:30%过氧化氢+88%甲酸=1+9(V+V),配好后室温下放置1 h,然后放入冰水浴中冷却30 min,要求现用现配。

②浓缩饲料用过甲酸溶液:浓缩饲料中氯化钠含量<3%时:常规过甲酸溶液中按3 mg/mL加入硝酸银即可;浓缩饲料中氯化钠含量>3%时:常规过甲酸溶液中硝酸银的加入量可按式(6-2)计算。

$$\rho = 1.454 \times m \times \rho(NaCl) \tag{6-2}$$

式中:ρ为过甲酸中硝酸银的质量浓度,mg/mL;$\rho(NaCl)$为样品中氯化钠的质量浓度,mg/mL;m为试样质量,mg。

(5)48%氢溴酸溶液。

(6)33.6%偏重亚硫酸钠溶液。

(7)其他试剂溶液:同普通酸水解法。

(五)样品制备

同普通酸水解法。

(六)测定步骤

1. 样品处理

称取试样50~75 mg(蛋白质含量7.5~25 mg,准确至0.000 1 g)2份,分别置于旋转蒸发器浓缩瓶或浓缩管(规格为20 mL)中,于冰水浴中冷却30 min后,加入已经冷却过的过甲酸溶液2 mL,加液时将样品全部浸湿,但不要摇动,盖好瓶塞,连同冰水浴一起放入冰箱中,在0℃反应16 h。

2. 氧化反应终止

(1)以氢溴酸作为终止剂:各管中分别加入0.3 mL氢溴酸溶液,充分振摇,放到冰水浴中静置30 min,然后移到旋转蒸发器或浓缩器上,保持60℃和低于3.3 kPa浓缩至干。再用6.0 mol/L盐酸溶液15 mL将残渣无损失地转移到20 mL安瓿管或水解管中,封口后置于恒温烘箱中,在(110±1)℃下水解22~24 h。

取出水解管,冷却,用水将内容物定量转移至50 mL容量瓶,定容至刻度线,充分摇匀后过滤。准确移取1~2 mL滤液放入旋转蒸发器或浓缩器中,在低于50℃的条件下,减压蒸干。加少许水,重复蒸干2~3次。再准确加入稀释上机用柠檬酸钠缓冲液2~5 mL(样液中氨基酸浓度保持50~250 nmol/mL),振摇,充分溶解后离心,取上清液供仪器测定用。

(2)以偏重亚硫酸钠作为终止剂:向第一步的样品氧化液中加入偏重亚硫酸钠溶液0.5 mL,充分摇匀后,加入6.0 mol/L盐酸溶液17.5 mL,放入恒温烘箱中,在(110±1)℃下水解22~24 h。

取出水解管,冷却,用水将内容物转移到 50 mL 容量瓶中,用氢氧化钠溶液中和至约 pH 2.2,并用稀释上机用缓冲液定容,离心,取上清液供仪器测定用。

3. 测定

用相应的混合氨基酸标准工作液,按仪器说明书调整仪器操作参数和(或)洗脱用柠檬酸钠的 pH,使各氨基酸分辨率≥85%,注入制备好的试样水解液和相应的混合氨基酸标准工作液,进行分析测定。酸解液每 10 个单样为一组,组间插入混合氨基酸标准工作液进行校准。

(七)结果计算

同普通酸水解法。

三、碱水解法

(一)适用范围

本方法适用于饲料原料、配合饲料和浓缩饲料中色氨酸的测定。

(二)测定原理

饲料蛋白质在 110℃、碱的作用下水解,水解出的色氨酸可用离子交换色谱或高效反相色谱分离测定。

(三)仪器设备

聚四氟乙烯衬管,其他同普通酸水解法。

(四)试剂与溶液

(1)氢氧化锂溶液:4 mol/L。称取一水合氢氧化锂 167.8 g,用水溶解并稀释至 1 000 mL,此为碱解剂。要求使用前取适量超声或通氮气脱气。

(2)液氮。

(3)盐酸溶液:6 mol/L。

(4)稀释用柠檬酸钠缓冲溶液:pH 4.3,$c(Na^+)$=0.2 mol/L。称取柠檬酸钠 14.71 g、氯化钠 2.92 g 和柠檬酸 10.50 g,溶于 500 mL 水,加入硫二甘醇 5.0 mL 和辛酸 0.1 mL,加水定容至 1 000 mL,摇匀。

(5)不同 pH 和离子强度的洗脱用柠檬酸钠缓冲液:按氨基酸分析仪器说明书配制。

(6)茚三酮溶液:按氨基酸分析仪器说明书配制。

(7)L-色氨酸标准贮备液:准确称取层析纯 L-色氨酸 102.0 g,加少许水和数滴 0.1 mol/L 氢氧化钠溶液,使之溶解,定量转移至 100 mL 容量瓶中,加水至刻度。c(色氨酸)=5.0 $\mu mol/mL$。

(8)氨基酸混合标准贮备液:含 L-天冬氨酸、L-苏氨酸等 17 种常规蛋白质水解液分析用层析纯氨基酸,各组分浓度为 2.5(或 2.00)$\mu mol/L$。

(9)混合氨基酸标准工作液:准确吸取 2.00 mL L-色氨酸标准贮备液和适量的氨基酸混合标准贮备液,置于 50 mL 容量瓶中,用 pH 4.3 的柠檬酸钠缓冲液定容。该溶液色氨酸浓度为 20 nmol/mL,而其他氨基酸浓度为 100 nmol/mL。

(五)样品制备

样品制备同普通酸水解法。对于粗脂肪含量≥25%的样品,需将脱脂后的样品风干、混

饲料分析检测技术

匀,装入密闭容器中备用;而对于粗脂肪<5%的样品,则可直接称量未脱脂样品。

(六)测定步骤

1. 样品处理

称取试样 50~100 mg(准确至 0.000 1 g),置于聚四氟乙烯衬管中,加 1.50 mL 氢氧化锂溶液,放入液氮中冷冻,接着将衬管取出插入水解管中,抽真空至 7 Pa 或充氮(至少5 min),封管。再将水解管放入恒温干燥箱中,在(110±1℃)水解 20 h。取出水解管,冷至室温后开管,用稀释上机用柠檬酸钠缓冲液将水解液定量地转移到 10 或 25 mL 容量瓶中,加入约 1 mL 盐酸溶液中和,再用柠檬酸钠缓冲液定容。用 0.45 μm 滤膜过滤(也可离心),取滤液(或上清液)贮于冰箱中,供上机测定用。

2. 测定

用相应的混合氨基酸标准工作液,按仪器说明书调整仪器操作参数和(或)洗脱用柠檬酸钠溶液的 pH,使各氨基酸分辨率≥85%,注入制备好的试样水解液和相应的混合氨基酸标准工作液,进行分析测定。碱解液每 6 个单样为一组,组间插入混合氨基酸标准工作液进行校准。

(七)结果计算

试样中色氨酸(Trp)的质量分数分别按式(6-3)、式(6-4)计算。

$$w_1(\text{Trp}) = \frac{\rho_1 \times D \times 10^{-6}}{m} \tag{6-3}$$

$$w_2(\text{Trp}) = \frac{\rho_2 \times D \times 10^{-6}}{m(1-w)} \tag{6-4}$$

式中:$w_1(\text{Trp})$ 为用未脱脂试样测定的色氨酸的质量分数,%;$w_2(\text{Trp})$ 为用脱脂试样测定的色氨酸的质量分数,%;ρ_1 为未脱脂试样上机水解液中色氨酸的质量浓度,ng/mL;ρ_2 为脱脂试样上机水解液中色氨酸的质量浓度,ng/mL;m 为试样质量,mg;D 为试样稀释倍数;w 为试样中脂肪的质量分数,%。

以两个平行试样测定结果的算术平均值报告,结果保留至小数点后两位。

(八)重复性

同普通酸水解法。

四、酸提取法

(一)适用范围

本方法适用于配合饲料、浓缩饲料和预混合饲料中添加的赖氨酸、蛋氨酸、苏氨酸等游离氨基酸的测定。

(二)测定原理

饲料中添加的游离氨基酸以稀盐酸提取,经离子交换色谱分离、测定。

(三)仪器设备

同普通酸水解法。

(四)试剂与溶液

(1)盐酸溶液:0.1 mol/L。

（2）不同 pH 和离子强度的洗脱用柠檬酸钠缓冲液：按氨基酸分析仪器说明书配制。

（3）茚三酮溶液：按氨基酸分析仪器说明书配制。

（4）蛋氨酸、赖氨酸和苏氨酸标准贮备液：2.5 μmol/mL。分别称取蛋氨酸 93.3 mg、赖氨酸盐 114.2 mg 和苏氨酸 74.4 mg，分别置于 3 个 100 mL 烧杯中，加水约 50 mL 和数滴盐酸溶解，定量地转移至各自的 250 mL 容量瓶中，并用水定容。

（5）混合氨基酸标准工作液：100 nmol/mL。分别吸取蛋氨酸、赖氨酸和苏氨酸标准贮备液各 1.00 mL 于同一 250 mL 容量瓶中，用水稀释至刻度。

（五）样品制备

同普通酸水解法。

（六）测定步骤

1. 样品处理

称取 1～2 g 试样（蛋氨酸含量≤4 mg，赖氨酸可略高），加 0.1 mol/L 盐酸溶液 30 mL，搅拌提取 15 min，放置片刻，将上清液过滤到 100 mL 容量瓶中，残渣加水 25 mL 搅拌 3 min。重复提取 2 次，再将上清液过滤到容量瓶中，用水冲洗提取瓶和滤纸上的残渣，并定容。摇匀，取上清液供上机测定。若试样提取过程中，过滤太慢，也可以 4 000 r/min 离心 10 min。测定赖氨酸时，预混料和浓缩饲料基质会有较大干扰，应针对待测试样同时做添加回收率试验，以校准测定结果。

2. 测定

用相应的混合氨基酸标准工作液，按仪器说明书调整仪器操作参数和（或）洗脱用柠檬酸钠溶液的 pH，使各氨基酸分辨率≥85%，注入制备好的试样水解液和相应的混合氨基酸标准工作液，进行分析测定。酸提取液每 6 个单样为一组，组间插入混合氨基酸标准工作液进行校准。

（七）结果计算

同普通酸水解法。

任务二 饲料中维生素的测定

维生素是一类维持动物正常生理功能所必需的低分子有机化合物。与其他营养素相比，动物所需维生素的量很少，通常以微克或毫克计。维生素在体内主要以辅酶和催化剂的形式广泛参与动物体内营养素的合成与降解，从而保证机体组织器官和功能的正常，以维持动物健康和各种生产活动。缺乏维生素可引起动物代谢紊乱，影响动物健康和生产性能。动物获得维生素最主要的途径是饲料。本任务以几种常见维生素的测定为例介绍饲料中维生素的测定方法。

一、饲料中维生素 A 的测定（高效液相色谱法）

（一）适用范围

本方法适用于配合饲料、浓缩饲料、复合预混料和维生素预混料中维生素 A 的测定。测量范围为试样中维生素 A 含量在 1 000 IU/kg 以上。

（二）测定原理

用碱溶液皂化饲料样品,然后用乙醚提取未皂化的化合物,蒸发乙醚并将残渣溶解于正己烷中,将正己烷提取物注入用硅胶填充的高效液相色谱柱,用紫外检测器测定,通过外标法计算维生素 A 含量。

（三）仪器设备

(1)一般实验室用仪器设备。

(2)圆底烧瓶:带回流冷凝器。

(3)恒温水浴或电热套。

(4)旋转蒸发器。

(5)超纯水器(或全磨口玻璃蒸馏器)。

(6)高效液相色谱仪:带紫外检测器。

（四）试剂与溶液

除特殊注明外,本方法所用试剂均为分析纯,水为蒸馏水,色谱用水为去离子水。

(1)无水乙醚:无过氧化物。

①过氧化物检查:取 5 mL 乙醚,加 1 mL 10 g/L 碘化钾溶液,振摇 1 min,如有过氧化物则放出游离碘,水层呈黄色。若加 5 g/L 淀粉指示剂,则水层呈蓝色。该乙醚需处理后使用。

②去除过氧化物的方法:乙醚用 5 g/L 硫代硫酸钠溶液振摇,静置,分取乙醚层,再用蒸馏水振摇洗涤两次,重蒸,弃去首尾约 5‰部分,收集馏出的乙醚,并检查过氧化物是否符合规定。

(2)乙醇。

(3)正己烷:重蒸馏(或光谱纯)。

(4)异丙醇:重蒸馏。

(5)甲醇:优级纯。

(6)2,6-二叔丁基对甲酚(BHT)。

(7)无水硫酸钠。

(8)氢氧化钾溶液:500 g/L。

(9)5 g/L 抗坏血酸乙醇溶液:取 0.5 g 抗坏血酸结晶纯品,溶解于 4 mL 温热的蒸馏水中,用乙醇稀释至 100 mL,临用前配制。

(10)维生素 A 标准溶液:

①维生素 A 标准储备液:准确称取维生素 A 乙酸酯油剂(每克含 1.00×10^6 IU)0.100 g 或结晶纯品 0.034 4 g 于皂化瓶中,皂化和提取,将乙醚提取液全部浓缩蒸干,用正己烷溶解残渣,置于 100 mL 棕色容量瓶中,定容至刻度,摇匀,4℃保存。该储备液维生素 A 含量为 1 000 IU/mL。

②维生素 A 标准工作液:准确吸取 1.00 mL 维生素 A 标准储备液,放入 100 mL 棕色容量瓶中,定容至刻度,摇匀;若用反相色谱测定,将 1.00 mL 维生素 A 标准储备液放入 10 mL 棕色小容量瓶中,用氮气吹干,用甲醇溶解定容至刻度,摇匀,再按 1∶10 比例稀释。该标准工作液维生素 A 的含量为 10 IU/mL。

(11)酚酞指示剂乙醇溶液:10 g/L。

(12)氮气:纯度 99.9%。

(五)试样的选取与制备

选取有代表性的饲料样品 500 g,四分法缩减至 100 g,磨碎后全部通过 0.28 mm 孔筛,然后混合均匀,装入密闭容器中,避光低温保存备用。

(六)测定步骤

1. 试验溶液的制备

(1)皂化:称取一定质量的饲料[配合饲料 10~20 g、浓缩饲料 10 g(准确至 0.001 g);维生素预混料或复合预混料则 1~5 g(准确至 0.000 1 g)],放入 250 mL 圆底烧瓶中,加 50 mL 抗坏血酸乙醇溶液,使试样完全分散、浸湿。再加入氢氧化钾溶液,轻摇后将烧瓶放在沸水浴上回流 30 min,此间要保持振荡,防止试样黏附在瓶壁上。皂化结束再分别用乙醇 5 mL、水 5 mL 自冷凝管顶端冲洗其内部,取出烧瓶冷却至约 40℃。

(2)提取(避光通风操作):无损失地将全部皂化液转移到 500 mL 分液漏斗中(用 30~50 mL 蒸馏水分 2~3 次冲洗圆底烧瓶,洗液并入分液漏斗),加入乙醚 100 mL,加盖、放气,激烈振荡 2 min,静置分层。水相转移到第 2 个分液漏斗中,分别用 100 mL、60 mL 乙醚重复提取两次,弃去水相,合并 3 次乙醚相。用蒸馏水洗涤乙醚提取液至中性,每次用 100 mL 蒸馏水(初次水洗时轻轻旋摇,防止乳化)。乙醚提取液用无水硫酸钠脱水后转移到 250 mL 棕色容量瓶中,加 100 mg BHT 使之溶解,用乙醚定容至刻度(V_{ex})。

(3)浓缩:准确地从乙醚提取液(V_{ex})中移取一定体积(V_{ri})的溶液(根据试样的标示量、称样量和提取液量确定取液量),放入旋转蒸发器烧瓶中,在水浴温度约 50℃、部分真空条件下蒸干或用氮气吹干,残渣用正己烷溶解(反相色谱用甲醇溶解),并稀释至 10 mL(V_{en}),以保证维生素 A 最终含量为 5~10 IU/mL,离心或通过 0.45 μm 滤膜过滤,滤液放入 20 mL 小试管中,用于高效液相色谱仪分析。

2. 测定

(1)高效液相色谱条件:

①正相色谱:柱长:12.5 cm,内径 4 mm 不锈钢柱;固定相:硅胶 Lichrosorb Si$_{60}$,粒度 5 μm;移动相:正己烷+异丙醇=98+2($V+V$),恒量流动;流速:1 mL/min;温度:室温;进样体积:20 μL;检测器:紫外检测器,使用波长 326 nm;保留时间:3.75 min。

②反相色谱:柱长:12.5 cm,内径 4 mm 不锈钢柱;固定相:ODS(或 C$_{18}$),粒度 5 μm;移动相:甲醇+水=95+5($V+V$);流速:1 mL/min;温度:室温;进样体积:20 μL;检测器:紫外检测器,使用波长 326 nm;保留时间:4.57 min。

(2)定量测定:按高效液相色谱仪说明书调整仪器操作参数和灵敏度(AUFS),色谱峰分离度符合要求($R \geqslant 1.5$)。向色谱柱注入相应的维生素 A 标准工作液(V_{st})和试验溶液(V_i),得到色谱峰面积的响应值(P_{st},P_i),用外标法定量测定。

(七)结果计算

试样中维生素 A 的质量分数 w 按式(6-5)计算。

$$w = \frac{P_i \times V_{ex} \times V_{en} \times \rho_i \times V_{st}}{P_{st} \times V_{ri} \times V_i \times f_i \times m} \tag{6-5}$$

式中:m 为试样质量,g;V_{ex} 为提取液的总体积,mL;V_{ri} 为从提取液(V_{ex})中分取的溶液体积,

mL；V_{en} 为试验溶液最终体积，mL；ρ_i 为标准溶液的质量浓度，$\mu g/mL$；V_{st} 为维生素 A 标准工作液进样体积，μL；V_i 为从试验溶液中分取的进样体积，μL；P_{st} 为与标准工作液进样体积（V_{st}）相应的峰面积响应值；P_i 为与试验溶液中分取的进样体积（V_i）相应的峰面积响应值；f_i 为转换系数，1 IU 相当于 $0.344\ \mu g$ 维生素 A 乙酸酯或 $0.300\ \mu g$ 视黄醇。

平行测定结果用算术平均值表示，保留有效数 3 位。

（八）重复性

同一分析者对同一试样同时进行两次测定（或重复测定）所得结果的相对偏差要求见表 6-1。

表 6-1　相对偏差要求

每千克试样中维生素 A 含量/IU	相对偏差/%
$1.00\times10^3 \sim 1.00\times10^4$	±20
$1.00\times10^4 \sim 1.00\times10^5$	±15
$1.00\times10^5 \sim 1.00\times10^6$	±10
$>1.00\times10^6$	±5

二、饲料中维生素 D_3 的测定（HPLC 法）

（一）适用范围

本法适用于配合饲料、浓缩饲料、复合预混料和维生素预混料中维生素 D_3 的测定。测量范围为试样中维生素 D_3（胆钙化醇）的含量在 500 IU/kg 以上。

（二）测定原理

用碱溶液皂化试样，然后用乙醚提取未皂化的化合物，蒸发乙醚并将残渣溶解于甲醇中。将部分溶液注入高效液相色谱净化柱中除去干扰物，收集含维生素 D_3 的淋洗液馏分，蒸干，溶解于正己烷中，注入高效液相色谱分析柱，用紫外检测器在 264 nm 处测定，通过外标法计算维生素 D_3 的含量。

当试样中维生素 D_3 标示量超过 10 000 IU/kg 时，可省去高效液相色谱净化柱的步骤，将试验溶液直接注入色谱分析柱分析。

（三）仪器设备

同维生素 A 的测定。

（四）试剂与溶液

除特殊注明外，本方法所用试剂均为分析纯，水为蒸馏水，色谱用水为去离子水。

（1）无水乙醚：无过氧化物。过氧化物检查及去除过氧化物的方法同维生素 A 的测定。

（2）乙醇。

（3）正己烷：重蒸馏（或光谱纯）。

（4）1,4-二氧六环。

（5）甲醇：优级纯。

（6）2,6-二叔丁基对甲酚（BHT）。

（7）无水硫酸钠。

（8）氢氧化钾溶液：500 g/L。

（9）5 g/L 抗坏血酸乙醇溶液：取 0.5 g 抗坏血酸结晶纯品，溶解于 4 mL 温热的蒸馏水中，用乙醇稀释至 100 mL，临用前配制。

（10）氯化钠溶液：100 g/L。

（11）维生素 D_3 标准溶液：

①维生素 D_3 标准储备液：准确称取 50.0 mg 维生素 D_3（胆钙化醇）结晶纯品，于 50 mL 棕色容量瓶中，用正己烷溶解并稀释至刻度，4℃保存。该储备液维生素 D_3 的质量浓度为 1 mg/mL。

②维生素 D_3 标准工作液：准确吸取维生素 D_3 标准储备液，用正己烷按 1：100 比例稀释。该标准工作液维生素 D_3 的质量浓度为 10 μg/mL（400 IU/mL）。

（12）酚酞指示剂乙醇溶液：10 g/L。

（13）氮气：纯度 99.9%。

（五）试样的选取与制备

同饲料中维生素 A 的测定。

（六）测定步骤

1. 试验溶液的制备

（1）皂化：同饲料中维生素 A 的测定。

（2）提取：同饲料中维生素 A 的提取。

（3）浓缩：准确地从乙醚提取液（V_{ex}）中移取一定体积（V_{ri}）的溶液（根据试样的标示量、称样量和提取液量确定取液量），放入旋转蒸发器烧瓶中，在水浴温度约 50℃、部分真空条件下蒸干或用氮气吹干，残渣用正己烷溶解（反相色谱用甲醇溶解），并稀释至 10 mL（V_{en}）以保证维生素 D_3 最终质量浓度为 2～10 μg/mL（80～400 IU/mL），离心或通过 0.45 μm 滤膜过滤，滤液放入 20 mL 小试管中，用于高效液相色谱仪分析。

（4）使用高效液相色谱净化柱提取：用 5 mL 甲醇溶解圆底烧瓶中的残渣，向高效液相色谱净化柱中注射 0.5 mL 甲醇溶液（按以下所述色谱条件，以维生素 D_3 标准甲醇溶液流出时间）收集含维生素 D_3 的馏分于 50 mL 容量瓶中，蒸干或用氮气吹干，溶解于正己烷中。

所测试样的维生素 D_3 标示量超过 10 000 IU/kg 时，可以不使用高效液相色谱净化柱，直接用分析柱分析。

2. 测定

（1）高效液相色谱净化条件：色谱柱：250 mm×10 mm 不锈钢柱；固定相：Lichrosorb RP-8，粒度 10 μm；移动相：甲醇＋水＝90＋10（$V+V$）；流速：2.0 mL/min；温度：室温；检测器：紫外检测器，使用波长 264 nm。

（2）高效液相色谱分析条件：

①正相色谱：柱长：25 cm，内径 4 mm 不锈钢柱；固定相：硅胶 Lichrosorb Si_{60}，粒度 5 μm；移动相：正己烷＋1,4-二氧六环＝93＋7（$V+V$），恒量流动；流速：1 mL/min；温度：室温；进样体积：20 μL；检测器：紫外检测器，使用波长 264 nm；保留时间：14.88 min。

②反相色谱：柱长：12.50 cm，内径 4 mm 不锈钢柱；固定相：ODS（或 C_{18}），粒度 5 μm；移动相：甲醇＋水＝95＋5（$V+V$），恒量流动；流速：1 mL/min；温度：室温；进样体积：20 μL；

饲料分析检测技术

检测器:紫外检测器,使用波长 264 nm;保留时间:6.88 min。

（3）定量测定:按高效液相色谱仪说明书调整仪器操作参数和灵敏度(AUFS),为准确测量按要求对分析柱进行系统适应性试验,使维生素 D_3 与维生素 D_3 原或其他峰之间有较好分离度,其 $R \geqslant 1.0$。向色谱柱注入相应的维生素 D_3 标准工作液(V_{st})和试验溶液(V_i),得到色谱峰面积的响应值(P_{st},P_i),用外标法定量测定。

（七）结果计算

试样中维生素 D_3 的质量分数 w 按式(6-6)计算。

$$w = \frac{P_i \times V_{ex} \times V_{en} \times \rho_i \times V_{st} \times 1.25}{P_{st} \times V_{ri} \times V_i \times f_i \times m} \tag{6-6}$$

式中:m 为试样质量,g;V_{ex} 为提取液的总体积,mL;V_{ri} 为从提取液(V_{ex})中分取的溶液体积,mL;V_{en} 为试验溶液最终体积,mL;ρ_i 为标准溶液的质量浓度,$\mu g/mL$;V_{st} 为维生素 A 标准工作液进样体积,μL;V_i 为从试验溶液中分取的进样体积,μL;P_{st} 为与标准工作液进样体积(V_{st})相应的峰面积响应值;P_i 为与试验溶液中分取的进样体积(V_i)相应的峰面积响应值;f_i 为转换系数,1 IU 相当于 0.025 μg 胆钙化醇;1.25 为回流皂化时生成维生素 D_3 原的校正系数。如果标准维生素 D_3 结晶纯品与试样同样皂化处理,所得标准工作液注入高效液相色谱分析柱以维生素 D_3 峰面积计算时可不乘 1.25。

平行测定结果用算术平均值表示,保留有效数 3 位。

（八）重复性

同一分析者对同一试样同时进行两次测定(或重复测定),所得结果的相对偏差要求见表 6-2。

表 6-2　相对偏差要求

每千克试样中维生素 D_3 的含量/IU	相对偏差/%
$1.00 \times 10^3 \sim 1.00 \times 10^5$	±20
$1.00 \times 10^5 \sim 1.00 \times 10^6$	±15
$>1.00 \times 10^6$	±5

三、饲料中维生素 E 的测定(HPLC 法)

（一）适用范围

本法适用于配合饲料、浓缩饲料、复合预混料、维生素预混料中维生素 E 的测定。检测范围为试样中维生素 E 的含量在 1.11 IU/kg(DL-α-生育酚 1 mg/kg)以上。

（二）测定原理

用碱溶液皂化试验样品,去除脂肪,使试样中天然生育酚释放出来并水解,添加的 DL-α-生育酚乙酸酯转化为游离的 DL-α-生育酚。用乙醚提取未皂化的物质,蒸发乙醚,用正己烷溶解残渣。将提取物注入高效液相色谱柱,用紫外检测器在 280 nm 处测定,通过外标法计算维生素 E(DL-α-生育酚)含量。

（三）仪器设备

同维生素 A 的测定。

(四)试剂与溶液

除特殊注明外,本方法所用试剂均为分析纯,水为蒸馏水,色谱用水为去离子水。

(1)无水乙醚:无过氧化物。

(2)乙醇。

(3)正己烷:重蒸馏(或光谱纯)。

(4)1,4-二氧六环。

(5)甲醇:优级纯。

(6)2,6-二叔丁基对甲酚(BHT)。

(7)无水硫酸钠。

(8)氢氧化钾溶液:500 g/L。

(9)5 g/L抗坏血酸乙醇溶液:取0.5 g抗坏血酸结晶纯品,溶解于4 mL温热的蒸馏水中,用乙醇稀释至100 mL,临用前配制。

(10)维生素E(DL-α-生育酚)标准溶液:

①DL-α-生育酚标准储备液:准确称取DL-α-生育酚纯品油剂(USP)100.0 mg于100 mL棕色容量瓶中,用正己烷溶解并稀释至刻度,摇匀,4℃保存。该储备液维生素E质量浓度为1.0 mg/mL。

②DL-α-生育酚标准工作液:准确吸取DL-α-生育酚储备液,用正己烷按1:20比例稀释。若用反相色谱测定,将1.00 mL DL-α-生育酚标准储备液置于10 mL棕色小容量瓶中,用氮气吹干,用甲醇稀释至刻度,摇匀,再按比例稀释。该标准工作液维生素E质量浓度为50 μg/mL。

(11)酚酞指示剂乙醇溶液:10 g/L。

(12)氮气:纯度99.9%。

(五)试样的选取与制备

同饲料中维生素A的测定。

(六)测定步骤

1. 试验溶液的制备

(1)皂化:称取一定质量的饲料[配合饲料或浓缩饲料10 g(准确至0.001 g);维生素预混料或复合预混料则1~5 g(准确至0.0001 g)],放入250 mL圆底烧瓶中,加50 mL抗坏血酸乙醇溶液,使试样完全分散、浸湿,放在水浴上加热、混合直到沸点,用氮气吹洗稍冷却,再加100 mL氢氧化钾溶液,混合均匀,在氮气流下沸腾皂化回流30 min,不时振荡,防止试样黏附在瓶壁上。皂化结束后分别用5 mL乙醇、5 mL水自冷凝管顶端冲洗其内部,取出烧瓶冷却至约4℃。

(2)提取(避光通风操作):定量转移全部皂化液于盛有100 mL乙醚的500 mL分液漏斗中,用30~50 mL蒸馏水分2~3次冲洗圆底烧瓶,洗液并入分液漏斗,加盖、放气,随后混合,激烈振荡2 min,静置分层。转移水相于第2个分液漏斗中,分别用100 mL、60 mL乙醚重复提取两次,弃去水相,合并3次乙醚相。用蒸馏水每次100 mL洗涤乙醚提取液至中性,初次水洗时轻轻旋摇,防止乳化。乙醚提取液用无水硫酸钠脱水后转移到25 mL棕色容量瓶中,加100 mg BHT使之溶解,用乙醚定容至刻度(V_{ex})。

(3)浓缩:准确地从乙醚提取液(V_{ex})中移取一定体积(V_{ri})的溶液(根据试样的标示量、

称样量和提取液量确定取液量），放入旋转蒸发器烧瓶中，在水浴温度约 50℃、部分真空条件下蒸干或用氮气吹干，残渣用正己烷溶解（反相色谱用甲醇溶解），并稀释至 10 mL（V_{en}），使获得的溶液中维生素 E（DL-α-生育酚）质量浓度为 50～100 $\mu g/mL$，离心或通过 0.45 μm 滤膜过滤，收集上清液于 20 mL 小试管中，用于高效液相色谱仪分析。

2. 测定

（1）高效液相色谱条件：

①正相色谱：柱长：12.5 cm，内径 4 mm 不锈钢柱；固定相：硅胶 Lichrosorb Si$_{60}$，粒度 5 μm；移动相：正己烷＋1,4-二氧六环＝97＋3（$V+V$），恒量流动；流速：1 mL/min；温度：室温；进样体积：20 μL；检测器：紫外检测器，使用波长 280 nm；保留时间：4.3 min。

②反相色谱：柱长：12.5 cm，内径 4 mm 不锈钢柱；固定相：ODS（或 C$_{18}$），粒度 5 μm；移动相：甲醇＋水＝95＋5（$V+V$）；流速：1 mL/min；温度：室温；进样体积：20 μL；检测器：紫外检测器，使用波长 280 nm；保留时间：11.17 min。

（2）定量测定：按高效液相色谱仪说明书调整仪器操作参数和灵敏度（AUFS），色谱峰分离度符合要求（$R \geqslant 1.5$）。向色谱柱注入相应的维生素 E（DL-α-生育酚）标准工作液（V_{st}）和试验溶液（V_i），得到色谱峰面积的响应值（P_{st}，P_i），用外标法定量测定。

（七）结果计算

试样中维生素 E 的质量分数按式（6-7）计算。

$$w = \frac{P_i \times V_{ex} \times V_{en} \times \rho_i \times V_{st}}{P_{st} \times V_{ri} \times V_i \times f_i \times m} \tag{6-7}$$

式中：m 为试样质量，g；V_{ex} 为提取液的总体积，mL；V_{ri} 为从提取液（V_{ex}）中分取的溶液体积，mL；V_{en} 为试验溶液最终体积，mL；ρ_i 为标准溶液的质量浓度，$\mu g/mL$；V_{st} 为维生素 E 标准工作液进样体积，μL；V_i 为从试验溶液中分取的进样体积，μL；P_{st} 为与标准工作液进样体积（V_{st}）相应的峰面积响应值；P_i 为与试验溶液中分取的进样体积（V_i）相应的峰面积响应值；f_i 为转换系数，1 IU 相当于 0.909 mg DL-α-生育酚或 1.0 mg DL-α-生育酚乙酸酯。

平行测定结果用算术平均值表示，保留有效数 3 位。

（八）重复性

同一分析者对同一试样同时进行两次测定（或重复测定），所得结果的相对偏差要求见表 6-3。

每千克试样中 DL-α-生育酚的含量/IU	相对偏差/%
1.00～10	±20
≥10	±10

【学习要求】

识记：普通酸水解法、氧化-酸水解法、碱水解法、酸提取法。

理解：饲料中氨基酸和维生素含量测定的原理；饲料样品前处理的方法；氨基酸自动分析仪和液相色谱仪的工作原理及操作方法。

应用：能利用氨基酸自动分析仪和液相色谱仪进行氨基酸和维生素的检测。

【知识拓展】

拓展一　氨基酸分析仪的结构与原理

氨基酸分析仪采用经典的阳离子交换色谱分离、茚三酮柱后衍生法,对蛋白质水解液及各种游离氨基酸的组分含量进行分析。仪器基本结构与普通高效液相色谱(HPLC)相似,但针对氨基酸分析进行了细节优化(例如氮气保护、惰性管路、在线脱气、洗脱梯度及柱温梯度控制等)。

通常细分为两种系统:蛋白质水解分析系统(钠盐系统)和游离氨基酸分析系统(锂盐系统),利用不同浓度和 pH 的柠檬酸钠或柠檬酸锂进行梯度洗脱。其中钠盐系统一次最多分析约 25 种氨基酸,速度较快,基线平直度好;锂盐系统一次最多分析约 50 种氨基酸,速度较慢,基线一般不如钠盐系统好。

从分析效果看目前已知的氨基酸分析方法,氨基酸分析仪除灵敏度稍低于 HPLC 柱前衍生方法外(HPLC:<0.5 pmol;氨基酸分析仪:<10 pmol),其他如分离度、重现性、操作简便性、运行成本等方面都优于其他分析方法。

氨基酸分析仪主要由日、美、德、英等国家生产。下面以日立(Hitachi)公司生产的 L-8900 型氨基酸自动分析仪为例介绍其结构、分离测定原理。

一、氨基酸自动分析仪的主要结构

日立 L-8900 型氨基酸自动分析仪的外观和开门后的前观分别如图 6-1 和图 6-2 所示。

图 6-1　L-8900 型氨基酸
自动分析仪(开门前)

图 6-2　L-8900 型氨基酸
自动分析仪内部结构(开门后)

二、氨基酸自动分析仪的工作原理

氨基酸自动分析仪的离子交换树脂一般是合成的。在合成树脂上,由于连接着酸根和碱根,故有阳离子交换剂和阴离子交换剂之别。

L-8900 型氨基酸自动分析仪的工作原理就是利用各种氨基酸的酸碱性、极性和分子质量大小不同等性质,使用阳离子交换树脂在色谱柱上进行分离。不同氨基酸对树脂的亲和力不同,当样液加入色谱柱顶端后,采用不同的 pH 和离子浓度的缓冲溶液即可将它们依次洗脱下来。氨基酸分离的先后顺序为:一般酸性、极性较大的及含羟基(脯氨酸)的氨基酸最

先洗脱,然后是中性的、非极性的氨基酸,最后是碱性氨基酸;分子质量小的比分子质量大的先被洗脱下来,洗脱下来的氨基酸可用茚三酮显色,从而定量各种氨基酸。定量测定的依据是氨基酸和茚三酮反应生成的蓝紫色化合物(570 nm)的颜色深浅与各有关氨基酸的含量呈正比。

注:脯氨酸和羟脯氨酸则生成黄棕色化合物,故需在其他波长(440 nm)处定量测定。

图 6-3 和图 6-4 分别为 L-8900 型氨基酸自动分析仪的工作原理框架图和分离氨基酸的出峰顺序图。

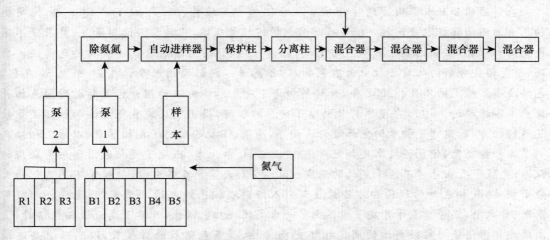

图 6-3 L-8900 型氨基酸自动分析仪工作原理框架

R1. 茚三酮溶液　R2. 茚三酮溶液的缓冲液　R3. 水　B1~B5. pH 不同的试剂

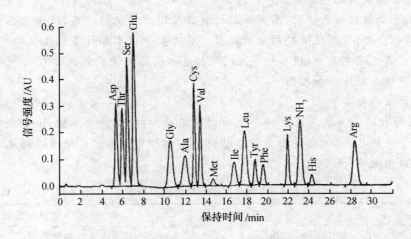

图 6-4 L-8900 型氨基酸自动分析仪分离氨基酸的出峰顺序

拓展二　色谱法与高效液相色谱仪

一、色谱法

(一)发展历史与应用

色谱法又称"色谱分析"、"色谱分析法"、"层析法",是一种分离和分析方法,在分析化学、有机化学、生物化学等领域有着非常广泛的应用。色谱法利用不同物质在不同相态的选择性分配,以流动相对固定相中的混合物进行洗脱,混合物中不同的物质会以不同的速度沿固定相移动,最终达到分离的效果。

色谱法的创始人是俄国的植物学家米哈伊尔·茨维特(M. Tswett)。1905 年,他将植物色素的石油醚提取液倒入一根装有碳酸钙的玻璃管顶端,然后用石油醚淋洗,结果使不同色素得到分离,在管内显示出不同的色带,色谱一词也由此得名,这就是最初的色谱法。后来,用色谱法分析的物质已极少为有色物质,但色谱一词仍沿用至今。在 20 世纪 50 年代,色谱法有了很大的发展。1952 年,詹姆斯和马丁以气体作为流动相分析了脂肪酸同系物并提出了塔板理论。1956 年范第姆特总结了前人的经验,提出了反映载气流速和柱效关系的范第姆特方程,建立了初步的色谱理论。同年,高莱(Golay)发明了毛细管柱,以后又相继发明了各种检测器,使色谱技术更加完善。20 世纪 50 年代末,出现了气相色谱和质谱联用的仪器,克服了气相色谱不适于定性的缺点。60 年代,为了分离蛋白质、核酸等不易汽化的大分子物质,气相色谱的理论和方法被重新引入经典液相色谱。60 年代末,科克兰、哈伯、荷瓦斯、莆黑斯、里普斯克等开发了世界上第一台高效液相色谱仪,开启了高效液相色谱时代。高效液相色谱使用粒径更细的固定相填充色谱柱,提高色谱柱的塔板数,以高压驱动流动相,使得经典液相色谱需要数日乃至数月完成的分离工作得以在几小时甚至几十分钟内完成。1971 年,科克兰等出版了《液相色谱的现代实践》一书,标志着高效液相色谱法(HPLC)正式建立,此后高效液相色谱成为常用的分离和检测手段。

目前,由于高效能的色谱柱、高灵敏的检测器及微处理机的使用,色谱法已成为一种分析速度快、灵敏度高、应用范围广的分析仪器。随着电子技术和计算机技术的发展,气相色谱仪器也在不断发展完善中,现在最先进的气相色谱仪已实现了全自动化和计算机控制,并可通过网络实现远程诊断和控制。

(二)色谱法的分类

1. 根据两相状态分类　在色谱分离中固定不动、对样品产生保留的一相称为固定相;与固定相处于平衡状态、带动样品向前移动的另一相称为流动相。可以根据流动相的状态将色谱法分成四大类(表6-4)。

表 6-4　按流动相种类分类的色谱法

色谱类型	流动相	主要分析对象
气相色谱法	气体	挥发性有机物
液相色谱法	液体	溶于水或有机溶剂的各种物质
超临界流体色谱法	超临界流体	各种有机化合物
电色谱法	缓冲溶液、电场	离子和各种有机化合物

超临界流体色谱(SFC)采用临界温度和临界压力以上的流体作流动相,如超临界状态的

CO_2。超临界流体既具有类似于气体的大扩散系数,也具有类似于液体的强溶解能力。电色谱法虽然通常使用缓冲溶液,但驱动溶质移动的力是电场,所以将其单独归为一类比较合适。

2. 根据分离原理分类　可分为吸附色谱法、分配色谱法、离子交换色谱法与分子排阻色谱法等。

(1)吸附色谱法:利用被分离物质在吸附剂上吸附能力的不同,用溶剂或气体洗脱使组分分离。常用的吸附剂有氧化铝、硅胶、聚酰胺等有吸附活性的物质。

(2)分配色谱法:利用被分离物质在两相中分配系数的不同使组分分离。其中一相被涂布或键合在固体载体上,称为固定相;另一相为液体或气体,称为流动相。常用的载体有硅胶、硅藻土、硅镁型吸附剂与纤维素粉等。

(3)离子交换色谱法:利用被分离物质在离子交换树脂上交换能力的不同使组分分离。常用不同强度的阳离子交换树脂、阴离子交换树脂,流动相为水或含有机溶剂的缓冲液。

(4)分子排阻色谱法:又称凝胶色谱法,是利用被分离物质分子大小的不同导致在填料上渗透程度不同使组分分离。常用的填料有分子筛、葡聚糖凝胶、微孔聚合物、微孔硅胶或玻璃珠等,根据固定相和供试品的性质选用水或有机溶剂作为流动相。

3. 根据分离方法分类　可分为纸色谱法、薄层色谱法、柱色谱法、气相色谱法、高效液相色谱法等。所用溶剂应与供试品不起化学反应,纯度要求较高。分析时的温度,除气相色谱法或另有规定外,其他均为室温操作。采用纸色谱法、薄层色谱法或柱色谱法分离有色物质时,可根据其色带进行区分;分离无色物质时,可在短波(254 nm)或长波(365 nm)紫外光灯下检视,其中纸色谱或薄层色谱也可喷以显色剂使之显色,或在薄层色谱中用加有荧光物质的薄层硅胶,采用荧光淬灭法检视。柱色谱法、气相色谱法和高效液相色谱法可用接于色谱柱出口处的各种检测器检测。

二、高效液相色谱仪

高效液相色谱法(HPLC)是 20 世纪 60 年代末 70 年代初发展起来的一种新型分离分析技术,随着不断改进与发展,目前已成为应用极为广泛的化学分离分析方法。

高效液相色谱法根据分离机制不同,可分为以下几种类型:液-液分配色谱法、液-面吸附色谱法、离子色谱法、尺寸排阻色谱法与亲和色谱法等。表 6-5 为 HPLC 分类及其主要应用情况。

表 6-5　HPLC 分类及其主要应用情况

类型	主要分离机理	主要分析对象或应用领域
吸附色谱	吸附能、氢键	异构体分离、族分离与制备
分配色谱	疏水作用	各种有机化合物的分离、分析与制备
凝胶色谱	溶质分子大小	高分子分离、分子质量及分子质量分布测定
离子交换色谱	库仑力	无机阴阳离子,环境与食品分析
离子排斥色谱	Donnan 膜平衡	有机离子、弱电解质
离子对色谱	疏水作用	离子性物质
离子抑制色谱	疏水作用	有机弱酸弱碱
配位体交换色谱	配合作用	氨基酸、几何异构体
手性色谱	立体效应	手性异构体
亲和色谱	特异亲和力	蛋白质、酶、抗体分离,生物和医药分析

高效液相色谱法的最大优点在于高速、高效、高灵敏度、高自动化。高速是指在分析速度上比经典液相色谱法快数百倍。由于经典色谱是重力加料,流出速度极慢,而高效液相色谱法配备了高压输液设备,流速最高可达 10 cm^3/min。高效是由于高效色谱应用了颗粒极细、规则均匀的固定相,传质阻力小,分离效率高。因此,在经典色谱法中难分离的物质,一般在高效液相色谱法中能得到满意的结果。高灵敏度是由于现代高效液相色谱仪普遍配有高灵敏度检测器,分析灵敏度比经典色谱有较大提高。例如,紫外检测器最小检测限为 10^{-9} g,而荧光检测器则可达 10^{-11} g。由于高效液相色谱法具有以上优点,所以又称作高速液相色谱或高压液相色谱。

【知识链接】

GB/T 17810—2009《饲料级 *DL*-蛋氨酸》,GB/T 21979—2008《饲料级 *L*-苏氨酸》,GB/T 17812—2008《饲料中维生素 E 的测定 高效液相色谱法》,NY/T 1246—2006《饲料添加剂维生素 D_3(胆钙化醇)油》。

饲料卫生指标的检测

> **学习目标**
>
> 　　了解饲料卫生指标的检测意义;掌握饲料中有毒有害物质的来源、分类、危害与控制;掌握饲料卫生指标测定的方法与原理。

任务一　饲料卫生检验的内容和方法

　　饲料营养成分的质量控制是饲料工业和动物养殖业首要考虑的问题,特别是国家强制性标准《饲料标签》实施以来,对饲料养分的分析已引起足够的重视,但对饲料中有毒有害物质等卫生指标的监测和控制,由于监控手段等方面的原因,未能引起足够的重视。然而,随着饲料工业和动物养殖业的飞速发展以及饲料资源的广泛开发利用,人们已开始重视饲料卫生质量指标的监测和控制工作。1991 年我国颁布了国家标准《饲料卫生标准》,并于 1992年开始实施,其中,涉及饲料中有毒有害物质的 17 项卫生标准是国家强制性执行标准,2001年对《饲料卫生标准》进行了修订。随着饲料工业的发展,对现行的卫生标准将进行不断修订和补充。

　　饲料中有毒有害物质的种类很多,目前知道的有 50 余种。按其来源划分,可分为天然、次生和外源性有毒有害物质;按其性质划分,可分为有机有毒有害物质和无机有毒有害物质两类。目前的分类趋向于采用后者,因为有些有毒有害物质很难区分是天然的还是外源的。有机有毒有害物质主要包括饲料中天然的有毒有害物质如棉籽饼粕中的棉酚等、次生性的有毒有害物质、病原微生物如沙门氏菌等和有机农药(六六六、滴滴涕)的残留等。无机有毒有害物质主要包括铅、砷、铬、镉、汞、氟等。动物食入含有毒有害物质的饲料,引起动物性产品质量和产量下降,严重者引起动物的死亡,并且残留于动物产品中的有毒有害物质还可通过食物链对人类的身体健康造成危害。因此,利用适宜的分析方法严格检测饲料中的各种有毒有害物质含量,使其控制在国家饲料卫生标准规定的允许范围内极其重要。

　　饲料卫生检验是检查饲料中是否存在损害畜禽健康与生产性能的有毒有害物质,阐明其种类、来源、性质、含量、作用和危害,并研究其预防措施的一门学科。

▶ 一、饲料卫生检验的内容

　　饲料卫生检验的内容主要是饲料中可能出现的各种有毒有害物质。这些有毒有害物质归纳起来,大致可分为以下四类:

　　(一)饲料中的天然有毒有害物质

　　这类有毒有害物质大多数是植物在生长过程中,由糖、脂肪、氨基酸等基本有机物代谢产生的,属于次生代谢产物。例如某些青绿饲料中含有的氰苷、草酸盐和某些生物碱;棉籽中含有的棉酚;豆类果实中含有的蛋白酶抑制剂、植物红细胞凝集素等。

　　(二)饲料发生分解或转化而形成的有毒有害物质

　　例如,饲料调制或贮存不当时,其中所含的硝酸盐被还原而产生的亚硝酸盐,如叶菜类;马铃薯贮存不当,变绿发芽时产生的茄碱等。

　　(三)各种饲料污染物

　　主要是指化学性污染物和生物性污染物。

1. 化学性污染物

农用化学品（农药、化肥等）、工业"三废"、有毒工业化学品。

2. 生物性污染物

霉菌及霉菌毒素、细菌与细菌毒素、饲料害虫等。

(四)不符合卫生要求或使用不当的饲料添加剂

一般来讲，维生素类、氨基酸类和微量元素类适用于各种畜禽的各个生长阶段，肥育促进剂只适用于育肥期的猪、牛和鸡（实际生产中应选用各个畜种专用的添加剂）；饲料品质保护剂中的抗氧化剂适用于各种含脂率高的饲料；防霉抑菌剂适用于牧草青贮饲料及谷物饲料；酶制剂适用于断奶的仔猪、犊牛和中雏鸡。当前国内生产饲料添加剂的厂家很多，产品很乱，在选购时切勿贪图便宜而受骗上当。应选用包装上有批准文号、成分组成、使用说明和出厂日期的较为可靠的添加剂。严禁使用过期、变质、失效的添加剂。

二、饲料卫生检验的方法

饲料卫生检验的方法主要有三种：

(一)化学检验

利用化学方法对饲料中可能存在的有毒有害物质进行提取、分离，研究其化学结构、物化性质以及含量水平等。

(二)动物毒性试验

动物毒性试验主要是通过给动物饲喂怀疑含有毒有害物质的饲料或其提取物，观察其可能出现的各种形态方面和功能方面的异常变化。

毒性试验根据试验时间长短和主要观察指标的不同，可分为急性毒性试验、亚急性毒性试验、慢性毒性试验和特殊毒性试验（致突变试验、致癌试验和致畸试验）。

饲料卫生检验所用的动物毒性试验方法与一般毒理学试验方法基本相同，但由于饲料中有毒有害物质的含量通常相对较低，而且可能被动物长期食用，故其毒性试验必须进行慢性毒性试验，且一般采用经口摄入的途径。

此外，也可进行一些特殊试验，如利用昆虫、微生物、细胞培养或组织培养等方法。

(三)畜群健康调查

畜群健康调查是指在已采食含有毒有害物质饲料的畜群中，采用流行病学方法，调查畜群的一般健康状况、发病率、死亡率以及可能与被检有毒有害物质有关的其他特殊疾病或体征。

畜群健康调查的目的是：直接了解含有毒有害物质的饲料对畜禽的危害；对动物毒性试验的结果加以验证。

饲料卫生检验的方法除了以上三种基本方法外，在必要时还应对畜群的生产性能和生长发育情况进行统计分析，以便全面了解饲料中有毒有害物质造成的危害和不良影响。

任务二　饲料卫生检验前的准备

饲料卫生检验所要检测的有毒有害物质通常都是微量存在于样品中，而一般的样品由于成分复杂、干扰因素多,不适合于正常的分析检测。因此,在进行正式分析前必须对样品进行前处理。前处理的目的是将样品中的有毒有害物质提取出来,进行纯化和浓缩,除去干扰物质,使样品符合分析要求。

▶ 一、样品的提取

由于被测样品的性质、所使用的分析方法不同,其提取的方法也不同。常用的提取方法有溶剂提取法、灰化法和蒸馏法三种。

(一)溶剂提取法

溶剂提取法是利用有机溶剂将样品中的有机毒物如农药、真菌毒素等提取出来加以纯化、浓缩供检测用的一种分离技术。

为了使毒物尽可能完全地被提取出来,而其他成分则尽可能少地进入提取液中,以便于纯化、浓缩,必须正确选择合适的提取溶剂和提取方法。

1. 提取溶剂的选择

首先,提取溶剂的选择主要根据相似相溶原理,即根据被测物质的极性大小来选择相应的提取溶剂。常用溶剂的极性顺序为:氨水＞水＞乙酸＞甲醇＞乙醇＞丙醇＞丙酮＞乙酸乙酯＞氯仿＞二氯甲烷＞乙醚＞苯＞甲苯＞四氯化碳＞环己烷＞正己烷。

其次,应考虑提取溶剂的沸点。一般认为提取溶剂以沸点 $40\sim80℃$ 者为宜。过高,则不易浓缩,在浓缩过程中易引起某些被测物质的破坏;过低,则容易挥发,不便于定容。

再次,还需考虑溶剂的稳定性(即溶剂不能与样品发生反应)、价格、毒性以及分析所用的仪器(使用电子捕获检测器时不能用含氯溶剂)等。

2. 提取方法的选择

提取方法主要有振荡提取法、组织捣碎提取法和索氏提取法三种。

(1)振荡提取法:这是一种最为常用的有机毒物提取法。将样品粉碎过筛后放入磨口具塞三角烧瓶中,加入适宜的溶剂,置于电动振荡器中振荡提取半小时至 1 h,然后用过滤的方法将残渣与提取液分开,残渣再用有机溶剂洗涤数次,合并到提取液中。

(2)组织捣碎提取法:本法主要用于新鲜蔬菜、牧草等含水量较多的样品。将样品切碎后放入组织捣碎机,加入适宜的溶剂,快速捣碎 $3\sim5$ min,然后过滤,残渣用溶剂洗涤数次,合并到提取液中。此法提取效率高,但杂质的溶出也较多,在捣碎过程中所产生的乳化现象,可用离心法除去。

(3)索氏提取法:索氏提取法是一种应用索氏提取器进行连续回流提取的方法。索氏提取器又称脂肪提取器,由烧瓶、抽提筒和冷凝管三部分组成。将样品用滤纸包好,放在抽提筒内,溶剂放在烧瓶内,抽提时,加热下端烧瓶内的溶剂,溶剂不断蒸发,进入冷凝管中,被冷凝成液体进入抽提管中对样品进行抽提,当溶剂达到一定高度后,就借助虹吸管流到烧瓶中,溶剂不断地蒸发、冷凝、抽提、回流,直到样品中的被测物质全部被抽提出来。此法常用于谷类的提取。优点是溶剂的使用量少,提取完全,回收率高,但较费时,一般每个样品要抽提 12 h 以上。

(二)灰化法

本法是一种适用于分析样品中有毒矿物质的预处理方法。样品中的矿物质如 Hg,F,

饲料分析检测技术

Pb 等在饲料中与有机物结合形成稳定、牢固的难以解离的物质,故不能用一般的化学反应进行检测。在分析样品中的有毒矿物质时,需将样品灰化,破坏有机物质,使结合状态的金属或非金属转变成无机物的形式,以便进行检测。根据分析项目不同,破坏样品中有机物质的方法主要有干灰化法和湿灰化法两类。

1. 干灰化法

简称灰化法或灼烧法,是一种常用的有机物质破坏法,适用于除汞、砷以外的各种金属类元素。

(1)干灰化的方法:根据灰化过程中是否加其他试剂,干灰化法又可分为:

①直接灰化法:将样品放在坩埚中,在高温灼烧下,使样品脱水、焦化,在空气中氧的作用下,使样品中的有机物氧化分解成二氧化碳、水和其他气体而挥发,剩下无机物(盐类或氧化物),用适当溶剂溶解定容,供测定用。

②加助灰化剂灰化法:常用的助灰化剂有氧化镁、硝酸镁、氢氧化钠、氢氧化钙等。加入助灰化剂,可使样品呈疏松状态,加速灰化过程,并使灰化完全。此外,助灰化剂还可和被测物质结合成难挥发的盐类,防止灰化过程中被测物质的损失,如氧化镁或硝酸镁能使砷变成难挥发的焦砷酸镁($Mg_2As_2O_7$),氢氧化钙则转变成难挥发的 CaF_2 等。

(2)干灰化法的优缺点:优点:①其他试剂少,减少了操作过程污染的可能性,因而空白值较低;②样品分解彻底,操作简便,仪器设备简单,一次可以处理大量的样品。缺点:①费时,一般 500～550℃需 4 h,600℃需 1～2 h;②长时间的高温加热易使一些被测物质挥发;③瓷坩埚能吸附金属,可造成结果偏低。

(3)干灰化法操作的注意事项:①灰化前应进行样品的预炭化。预炭化系指将坩埚内的样品先放在文火上加热,直至样品变黑,然后转入控温马福炉内 550℃灰化。预炭化的目的在于防止样品因急剧灼烧引起的残灰飞散。②瓷坩埚对金属有吸附作用,特别是新的瓷坩埚,因此在使用时应选用用过的坩埚。③如果样品在灰化后仍不变白,可在冷却后沿坩埚边缘加入少量蒸馏水湿润,再使其充分干燥后继续灰化。加水的目的是有助于灰分溶解,解除低熔点灰分对炭粒的包裹。

2. 湿灰化法

简称消化法,也是常用的样品无机化方法之一。系利用氧化性强酸,结合加热将有机物质破坏使待测的无机物分解释放出来,并形成难挥发的无机化合物供测定用。它适用于易挥发散失的矿物质,除汞外,大多数金属均有良好效果。

(1)常用的氧化性强酸:在消化过程中常用的氧化性强酸有浓硝酸、浓硫酸和高氯酸三种。

①浓硝酸:通常使用的浓硝酸,其质量分数为 65%～68%,有较强的氧化性,浓 HNO_3 在温热条件下分解成 O_2、NO_2 和 H_2O,NO_2 进一步分解成 O_2 及 NO。沸点较低,硝酸易挥发,因而需要经常放冷补充,消化完成后消化液中常含有较多氮氧化物,必要时需加热或加水加热除去。

$$2HNO_3 \longrightarrow 2NO_2 + \frac{1}{2}O_2 + H_2O$$
$$\longrightarrow 2NO + O_2$$

②高氯酸:冷的高氯酸无氧化能力,但热的高氯酸却是一种极强的氧化剂,氧化能力强

于硝酸和硫酸。这是由于高氯酸在加热条件下能产生氧和氯的缘故。

$$4HClO_4 \longrightarrow 7O_2 + 2Cl_2 + 2H_2O$$

应予以注意的是,$HClO_4$ 在高温下直接接触还原性较强的物质如酒精、脂肪、糖类、甘油等有发生爆炸的可能,故一般不单独使用,并且勿使消化液烧干,以免发生危险。

③浓硫酸:热的浓硫酸具有一定的氧化作用。受热分解时,放出氧、二氧化硫和水。

$$H_2SO_4 \longrightarrow \frac{1}{2}O_2 + SO_2 + H_2O$$

硫酸的氧化性较硝酸、高氯酸弱得多,但硫酸沸点高,不易挥发。

(2)常用的消化方法:在实际工作中,除了单独使用浓硫酸的消化法外,经常采取两种或两种以上氧化性强酸配合使用,利用各种酸的特点,取长补短,以达到安全、快速、完全破坏有机物的目的。下面介绍常用的两种湿消化方法。

①硝酸-硫酸湿消化法:将 5 g 样品置于 100 mL 凯氏烧瓶中,随之加入 10~20 mL 浓硝酸,缓缓加热至沸腾,继续加热至容积减半。冷却后逐渐加入 10 mL 硫酸,再加热,待内容物变黑,即加入少量浓硝酸,为防止过度炭化,加热必须适度,整个消化过程必须存在少量的硝酸,加热至发烟而不再变黑,最后至溶液无色,冷却,用蒸馏水稀释至一定体积备用。

②硝酸-高氯酸湿消化法:将含有不超过 2 g 干物质的样品置于 200 mL 凯氏烧瓶中,加入 25 mL 硝酸(相对密度为 1.42),缓慢煮沸 30 min,冷却,加 15 mL 高氯酸(质量分数为 60%)。缓慢煮沸至无色或近乎无色,继续沸腾 1 h(注意防止瓶中内容物蒸干)。冷却,用蒸馏水稀释至适当体积备用。

(3)湿消化法的优缺点:①优点:所用时间短,温度较低,因而挥发损失较少,同时应用玻璃仪器(凯氏烧瓶),吸附损失也较少。②缺点:使用试剂较多,易造成较高的试剂空白值,操作较复杂,危险性大,不便于大量样品的处理。为此,美国分析化学家协会(AOAC)推荐一种湿消化法和干灰化法相结合的消化方法:

1 g 样品置于上釉的高型陶瓷坩埚内,500℃灰化 2 h,冷却,用 10 滴蒸馏水湿润,然后小心加入 3~4 mL 硝酸(1∶1),100~200℃下蒸发除去多余的硝酸,将坩埚转至马福炉内,500℃灰化 1 h,冷却,用 100 mL 盐酸(1∶1)溶解并定量转至 50 mL 的容量瓶中定容。

(4)注意事项:

①消化所用试剂要纯,同时必须做空白试验,以扣除消化试剂对测定数据的影响。

②样品中加入硫酸、硝酸后应先用文火加热,以防反应过于剧烈而产生大量泡沫,待反应平稳后方可加大火力,但整个消化过程的温度仍应严格控制,以防溶液溅出或消化不完全。

③消化过程中一定要保证瓶中有少量的液体,以防发生危险。在补充氧化剂时要先停止加热,并稍微放冷后,沿瓶壁缓缓加入,以防反应过于剧烈而造成喷溅。

(三)蒸馏法

蒸馏法是处理含挥发性毒物样品的常用方法,兼有提取和纯化的双重作用。常用蒸馏法有通气蒸馏法和水蒸气蒸馏法。通气蒸馏法是使样品中的挥发性成分在一定条件下(加热或反应成气体)挥发,随通入的洁净气体(如二氧化碳、氧气或空气等)蒸馏出来,被吸收液固定下来。水蒸气蒸馏法是用水蒸气代替洁净气体将有毒成分蒸馏出来,并被冷凝管冷凝进入接收器。

蒸馏时由于有毒成分变成气体被蒸馏出来,因而需注意整个蒸馏装置的密封性,以防有毒气体逸漏,造成毒害。另外,水蒸气发生器一定要装安全管,以防蒸汽压力过高造成蒸馏装置炸裂。

二、提取液的纯化

样品经提取,被测成分进入提取液中,但提取液成分仍很复杂,常含有多种杂质,有时会干扰正常的测定。因此,必须将样品提取液经过适当处理,除去其中的杂质。这个处理过程称为纯化。根据样品的性质,可采用不同的纯化方法。常用的纯化方法有:

(一)液液分配法(又称萃取法)

是利用物质在两种互不相溶的溶剂中溶解度不同,将被测的有机污染物从抽提液转移到另一种溶剂中(即萃取剂)而与干扰物质分离,达到纯化目的的一种方法。此法操作简便、快速、回收率高,因而被广泛应用。

为了获得较好的分离效果,萃取剂的选择至关重要。萃取剂需要具备以下条件:

(1)与抽提液互不相溶。

(2)对被测的有机毒物(农药、真菌毒素等)有较大的溶解性。

(3)对色素、脂肪、蜡质等杂质有较小的溶解性。

一般来说,农药、真菌毒素等的极性较色素、脂肪等杂质大,即前者在强极性溶剂中溶解度大,而后者在弱极性溶剂中溶解度大。因而通常萃取是用极性较大的氯仿、甲醇等溶剂来萃取石油醚等极性较小的抽提液,这样,极性物质被转移到萃取液中,而杂质仍在抽提液中。

用强极性的溶剂萃取虽然能达到纯化的目的,但强极性溶剂往往沸点较高,不易浓缩,因而需要进行反萃取。反萃取就是将萃取剂中的被测物质再转移到易浓缩的低沸点弱极性有机溶剂中。反萃取的操作方法是向萃取液中加入一定量水相溶液与极性溶剂互溶,使被测物质的溶解度降低,再用低沸点弱极性溶剂进行反萃取。在水相溶液中加入少量盐类可大大提高反萃取的效率,这种现象称为盐析作用。

(二)柱层析法

是利用抽提液中被测物质与干扰物质在固体吸附剂表面的吸附力不同,亦即它们在吸附剂与洗脱剂之间的分布情况不同而达到分离目的的一种方法。为了获得较好的分离效果,必须选择适当的吸附剂和洗脱剂。

常用的吸附剂有活性炭、硅胶、氧化铝等。一般而言,活性炭对色素的吸附力较强,而硅胶、氧化铝则对油脂等有较强的吸附力。吸附剂的选择,主要根据其特性,同时考虑被测物质和杂质的性质。在实际应用时,为了使色谱柱对各种杂质都有较好的吸附作用,集中吸附剂常以一定比例混合使用。吸附剂的吸附活性与其含水量有关,水分含量越高,活性越低,吸附力越弱,因此,可通过活化或减活处理调整吸附剂的活性。

洗脱剂一般为各种有机溶剂或几种有机溶剂按一定比例配成的混合溶剂,主要根据被测物质和杂质的性质选择。

(三)磺化法

是利用色素、油脂等杂质能与浓硫酸反应生成强极性而易溶于水的物质,从而与不和硫酸反应的被测物质分离的一种纯化方法。色素、脂肪中的不饱和键、羟基都可与硫酸发生磺化反应。本法操作简便,纯化效果好,回收率高,但只限于性质极为稳定的有机氯农药提取液的纯化。

操作方法:将抽提液置于分液漏斗中,加入 1/10 量的硫酸,振摇,静置分层,弃去下层酸液,必要时重复一次,然后加入适量硫酸钠溶液以洗去残留硫酸和其他极性杂质。

三、样品液的浓缩

经提取和纯化后的样品液,由于体积较大,其中被测成分的浓度往往较低,不适宜直接分析。所以,一般均需要浓缩。浓缩的方法主要有减压蒸馏浓缩法和直接水浴浓缩法两种。减压蒸馏浓缩法适用于遇热不稳定以及易挥发的化合物,如有机磷农药等。直接水浴浓缩法适用于遇热稳定的被测成分和非挥发性化合物。

任务三　饲料中有毒有害化学元素的检测

已经发现,对动物危害性较大的无机元素类有毒有害物质主要包括铅、砷、铬、镉、汞、氟、铜和硒等。但值得注意的是,无机元素类有毒有害物质的划分是相对的,过去曾经认为对动物有毒有害的无机元素如钼和铬,现已证明它们是动物的必需微量元素;而在动物营养上被认为是必需的微量元素如铁、铜、锌等,如果摄入量过多,同样会对动物产生毒害作用。

饲料中无机元素类有毒有害物质的毒性特点主要有 5 个方面:①无机元素本身不发生分解,某些元素还可在生物体内蓄积,且生物半衰期较长,从而通过生物链危害人类的健康;②体内的生物转化通常不能减弱无机元素的毒性,有的反而转化为毒性更强的化合物;③饲料中无机元素类有毒有害物质的含量与工业污染和农药污染密切相关,其毒性强弱与无机元素的存在形式有关;④不同种类的动物对饲料中无机元素类有毒有害物质的敏感性不同;⑤由饲料中无机元素类有毒有害物质引起的动物中毒多是慢性中毒,急性中毒很少见。因此,对各种饲料原料和配合饲料中的无机元素类有毒有害物质进行检测,以控制其在国家饲料卫生质量标准规定的允许范围内,对促进我国饲料工业和动物养殖业的持续发展和保证人类健康具有重要的意义。

一、饲料中铅的测定(原子吸收分光光度法)

铅是对动物有毒害作用的无机类金属元素之一。其毒性作用主要表现在对神经系统、造血器官和肾脏的损害;铅也损害机体的免疫系统,使机体的免疫机能降低;铅还可导致动物畸变、突变和癌变。一般情况下,植物性饲料中的铅含量较低,在 $0.2 \sim 3.0$ mg/kg 范围内,不会超出国家饲料卫生标准规定的允许量。但植物性饲料的含铅量变异很大,与土壤中铅的水平和工业污染有关。在富铅土壤中生长的饲料植物含铅量较高。工业污染是造成植物性饲料含铅量增加的重要原因。如正常牧草中的铅含量为 $3.0 \sim 7.0$ mg/kg,而冶炼厂附近的牧草铅含量可高达 325 mg/kg,而且多积累在叶片和叶片茂盛的叶菜类中,如甘蓝、莴笋等的铅含量可达 $45 \sim 1\ 200$ mg/kg。石粉、磷酸盐等矿物质饲料的铅含量因产地不同而变异很大,某些地区的矿物质饲料因含有铅杂质,致使铅含量较高。铅在动物体内主要沉积于骨骼,因而骨粉、肉骨粉和含鱼骨较多的鱼粉含铅量较高。据报道,骨粉中的铅含量高达61.7 mg/kg,工业污染严重的海水水域生产的鱼粉其铅含量也较高。因此,在饲料工业和动物养殖业中,严格检测饲料原料和配合饲料中的铅含量是非常必要的。

饲料中铅含量的测定可采用双硫腙比色法、阳极溶出伏安法和原子吸收分光光度法。双硫腙比色法是经典的方法,虽结果准确,但操作复杂,干扰因素多,要求严格。阳极溶出伏安法虽可实现铜、铅、锌、镉的同时测定,但操作繁琐,干扰因素多,灵敏度较低。原子吸收分光光度法快速、准确,干扰因素少,是测定饲料中铅含量的常用方法,也是国家规定的标准方法。

(一)适用范围

本方法适用于饲料原料(磷酸盐、石粉、鱼粉等)、配合饲料(包括混合饲料)中铅的测定。

(二)测定原理

样品经消解处理后,再经萃取分离,然后导入原子吸收分光光度计中,原子化后测量其在 283.3 nm 处的吸光度,与标准系列比较定量。

(三)仪器设备

(1)消化设备:两平行样所在位置的温度差小于或等于 5℃。

(2)高温炉。

(3)分析天平:感量 0.000 1 g。

(4)实验室用样品粉碎机。

(5)振荡器。

(6)原子吸收分光光度计。

(7)容量瓶:25,50,100,1 000 mL。

(8)吸液管:1,2,5,10,15 mL。

(9)消化管。

(10)瓷坩埚。

(四)试剂与溶液

除特殊规定外,本方法所用试剂均为分析纯,水为去离子重蒸馏水或相应纯度的水。

(1)浓硝酸:优级纯。

(2)浓硫酸:优级纯。

(3)高氯酸:优级纯。

(4)浓盐酸:优级纯。

(5)甲基异丁酮[$CH_3COCH_2CH(CH_3)_2$]。

(6)6 mol/L 硝酸溶液:量取 38 mL 浓硝酸,加水至 100 mL。

(7)1 mol/L 碘化钾溶液:称取 166 g 碘化钾,溶于 1 000 mL 水中,贮存于棕色瓶中。

(8)1 mol/L 盐酸溶液:量取 84 mL 浓盐酸,加水至 1 000 mL。

(9)50 g/L 抗坏血酸溶液:称取 5.0 g 抗坏血酸($C_6H_8O_6$)溶于水中,稀释至 100 mL,贮存于棕色瓶中。

(10)铅标准储备液:准确称取 0.159 8 g 硝酸铅[$Pb(NO_3)_2$],加 6 mol/L 硝酸溶液10 mL,全部溶解后,转入 1 000 mL 容量瓶中,加水定容至刻度。该溶液每毫升相当于

0.1 mg铅。

(11)铅标准工作液:精确吸取 1 mL 铅标准储备液,加入 100 mL 容量瓶中,加水至刻度。该溶液每毫升相当于 1 µg 铅。

(五)试样的选取与制备

采集具有代表性的饲料样品至少 2 kg,四分法缩分至 250 g,磨碎,过 1 mm 孔筛,混匀,装入密闭容器中,低温保存备用。

(六)测定步骤

1. 试样处理

(1)配合饲料及鱼粉试样处理:称取 4 g 试样,准确至 0.001 g,置于瓷坩埚中缓慢加热至炭化,在 500℃ 高温下加热 18 h,直至试样呈灰白色。冷却。用少量水将炭化物湿润,加入 5 mL 浓硝酸、5 mL 高氯酸,将坩埚内的溶液无损地移入烧杯内,用表面皿盖住,在沙浴或加热装置上加热,待消解完全后,去掉表面皿,至近干涸。加 1 mol/L 盐酸溶液 10 mL,使盐类溶解,把溶液转入 50 mL 容量瓶中,用水冲洗烧杯多次,加水至刻度。用中速滤纸过滤,待用。

(2)磷酸盐、石粉试样处理:称取 5 g 试样,准确至 0.001 g,放入消化管中,加入 5 mL 水,使试样湿润,依次加入 20 mL 浓硝酸、5 mL 浓硫酸,放置 4 h 后加入 5 mL 高氯酸,放在消化装置上加热消化。在 150℃ 恒温消化 2 h,然后将温度缓缓升到 300℃,在 300℃ 下恒温消化,直至试样发白近干为止,取下消化管,冷却。加入 1 mol/L 盐酸溶液 10 mL,在 150℃ 温度下加热,使试样中盐类溶解后将溶液转入 50 mL 容量瓶中,用水冲洗消化管,将冲洗液并入容量瓶中,加水至刻度。用中速滤纸过滤,备用。

同时于相同条件下,做试剂空白溶液。

2. 标准曲线绘制

精确吸取 1 µg/mL 的铅标准工作液 0,4,8,12,16,20 mL,分别加到 25 mL 容量瓶中,加水至 25 mL。准确加入 1 mol/L 的碘化钾溶液 2 mL,振动摇匀;加入 1 mL 抗坏血酸溶液,振动摇匀;再准确加入 2 mL 甲基异丁酮溶液,激烈振动 3 min,静置萃取后,将有机相导入原子吸收分光光度计。在 283.3 nm 波长处测定吸光度,以吸光度为纵坐标,铅的质量浓度(µg/mL)为横坐标绘制标准曲线。

3. 测定

精确吸取 5～10 mL 试样溶液和试剂空白液分别加入到 25 mL 容量瓶中,按绘制标准曲线的步骤进行测定,测出相应吸光度和标准曲线比较定量。

(七)结果计算

1. 计算公式

试样中铅含量(mg/kg)按式(7-1)计算。

$$铅含量 = \frac{V_1 \times (m_1 - m_2)}{m \times V_2} \quad\quad (7\text{-}1)$$

式中:m 为试样质量,g;V_1 为试样消化液总体积,mL;V_2 为测定用试样消化液体积,mL;m_1 为测定用试样消化液铅含量,µg;m_2 为空白试液中铅含量,µg。

2. 结果表示

每个试样取 2 个平行样进行测定,以其算术平均值为结果,结果表示到 0.01 mg/kg。

(八)重复性

同一分析者对同一试样同时或快速连续地进行 2 次测定,所得结果之间的差值如下:在铅含量≤5 mg/kg 时,不得超过平均值的 20%;在铅含量为 5～15 mg/kg 时,不得超过平均值的 15%;在铅含量为 15～30 mg/kg 时,不得超过平均值的 10%;在铅含量≥30 mg/kg 时,不得超过平均值的 5%。

二、饲料中总砷的测定(银盐法和快速法)

砷是一种损害机体全身组织的毒物,砷与动物体组织中酶的巯基结合,使之灭活而产生毒性,尤其以消化道、肝、肾、脾、肺、皮肤以及神经组织更为敏感。一般自然界中的砷多为五价,环境污染的砷多为三价的无机化合物,其中三价砷制剂的毒性大于五价砷,元素砷不溶于水,其毒性低。绝大部分砷的氧化物毒性很高,无机砷的毒性大于有机砷。砷可以长期蓄积在机体的表皮组织、毛发、蹄甲及筋骨中,并且从体内排出较缓慢。砷也可致使动物癌变、畸变和突变。

一般情况下,植物性饲料中的砷含量均很低,在 1.0 mg/kg 以下。一些主要饲料原料的砷含量分别为:玉米 0.07～0.83 mg/kg,大豆饼粕 0.02～0.56 mg/kg,麦麸 0.80～1.50 mg/kg,棉籽饼粕 0.40～0.80 mg/kg,菜籽饼粕 0.80～1.00 mg/kg,干牧草 0.05～0.80 mg/kg。但植物性饲料中的砷含量主要受土壤含砷量、农药污染和工业污染的影响。在砷污染的土壤中生长的饲料植物能吸收累积大量砷。水生生物尤其是海洋生物对砷具有很强的富集能力,某些生物的富集系数可高达 3 300 倍。一般的鱼类含砷量为 1.0～2.0 mg/kg,而被砷污染的海水水域,其贝类的含砷量可高达 100 mg/kg,海藻为 17.5 mg/kg,海带为 56.7 mg/kg。据美国报道,被炼铜厂排放的含砷烟尘污染的牧草,其砷含量高达 50 mg/kg。高砷地区产的矿物类饲料中砷的含量也很高。因此,为了减少和避免砷的危害,严格检测饲料原料和配合饲料中的砷含量,具有重要意义。

砷的测定方法有二乙氨基二硫代氨基甲酸银法(银盐法)、硼氢化物还原光度法(快速法)、砷斑法、示波极谱法和原子吸收分光光度法。目前最常用的方法是银盐法和快速法;砷斑法是半定量方法,可测定痕量砷。应用这些方法测出的是总砷含量,不能区分有机砷和无机砷。

(一)二乙氨基二硫代氨基甲酸银法(银盐法)(方法一)

1. 适用范围

本方法适用于各种配(混)合饲料、浓缩饲料、预混合饲料及饲料原料中总砷的测定。

2. 测定原理

样品经酸消解或干灰化破坏有机物,使砷呈离子状态存在,经碘化钾、氯化亚锡将高价砷还原为三价砷,然后被锌粒和酸产生的新生态氢还原为砷化氢。在密闭装置中,被二乙氨基二硫代氨基甲酸银(Ag-DDTC)的三氯甲烷溶液吸收后,形成黄色或棕红色银溶胶,其颜色深浅与砷含量成正比,用分光光度计比色测定。形成胶体银的反应如下:

$$AsH_3 + 6Ag\text{-}DDTC = 6Ag + 3H(DDTC) + As(DDTC)_3$$

3. 仪器设备

(1)砷化氢发生及吸收装置(图 7-1)。

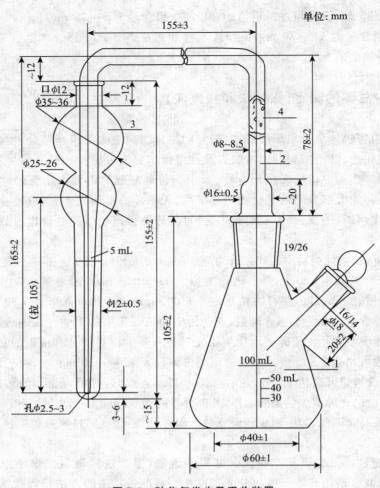

图 7-1　砷化氢发生及吸收装置

1.砷化氢发生器　2.导气管　3.吸收瓶　4.乙酸铅棉花

砷化氢发生器:100 mL 带 30,40,50 mL 刻度线和侧管的锥形瓶。

导气管:管颈直径为 8.0～8.5 mm;尖端孔直径为 2.5～3.0 mm。

吸收瓶:下部带 5 mL 刻度线。

(2)分光光度计:波长范围 360～800 nm。

(3)分析天平:感量 0.000 2 g。

(4)可调温电炉:六联和二联各一个。

(5)玻璃器皿:凯氏瓶、各种刻度吸液管、容量瓶和高型烧杯。

(6)瓷坩埚:30 mL。

(7)高温炉:温控 0～950℃。

4. 试剂与溶液

除特殊规定外,本方法所用试剂均为分析纯,水为蒸馏水或相应纯度的水。

(1)浓硝酸。

(2)浓硫酸。

(3)高氯酸。

(4)浓盐酸。

(5)抗坏血酸。

(6)无砷锌粒:粒径(3.0±0.2)mm。

(7)混合酸溶液(A):浓硝酸+浓硫酸+高氯酸=23+3+4(V+V+V)。

(8)200 g/L氢氧化钠溶液:称取20 g氢氧化钠,溶于水中,加水稀释至100 mL。

(9)100 g/L乙酸铅溶液:称取10.0 g乙酸铅[Pb(CH₃COO)₂·3H₂O],溶于20 mL 6 mol/L乙酸溶液中,加水至100 mL。

(10)6 mol/L乙酸溶液:量取34.8 mL冰乙酸,加水至100 mL。

(11)乙酸铅棉花:将医用脱脂棉在100 g/L乙酸铅溶液中浸泡约1 h,压除多余溶液,自然晾干,或在90~100℃烘干,保存于密闭瓶中。

(12)2.5 g/L二乙氨基二硫代氨基甲酸银(Ag-DDTC)-三乙胺-三氯甲烷吸收液:称取2.5 g(准确至0.000 2 g)Ag-DDTC于一干燥的烧杯中,加适量三氯甲烷,待完全溶解后,转入1 000 mL容量瓶中,加入20 mL三乙胺使之溶解,用三氯甲烷定容,于棕色瓶中存放在冷暗处。若有沉淀应过滤后使用。

(13)1.0 mg/mL砷标准储备溶液:准确称取0.660 0 g三氧化二砷(110℃干燥2 h),加200 g/L的氢氧化钠溶液5 mL使之溶解,然后加入25 mL硫酸溶液(60 mL/L)中和,加水定容至500 mL容量瓶中。此溶液每毫升含1.00 mg砷,于塑料瓶中冷贮。

(14)1.0 μg/mL砷标准工作溶液:精确吸取1 mL砷标准储备液于1 000 mL容量瓶中,加水定容。该溶液每毫升相当于1.0 μg砷。

(15)60 mL/L硫酸溶液:吸取6.0 mL浓硫酸,缓慢加入约80 mL水中,冷却后用水稀释至100 mL。

(16)1 mol/L盐酸溶液:量取84.0 mL浓盐酸,倒入适量水中,用水稀释至1 L。

(17)3 mol/L盐酸溶液:将1份浓盐酸与3份水混合。

(18)150 g/L硝酸镁溶液:称取30 g硝酸镁[Mg(NO₃)₂·6H₂O]溶于水中,并稀释至200 mL。

(19)150 g/L碘化钾溶液:称取75 g碘化钾溶于水中,定容至500 mL,储存于棕色瓶中。

(20)400 g/L酸性氯化亚锡溶液:称取20 g氯化亚锡(SnCl₂·2H₂O)溶于50 mL浓盐酸中,加入数颗锡粒,可用1周。

5. 试样的选取与制备

选择有代表性的饲料样品1.0 kg,用四分法缩减至250 g,磨碎,过0.42 mm孔筛,存于密封瓶中,待用。

6. 测定步骤

(1)试样处理:

①混合酸消解法:对配合饲料及植物性单一饲料,宜采用硝酸-硫酸-高氯酸混合酸消解法。称取试样3~4 g(准确至0.001 g),置于250 mL凯氏瓶中,加水少许湿润试样,加30 mL混合酸(A),放置4 h以上或过夜,置电炉上从室温开始消解。待棕色气体消失后,提高消解温度,至冒白烟(SO₃)数分钟(务必赶尽硝酸),此时,溶液应清亮无色或淡黄色,瓶内溶液体积近似硫酸用量,残渣为白色。若瓶内溶液呈棕色,冷却后添加适量浓硝酸和高氯

酸,直至消化完全。冷却,加 10 mL 1 mol/L 盐酸溶液并煮沸,稍冷,转移到 50 mL 容量瓶中,洗涤凯氏瓶 3～5 次,洗液并入容量瓶中,然后定容,摇匀,待测。

试样消解液含砷小于 10 μg 时,可直接转移到砷化氢发生器中,补加 7.0 mL 浓盐酸,加水使瓶内溶液体积为 40 mL,从加碘化钾起,以下按 6(3)操作步骤进行。

②盐酸溶样法:对磷酸盐、碳酸盐和微量元素添加剂试样,不宜加硫酸,应用盐酸溶样。称取试样 1～3 g(准确至 0.000 2 g)于 100 mL 高型烧杯中,加水少许湿润试样,慢慢滴加 10 mL 3 mol/L 盐酸溶液,待激烈反应过后,再缓慢加入 8 mL 3 mol/L 盐酸溶液,用水稀释至约 30 mL 并煮沸。转移到 50 mL 容量瓶中,洗涤烧杯 3～4 次,洗液并入容量瓶中,定容,摇匀,待测。

试样消解液含砷小于 10 μg 时,可直接在砷化氢发生器中溶样,用水稀释至 40 mL 并煮沸,从加碘化钾起,以下按 6(3)操作步骤进行。

另外,少数矿物质饲料富含硫,严重干扰砷的测定,可用盐酸溶解样品后,往高型烧杯中加入 5 mL 100 g/L 乙酸铅溶液并煮沸,静置 20 min,形成的硫化铅沉淀过滤除去,滤液定容至 50 mL,以下按 6(3)操作步骤进行。

③干灰化法:对预混料、浓缩饲料(配合饲料)样品,可选择干灰化法。称取试样 2～3 g(准确至 0.000 2 g)于 30 mL 瓷坩埚中,低温炭化至无烟后,加入 5 mL 150 g/L 硝酸镁溶液,混匀,于低温或沸水浴中蒸干,然后转入高温炉于 550℃ 恒温灰化 3.5～4.0 h。取出冷却,缓慢加入 10 mL 3 mol/L 盐酸溶液,待激烈反应过后,煮沸并转移到 50 mL 容量瓶中,洗涤坩埚 3～5 次,洗液并入容量瓶中,定容,摇匀,待测。

所称试样含砷小于 10 μg 时,煮沸后转移到砷化氢发生器中,补加 8.0 mL 盐酸,加水至 40 mL 左右,加入 1.0 g 抗坏血酸溶解后,按 6(3)操作步骤进行。

同时于相同条件下,做试剂空白试验。

(2)标准曲线绘制:精确吸取 1.0 μg/mL 砷标准工作液 0.00,1.00,2.00,4.00,6.00,8.00,10.00 mL 于发生瓶中,加 10 mL 浓盐酸,加水稀释至 40 mL。从加入碘化钾起,以下按 6(3)规定步骤操作,测其吸光度,求出回归方程各参数或绘制出标准曲线。当更换锌粒批号或者新配制 Ag-DDTC 吸收液、碘化钾溶液和氯化亚锡溶液时,均应重新绘制标准曲线。

(3)还原反应与比色测定:从 6(1)①②③处理好的待测液中,准确吸取适量溶液(含砷量应≥1.0 μg)于砷化氢发生器中,补加盐酸至总量为 10 mL,并用水稀释至 40 mL,使溶液中盐酸浓度为 3.0 mol/L,然后,向试样溶液、试剂空白溶液、标准系列溶液各发生器中,加入 2.0 mL 碘化钾溶液,摇匀,加入 1.0 mL 氯化亚锡溶液,摇匀,静置 15 min。

准确吸取 5.00 mL Ag-DDTC 吸收液于吸收瓶中,连接好砷化氢发生吸收装置(勿漏气,导管塞有蓬松的乙酸铅棉花),使导管尖端插入盛有银盐溶液的刻度试管中的液面下。从发生器侧管迅速加入 4.0 g 无砷锌粒,反应 45 min,使发生的砷化氢气流通入吸收液中。当室温低于 15℃ 时,反应延长至 1 h。反应中轻摇发生瓶 2 次,反应结束后,取下吸收瓶,用三氯甲烷定容至 5 mL,摇匀(避光时溶液颜色稳定 2 h)。将溶液倒入 1 cm 比色杯中,以试剂空白为参比,于波长 520 nm 处测吸光度,与标准曲线比较,以确定试样中砷的含量。

注:Ag-DDTC 吸收液系有机溶剂,凡与之接触的器皿务必干燥。

7. 结果计算

(1)计算公式:试样中砷含量(mg/kg)按式(7-2)计算。

$$砷含量 = \frac{(m_1 - m_0) \times V_1}{m \times V_2}$$ (7-2)

式中:m 为试样质量,g;V_1 为试样消解液总体积,mL;V_2 为测定用试样消解液体积,mL;m_1 为测定用试样消解液中的砷含量,μg;m_0 为试剂空白液中砷的质量,μg。

若试样中砷含量很高,需进行稀释。

(2)结果表示:每个试样取 2 个平行样进行测定,以其算术平均值为分析结果,结果表示至小数点后两位。当试样中含砷量 $\leqslant 1.0\ \mu g/kg$,结果保留 3 位有效数字。

8. 重复性

分析结果的相对偏差为:在砷含量 $\leqslant 1.00\ mg/kg$ 时,允许相对偏差 $\leqslant 20\%$;在砷含量为 $1.00 \sim 5.00\ mg/kg$ 时,允许相对偏差 $\leqslant 10\%$;在砷含量为 $5 \sim 10\ mg/kg$ 时,允许相对偏差 $\leqslant 5\%$;在砷含量 $\geqslant 10\ mg/kg$ 时,允许相对偏差 $\leqslant 3\%$。

9. 注意事项

(1)新玻璃器皿中常含有砷,对所使用的新玻璃器皿,需经消解处理几次后再用,以减少空白。

(2)吸取消化液的量根据试样含砷量而定,一般要求砷含量在 $1 \sim 5.0\ \mu g$。

(3)无砷锌粒不可用锌粉替代,否则反应太快,吸收不完全,结果偏低。

(4)在导气之前每加一种试剂均需摇匀,导气管每次用完后需用氯仿洗净,并保持干燥。

(5)室温过高或过低,影响反应速度,必要时可将反应瓶置于水浴中,以控制反应温度。

(二)硼氢化物还原光度法(快速法)(方法二)

1. 适用范围

本方法适用于各种配(混)合饲料、浓缩饲料、预混合饲料及饲料原料中总砷的测定。

2. 测定原理

样品经消解或干灰化破坏有机物后,使砷呈离子状态,在酒石酸环境中,硼氢化钾还原成砷化氢(AsH_3)气体。在密闭装置中,被 Ag-DDTC 三氯甲烷溶液吸收,形成黄色或棕红色银溶胶,其颜色深浅与砷含量成正比,用分光光度计比色测定。

3. 仪器设备

同银盐法。

4. 试剂与溶液

除下列试剂外,其他试剂同银盐法。

(1)混合酸溶液(B):浓硝酸+浓硫酸+高氯酸=20+2+3($V+V+V$)。

(2)1 g/L 甲基橙水溶液:pH 3.0(红)~4.4(橙)。

(3)1:1($V:V$)氨水溶液。

(4)200 g/L 酒石酸溶液:称取 100 g 酒石酸,加水适量,稍加热溶解,冷却后定容至 500 mL。

(5)硼氢化钾片:将硼氢化钾(KBH_4)和氯化钠按质量比 1:5 比例混匀,于 90~100℃ 干燥 2 h,压力为 2 kPa 条件下,压制成直径 10 mm,厚 5 mm,每片质量为(1.0 ± 0.1)g。压制及贮存中应防潮湿。

5. 试样的选取与制备

同银盐法。

6. 测定步骤

(1)试样处理:

①混合酸消解法:对配合饲料、混合饲料及植物性单一饲料,宜采用浓硝酸-浓硫酸-高氯酸混合酸消解法。称取试样 2.0～3.0 g(准确至 0.000 2 g),置于 250 mL 凯氏瓶中,加水少许湿润试样,加 25 mL 混合酸(B),置电炉上从室温开始消解,待样液煮沸后,关闭电炉 10～15 min,继续加热消解,直至冒白烟(SO_3)数分钟(务必赶尽硝酸,否则结果偏低),此时,溶液应清亮无色或淡黄色,瓶内溶液体积近似硫酸用量,残渣为白色。稍冷,转移到 100 mL 砷化氢发生器中,洗涤凯氏瓶 3～4 次,洗液并入发生器中,使瓶内溶液体积为 30 mL 左右。以下按 6(3)、(4)操作步骤进行。

②盐酸溶样法:对磷酸盐、碳酸盐和微量元素添加剂试样,不宜加硫酸,应用盐酸溶样法。称取试样 0.5～2.0 g(准确至 0.000 2 g)于发生器中,慢慢滴加 5 mL 3 mol/L 盐酸溶液,待激烈反应过后,再缓慢加入 3～4 mL 3 mol/L 盐酸溶液,用水稀释至约 30 mL 并煮沸。试样溶解后,以下按 6(3)、(4)操作步骤进行。

③干灰化法:对预混料、浓缩饲料(配合饲料)样品,可选择干灰化法。称取试样 1.0～2.0 g(准确至 0.000 2 g)于 30 mL 瓷坩埚中,低温炭化完全后,于高温炉中 550℃ 恒温灰化 3 h。取出冷却,缓慢加入 10 mL 3 mol/L 盐酸溶液,待激烈反应过后,煮沸并转移到砷化氢发生器中,加水至 30 mL 左右,加入 1 g 抗坏血酸溶解后,以下按 6(3)、(4)操作步骤进行。

同时于相同条件下,做试剂空白试验。

(2)标准曲线绘制:准确吸取 1.0 μg/mL 砷标准工作液 0.00,1.00,2.00,4.00,6.00,8.00 mL 于发生器中,加水稀释至 40 mL,加入 6.0 mL 200 g/L 酒石酸溶液,以下按 6(4)规定步骤操作,测其吸光度,求出回归方程各参数或绘制出标准曲线。当新配制 Ag-DDTC 吸收液和氯化亚锡溶液时,应重新绘制标准曲线。

(3)氨水(1:1)调溶液 pH:发生器中加入 2 滴甲基橙指示剂,用 1:1($V:V$)氨水溶液调 pH 至橙黄色,再滴加 1 mol/L 盐酸溶液至刚好变红色。加入 6.0 mL 200 g/L 酒石酸溶液,用水稀释至 50 mL。

(4)还原反应与比色测定:准确吸取 5.0 mL Ag-DDTC 吸收液于吸收瓶中,连接好砷化氢发生吸收装置(勿漏气,导管塞有蓬松的乙酸铅棉花),使导管尖端插入盛有银盐溶液的刻度试管中的液面下。从发生器侧管迅速加入硼氢化钾一片,立即盖紧塞子,反应完毕后再加第二片。反应时轻轻摇动发生器 2～3 次,待反应结束后,取下吸收瓶,以试剂空白为参比,于波长 520 nm 处用 1 cm 比色池测定吸光度,与标准曲线比较,以确定试样中砷的含量。

7. 计算和结果表示

计算公式、结果表示及允许误差均同银盐法。

三、饲料中汞的测定(冷原子吸收法)

汞在自然界主要以元素汞和汞化合物两种状态存在,汞化合物又分为无机汞和有机汞两类。汞对动物的毒性很大。它是一种蓄积性毒物,因此,可通过食物链危害人体健康。甲基汞除能蓄积于肝和肾外,更重要的是它可通过血脑屏障蓄积于脑内,引起严重的神经系统症状,而且甲基汞从体内的排出要比无机汞慢得多,其蓄积性和毒性更大。

正常情况下，植物类饲料中汞的含量都很低，在 0.1 mg/kg 以下，不会导致动物的汞中毒。但植物性饲料中汞的含量与农药污染和工业污染密切相关。用含汞的工业废水浇灌农田或农作物施用含汞的农药，均会导致饲料的汞含量异常增高，而且被汞污染的饲料通过各种加工均不能清除所含的汞。水体的汞含量一般很低，但水体生物可富集汞。因此，鱼、虾等体内的汞含量较高，尤其在汞污染严重的水域中，水生生物的汞含量更高。如我国渤海湾某海域所产鱼类的汞含量达 1.5 mg/kg，蟹类的汞含量达 12.5 mg/kg，而正常情况下，鱼粉的平均汞含量为 0.18 mg/kg。日本水梧市的一家工厂，因将含有甲基汞的工业废水排放到海湾，使其鱼体汞含量剧增，由其制得的鱼粉汞含量比正常鱼粉高 4 倍以上。值得注意的是，水体中的无机汞在微生物作用下，可转化成毒性更强的有机汞，鱼体不仅可通过食物链蓄积有机汞，还能利用无机汞合成有机汞，所以鱼体内所含的汞大部分是毒性更强的有机汞。自然界的岩石及矿石含汞量为 5～1 400 μg/kg，变化幅度特别大，利用汞含量高的岩石及矿石生产的矿物质饲料如石粉和磷酸盐中汞含量较高。因此，严格检测某些饲料原料和配合饲料中的汞含量，把好饲料卫生质量关具有重要的意义。

饲料中汞的测定方法有双硫腙比色法和冷原子吸收法。双硫腙比色法是经典方法，干扰因素多，需分离或掩蔽干扰离子，操作繁琐，要求严格，适合于汞含量大于 1 mg/kg 的饲料样品的测定。冷原子吸收法灵敏度较高、干扰少、应用简便，对汞含量低于 1 mg/kg 的饲料样品也可进行测定，因而应用较广，是目前规定的国家标准方法。

(一)适用范围

本方法适用于各类饲料中汞的测定。

(二)测定原理

在原子吸收光谱中，汞原子对波长 253.7 nm 的共振线有强烈的吸收作用。试样经硝酸-硫酸消化，使汞转为离子状态。在强酸中，氯化亚锡将汞离子还原成元素汞，以干燥清洁的空气为载体吹出，进行冷原子吸收，与标准系列比较定量。

(三)仪器设备

(1)分析天平:感量 0.000 1 g。

(2)实验室用样品粉碎机或研钵。

(3)消化装置。

(4)测汞仪。

(5)三角烧瓶:250 mL。

(6)容量瓶:100 mL。

(7)还原瓶:50 mL。

(四)试剂与溶液

除特殊规定外,本方法所用试剂均为分析纯,水为重蒸馏水或相应纯度的水。

(1)浓硝酸。

(2)浓硫酸。

(3)300 g/L 氯化亚锡溶液:称取 30 g 氯化亚锡,加少量水,再加 2 mL 硫酸使之溶解后,加水稀释至 100 mL,放置于冰箱中备用。

(4)混合酸液:量取 10 mL 浓硫酸,加入 10 mL 浓硝酸,慢慢倒入 50 mL 水中,冷却后加水稀释至 100 mL。

（5）汞标准储备液：准确称取干燥器内干燥过的二氯化汞 0.135 4 g，用混合酸液溶解后，移入 100 mL 容量瓶中，稀释至刻度，混匀。此溶液每毫升相当于 1 mg 汞，冷藏备用。

（6）汞标准工作液：吸取 1.0 mL 汞标准储备液，置于 100 mL 容量瓶中，加混合酸液稀释至刻度，该溶液每毫升相当于 10 μg 汞。再吸取此液 1.0 mL，置于 100 mL 容量瓶中，加混合酸液稀释至刻度，该溶液每毫升相当于 0.1 μg 汞，临用时现配。

（五）试样的选取与制备

采集具有代表性的饲料原料样品至少 2 kg，四分法缩分至 250 g，磨碎，过 1 mm 孔筛，混匀，装入密闭容器，低温保存备用。

（六）测定步骤

1. 试样处理

称取 1～5 g 试样，准确至 0.001 g，置于 250 mL 三角烧瓶中。加玻璃珠数粒，加入 25 mL 浓硝酸和 5 mL 浓硫酸，并转动三角烧瓶防止局部炭化。装上冷凝管，小火加热，待开始发泡即停止加热；发泡停止后，再加热回流 2 h。放冷后从冷凝管上端小心加 20 mL 水，继续加热回流 10 min；冷却后用适量水冲洗冷凝管，洗液并入消化液。消化液经玻璃棉或滤纸滤于 100 mL 容量瓶内，用少量水洗三角烧瓶和滤器，洗液并入容量瓶内，加水定容至刻度，混匀。取与消化试样用量相同的浓硝酸、浓硫酸，同法做试剂空白试验。

若为石粉，称取约 1 g 试样，准确至 0.001 g，置于 250 mL 三角烧瓶中。加玻璃珠数粒，装上冷凝管后，从冷凝管上端加入 15 mL 浓硝酸。用小火加热 15 min，放冷，用适量水冲洗冷凝管，移入 100 mL 容量瓶内，加水定容至刻度，混匀。

2. 标准曲线绘制

分别吸取汞标准工作液 0.00，0.10，0.20，0.30，0.40，0.50 mL（相当于 0.00，0.01，0.02，0.03，0.04，0.05 μg 的汞），置于 50 mL 还原瓶内，各加入 10 mL 混合酸液和 2 mL 氯化亚锡溶液后，立即盖紧还原瓶 2 min，记录测汞仪读数指示器最大吸光度。以吸光度为纵坐标，汞的质量浓度（ng/mL）为横坐标，绘制标准曲线。

3. 试样测定

准确吸取 10 mL 试样消化液于 50 mL 还原瓶内，加入 2 mL 氯化亚锡溶液后，立即盖紧还原瓶 2 min，记录测汞仪读数指示器最大吸光度。

（七）结果计算

1. 计算公式

试样中汞含量（mg/kg）按式（7-3）计算。

$$汞含量 = \frac{V_1 \times (m_1 - m_0)}{V_2 \times m} \tag{7-3}$$

式中：m 为试样质量，g；V_1 为试样消化液总体积，mL；V_2 为测定用试样消化液体积，mL；m_1 为测定用试样消化液中汞质量，μg；m_0 为试剂空白液中汞质量，μg。

2. 结果表示

每个试样平行测定 2 次，以其算术平均值为分析结果，结果表示到 0.001 mg/kg。

（八）重复性

同一分析者对同一试样同时或快速连续地进行两次测定，所得结果之间的差值：在汞含量≤0.020 mg/kg 时，不得超过平均值的 100%；在汞含量为 0.020～0.100 mg/kg 时，不得超过平均值的 50%;在汞含量≥0.100 mg/kg 时,不得超过平均值的 20%。

(九)注意事项

玻璃对汞吸附较强,因此,在配制汞标准溶液时,最好先在容量瓶中加入部分混合酸,再加入汞标准液;锥形瓶、反应瓶、容量瓶等玻璃器皿每次使用后都需用 10%硝酸浸泡,随后用水洗净备用。

▶ 四、饲料中镉的测定(碘化钾-甲基异丁酮法)

镉对动物生长有明显的毒害作用。镉被动物吸收后主要与金属硫蛋白结合贮存于肝、肾和骨骼中。镉的生物半衰期长达 10 年以上,而且体内的镉排泄很慢。因此,镉在动物体内有明显的蓄积性,长期摄入低浓度的镉或被镉污染的饲草和饮水,就会引起慢性镉中毒,同时,镉还可在动物产品中残留和富集,并通过食物链危及人类的健康。

一般情况下,饲料中的镉含量低于 1.0 mg/kg,平均 0.5 mg/kg,不会对动物造成危害。如正常地区的牧草镉含量为 0.1~0.8 mg/kg,稻草为 0.1~0.3 mg/kg,稻谷、玉米和小麦分别为 0.03~0.11、0.1 和 0.5 mg/kg。但是,镉在工农业中用途广泛,环境污染较为普遍,而且镉在外界环境中非常稳定。因此,工业污染是造成饲料镉污染的主要途径。污染的土壤中镉含量为 40 mg/kg,约比正常土壤 0.06 mg/kg 高 600 多倍,因而在镉污染的土壤上生长的牧草或饲料镉含量明显增加。如稻谷为 0.36~4.17 mg/kg,平均 1.41 mg/kg;稻草为 0.7~3.6 mg/kg。污染的水体中镉的含量为 0.2~3.0 mg/kg,比正常水体的镉含量 0.1~10 μg/kg 高 300~2 000 倍;水体镉可被水生生物藻类富集 11~20 倍,鱼类富集 103~105 倍,贝类富集 105~106 倍。因此,在饲料工业和动物养殖业,严格检测饲料中镉的含量,合理调配饲料资源,使其镉含量控制在国家饲料卫生标准规定的范围内是非常必要的。目前,镉的测定方法主要有比色法和原子吸收法。比色法主要是利用镉离子与镉试剂生成红色络合物,其颜色深浅与镉含量成正比来测定。原子吸收法快速准确,是最常用的方法;根据使用的萃取剂不同,又分为碘化钾-甲基异丁酮法和双硫腙-乙酸乙酯法,前者为国家规定的标准方法。

(一)适用范围

本方法适用于饲料中镉的测定。

(二)测定原理

以干灰化法分解样品,在酸性条件下,有碘化钾存在时,镉离子与碘离子形成络合物,被甲基异丁酮萃取分离,将有机相喷入空气-乙炔火焰,使镉原子化,测定其对特征共振线 228.8 nm 的吸光度,与标准系列比较求得镉的含量。

(三)仪器设备

(1)分析天平:感量 0.000 1 g。

(2)高温电炉。

(3)原子吸收分光光度计。

(4)硬质烧杯:100 mL。

(5)容量瓶:50 mL。

(6)具塞比色管:25 mL。

(7)吸量管:1,2,5,10 mL。

(8)移液管:5,10,15,20 mL。

(四)试剂与溶液

除特殊规定外,本方法所用试剂均为分析纯,水为重蒸馏水。

(1)浓硝酸:优级纯。

(2)浓盐酸:优级纯。

(3)2 mol/L 碘化钾溶液:称取 322 g 碘化钾,溶于水,加水稀释至 1 000 mL。

(4)50 g/L 抗坏血酸溶液:称取 5 g 抗坏血酸($C_6H_8O_6$),溶于水,加水稀释至 100 mL(临用时配制)。

(5)1 mol/L 盐酸溶液:量取 10 mL 浓盐酸,加入 110 mL 水,摇匀。

(6)甲基异丁酮[$CH_3COCH_2CH(CH_3)_2$]。

(7)镉标准储备液:称取高纯金属镉(Cd,99.99%)0.100 0 g 于 250 mL 三角烧瓶中,加入 1+1(V+V)硝酸溶液 10 mL,在电热板上加热溶解完全后,蒸干。取下冷却,加入 1+1(V+V)盐酸溶液 20 mL 及 20 mL 水,继续加热溶解,取下冷却后,移入 1 000 mL 容量瓶中,用水稀释至刻度,摇匀。该溶液每毫升相当于 100 μg 镉。

(8)镉标准中间液:吸取 10 mL 镉标准储备液于 100 mL 容量瓶中,以 1 mol/L 盐酸溶液稀释至刻度,摇匀。该溶液每毫升相当于 10 μg 镉。

(9)1 μg/mL 镉标准工作液:吸取 10 mL 镉标准中间液于 100 mL 容量瓶中,以 1 mol/L 盐酸溶液稀释至刻度,摇匀。该溶液每毫升相当于 1 μg 镉。

(五)试样的选取与制备

采集具有代表性的饲料样品至少 2 kg,四分法缩分至约 250 g,磨碎,过 1 mm 筛,混匀,装入密闭广口试样瓶中,防止试样变质,低温保存备用。

(六)测定步骤

1. 试样处理

准确称取 5～10 g 试样于 100 mL 硬质烧杯中,置于高温电炉内,微开炉门,由低温开始,先升至 200℃保持 1 h,再升至 300℃保持 1 h,最后升温至 500℃灼烧 16 h,直至试样呈白色或灰白色,无炭粒为止。取出冷却,加水润湿,加 10 mL 浓硝酸,在电热板或砂浴上加热分解试样至近干,冷却后加 1 mol/L 盐酸溶液 10 mL,将盐类加热溶解,内容物移入 50 mL 容量瓶中,再以 1 mol/L 盐酸溶液反复洗涤烧杯,洗液并入容量瓶中,以 1 mol/L 盐酸溶液稀释至刻度,摇匀备用。

若为石粉、磷酸盐等矿物试样,可不用干灰化法。称样后加 10～15 mL 浓硝酸或浓盐酸,在电热板或砂浴上加热分解试样至近干,其余步骤同上。

同时,于相同条件下做试剂空白试验。

2. 标准曲线绘制

精确吸取镉标准工作液 0.00,1.25,2.50,5.00,7.50,10.00 mL,分别置于 25 mL 具塞比色管中,以 1 mol/L 盐酸溶液稀释至 15 mL,依次加入 2 mL 碘化钾溶液摇匀,加 1 mL 50 g/L抗坏血酸溶液,摇匀,准确加入 5 mL 甲基异丁酮。振动萃取 3～5 min,静置分层后,有机相导入原子吸收分光光度计,在波长 228.8 nm 处测其吸光度。以吸光度为纵坐标,镉的质量浓度(μg/mL)为横坐标,绘制标准曲线。

3. 试样测定

精确吸取 15～20 mL 待测试样溶液及同量试剂空白溶液于 25 mL 具塞比色管中,依次加入 2 mL 碘化钾溶液,以下步骤同标准曲线绘制。

(七)结果计算

1. 计算公式

试样中镉含量(mg/kg)按式(7-4)计算。

$$镉含量 = \frac{V_1 \times (m_1 - m_2)}{V_2 \times m} \tag{7-4}$$

式中:m 为试样质量,g;V_1 为试样消化液总体积,mL;V_2 为测定用试样消化液体积,mL;m_1 为测定用试样消化液中镉质量 μg;m_2 为试剂空白液中镉质量,μg。

2. 结果表示

每个试样取 2 个平行样进行测定,以其算术平均值作为测定结果,结果表示到 0.01 mg/kg。

(八)重复性

同一分析者对同一试样同时或快速连续地进行两次测定,所得结果之间的差值:在镉含量 ≤0.5 mg/kg 时,不得超过平均值的 50%;在镉含量为 0.5～1.0 mg/kg 时,不得超过平均值的 30%;在镉含量 ≥1.0 mg/kg 时,不得超过平均值的 20%。

(九)注意事项

(1)干灰化法处理试样时,要防止高温下镉与器皿之间的黏滞损失,尤其当试样成分呈碱性时,黏滞损失加剧。蔬菜类含有较多的碱金属阳离子,而磷酸根离子较少,谷物及肉类则正好相反。因此,在干灰化蔬菜类试样时,加少量磷酸,可减少黏滞损失。在 500℃ 灰化试样,要达到完全灰化往往是困难的,提高灰化温度固然可达到完全灰化的目的,但镉的损失加剧,若灰化不彻底又会造成镉的吸附和被包被。为此,对灰分再加入少量混合酸消解,以弥补此缺陷。

(2)一般试样溶解的镉浓度往往很低,要用灵敏度扩张装置提高其灵敏度 2～5 倍进行测定。

五、饲料中铬的测定(比色法)

铬是动物的必需微量元素,但当饲料中铬含量过高时,就会引起动物铬中毒。一般动物体内存在的铬主要是三价铬,它可与六价铬进行转换,六价铬对动物的危害性较大,而且动物对六价铬的吸收率高于三价铬。铬被动物吸收后主要分布于肝、肾、脾和骨骼组织中。

通常,饲料中的天然铬含量很低,不会引起动物中毒:牧草为 0.10～0.55 mg/kg,陆生植物为 0.50 mg/kg,谷类籽实为 0.017～0.500 mg/kg,叶菜类为 0.035～0.182 mg/kg,根茎类为 0.022～0.277 mg/kg,水生植物为 0.02～0.50 mg/kg。铬及其化合物在工业中的用途极为广泛,因此,工业污染是造成饲料铬含量增加的重要原因。研究发现,在用含铬废水浇灌的农田上生长的胡萝卜和甘蓝,其铬含量分别比正常情况下高 3 倍和 10 倍。

动物组织对铬有富集作用。因此,动物性饲料的铬含量一般高于植物性饲料,尤其是利用铬污染区域的水生生物生产的动物性饲料,其铬含量明显增加。如国家饲料监督检验中心测定的某批西班牙进口鱼粉中铬的含量高达 1 000 mg/kg。皮革粉未经脱铬处理,含有很高的铬,必须经脱铬处理后,使其铬含量控制在 50 mg/kg 以下方可用作饲料。因此,为了减少铬的危害,对各种饲料中的铬含量进行严格检测具有重要的意义。

饲料中铬的含量一般甚微。因此,分析取样量少,灵敏度达不到;分析取样量多,给前处理带来困难,并产生严重的干扰,所以饲料样品的消解和处理是影响分析结果的主要因素。目前,测定铬的常用方法有比色法和原子吸收法。比色法常采用二苯卡巴肼作显色剂,该法反应灵敏,专一性较强,是国家规定的标准方法,但易受一些因素的干扰,超过一定量时,需分离或萃取后测定。原子吸收法简便、快速,具有较高的灵敏度,也广泛使用。

(一)适用范围

本方法适用于饲料用水解皮革粉和配合饲料中铬的测定。

(二)测定原理

以干灰化法分解样品,在碱性条件下用高锰酸钾将灰分溶液中的铬离子氧化为六价铬离子,再将溶液调至酸性,使六价铬离子与二苯卡巴肼生成玫瑰红色络合物,其颜色深浅与铬的含量成正比,通过比色测定,求得铬的含量。

(三)仪器设备

(1)分析天平:感量 0.000 1 g。

(2)高温电炉。

(3)实验用样品粉碎机或研钵。

(4)电炉:600 W。

(5)容量瓶:50,100,1 000 mL。

(6)吸量管:1,5,10 mL。

(7)移液管:5,10,15,20,25,30 mL。

(8)三角烧瓶:150 mL。

(9)短颈漏斗:直径 6 cm。

(10)瓷坩埚:60 mL。

(11)滤纸:11 cm,定性,快速。

(12)分光光度计:有 10 mm 比色皿,可在 540 nm 处测量吸光度。

(四)试剂与溶液

本方法所用试剂均为分析纯,水为蒸馏水或相应纯度的水。

(1)0.5 mol/L 硫酸溶液:量取 28 mL 浓硫酸,徐徐加入水中,再加水稀释至 1 000 mL。

(2)1+6(V+V)硫酸溶液:量取 100 mL 浓硫酸,徐徐加入 600 mL 水中,并加入 1 滴 20 g/L 高锰酸钾溶液,使溶液呈粉红色。

(3)4 mol/L 氢氧化钠溶液:称取 32 g 氢氧化钠,溶于水中,加水稀释至 200 mL。

(4)20 g/L 高锰酸钾溶液:称取 2 g 高锰酸钾,溶于水中,加水稀释至 100 mL。

(5)二苯卡巴肼溶液:称取 0.5 g 二苯卡巴肼$[(C_6H_5)_2 \cdot (NH)_4 \cdot CO]$,溶解于 100 mL 丙酮中。

(6)95% 乙醇。

(7)铬标准储备液:称取 0.283 0 g 经 100～110℃烘至恒重的重铬酸钾,用水溶解,移入 1 000 mL 容量瓶中,稀释至刻度。该溶液每毫升相当于 0.10 mg 铬。

(8)铬标准溶液:吸取 1.00 mL 铬标准储备液于 50 mL 容量瓶中,加水稀释至刻度。该溶液每毫升相当于 2 μg 铬。

(五)试样的选取与制备

采集具有代表性的饲料用水解皮革粉或配合饲料样品至少 2 kg,四分法缩至 250 g 左右,磨碎,过 1 mm 孔筛,混匀,装入密闭容器,防止试样变质,低温保存备用。

(六)测定步骤

1. 试样处理

称取 1.0～1.5 g 试样,准确至 0.001 g,置于 60 mL 瓷坩埚中,在电炉上炭化完全后,置于高温炉内,由室温开始,徐徐升温,至 600℃灼烧 5 h,直至试样呈白色或灰白色无炭粒为止。取出冷却,加入 0.5 mol/L 硫酸溶液 5 mL,在电炉上微沸,内容物全部移入 150 mL 三角瓶中,并用热水反复洗涤坩埚 3～4 次,洗涤液并入三角瓶中,加入 4 mol/L 氢氧化钠溶液 1.5 mL,再加入 2 滴 20 g/L 高锰酸钾溶液,加水使瓶内溶液总体积为 60～70 mL,摇匀,溶液呈紫红色,在电炉上加热煮沸 20 min(在煮沸过程中,如紫红色消退,应及时补加高锰酸钾溶液,使溶液保持紫红色),然后沿壁加入 3 mL 95%的乙醇,摇匀,趁热过滤,滤液置于 100 mL 容量瓶中,并用少量热水洗涤三角瓶和滤纸 3～4 次,洗涤液并入容量瓶中,此滤液即为试样溶液,备用。

2. 标准曲线绘制

吸取铬标准溶液 0.00,5.00,10.00,15.00,20.00,25.00,30.00 mL,分别置于 100 mL 容量瓶中,加入适量水稀释,依次加入 4 mL 1＋6(V＋V)硫酸溶液,再加入 2.0 mL 二苯卡巴肼溶液,用水稀释至刻度,摇匀,静置 30 min,以空白溶液作为参比,用 10 mm 比色皿,在波长 540 nm 处用分光光度计测量其吸光度。以吸光度为纵坐标,铬标准溶液的质量浓度(μg/mL)为横坐标绘制标准曲线。

3. 试样测定

在装有试样溶液的 100 mL 容量瓶中,依次加入 4 mL 1＋6(V＋V)硫酸溶液和 2.0 mL 二苯卡巴肼溶液,用水稀释至刻度,摇匀,静置 30 min,按 2 步骤测定其吸光度,求得试样溶液中铬的质量浓度(μg/mL)。

(七)结果计算

1. 计算公式

试样中铬含量(mg/kg)按式(7-5)计算。

$$铬含量 = \frac{\rho \times V}{m} \qquad\qquad (7\text{-}5)$$

式中:ρ 为测定用试样溶液中铬的质量浓度,μg/mL;V 为试样溶液的定容体积,mL;m 为试样质量,g。

2. 结果表示

每个试样取 2 个平行样进行测定,以其算术平均值为分析结果,结果表示到 0.01 mg/kg。

(八)重复性

同一分析者对同一试样同时或快速连续地进行 2 次测定,结果之间的差值:在铬含量 <1 mg/kg 时,不得超过平均值的 50%;在铬含量≥1 mg/kg 时,不得超过平均值的 20%。

六、饲料中氟的测定（离子选择性电极法）

氟是动物机体必需的微量元素之一，缺乏会引起动物缺乏症，但同时也是一种有毒元素。因此，过量会导致动物氟中毒。一般在生产上常见的是长期由饲料或饮水摄入过量的氟引起的慢性氟中毒，主要表现为氟斑牙和氟骨症，而一次性大剂量摄入过量的氟引起的氟中毒很少见，其临床症状多表现为胃肠炎，严重者几小时内死亡。

通常植物性饲料中含氟量较低，在 50 mg/kg 以下，而且除少数几种植物外，绝大多数植物一般不吸收大量的氟，即使是在含氟很高的土壤上生长的植物及其籽实中氟含量也增加极少。但在氟污染区生产的植物性饲料（主要是牧草）中氟含量较高，可达几十至几百 mg/kg；因为高的空气氟浓度是牧草中氟含量较高（50～90 mg/kg）的主要原因，但植物籽实受空气氟浓度的影响较小。据测定，内蒙古乌梁素海水草龙须眼子菜的氟含量高达 225 mg/kg。

氟主要沉积于动物的骨骼组织和牙齿中，正常动物的骨骼中氟含量可达 129 mg/kg，高氟地区受氟危害的动物，其干燥脱脂的骨骼氟含量高于 400 mg/kg。工业污染严重的水域所生产的鱼粉，其氟含量也较高。氟在岩石中也自然存在，大多数磷酸石含氟较高，利用这些矿石生产的饲料级磷酸盐必须经过脱氟工艺，否则，含氟量很高，对动物的危害很大。因此，必须严格检测饲料原料和配合饲料的氟含量，并根据检测结果和动物种类合理利用饲料原料，以保证配合饲料的氟含量在国家饲料卫生标准规定的允许范围内。

氟的测定方法有比色法和离子选择性电极法。比色法又分为扩散-氟试剂比色法和灰化蒸馏-氟试剂比色法。比色法具有灵敏度高、色泽稳定、重现性好、结果准确等特点。离子选择性电极法测定范围宽，干扰小，简便，是国家规定的标准方法，适用于含量较高、变化范围较大和干扰大的饲料；当氟含量低时，会出现非线性关系，宜选用比色法测定。

(一)适用范围

本方法适用于饲料原料（磷酸盐、石粉、鱼粉等）、配合饲料（包括混合饲料）中氟的测定。

(二)测定原理

氟离子选择电极的氟化镧单晶膜对氟离子产生选择性的对数响应，氟电极和饱和甘汞电极在被测试液中，电位差可随溶液中氟离子的活度的变化而改变，电位变化规律符合能斯特方程式：

$$E = E^{\ominus} - \frac{2.303RT}{F} \lg c(F^-)$$

E 与 $\lg c(F)$ 呈线性关系。$2.303RT/F$ 为该直线的斜率（25℃时为 59.16）。

与氟离子形成络合物的 Fe^{3+}，Al^{3+}，SiO_3^{2-} 等干扰测定，其他常见离子无影响。测量溶液的酸度为 pH 5～6，用总离子强度调节缓冲液消除干扰离子及酸度的影响。

(三)仪器设备

(1)氟离子选择电极：测量范围 $1 \times 10^{-1} \sim 5 \times 10^{-7}$ mol/L，CSB-F-1 型或与之相当的电极。

(2)甘汞电极：232 型或与之相当的电极。

饲料分析检测技术

（3）磁力搅拌器。

（4）离子计：测量范围 0～—1 400 mV，PHS-2 型或与之相当的酸度计或电位差计。

（5）分析天平：感量 0.000 1 g。

（6）纳氏比色管：50 mL。

（四）试剂与溶液

本方法所用试剂均为分析纯，水均为不含氟的去离子水。全部溶液贮存于聚乙烯塑料瓶中。

（1）3 mol/L 乙酸钠溶液：称取 204 g 乙酸钠（$CH_3COONa \cdot 3H_2O$），溶于约 300 mL 水中，待溶液温度恢复到室温后，以 1 mol/L 乙酸调节 pH 至 7.0，移入 500 mL 容量瓶，加水至刻度。

（2）0.75 mol/L 柠檬酸钠溶液：称取 110 g 柠檬酸钠（$Na_3C_6H_5O_7 \cdot 2H_2O$），溶于约 300 mL 水中，加高氯酸（$HClO_4$）14 mL，移入 500 mL 容量瓶，加水至刻度。

（3）总离子强度调节缓冲液：3 mol/L 乙酸钠溶液与 0.75 mol/L 柠檬酸钠溶液等量混合，临用时配制。

（4）1 mol/L 盐酸溶液：量取 10 mL 浓盐酸，加水稀释至 120 mL。

（5）氟标准溶液：

①氟标准储备液：称取经 100℃ 干燥 4 h 冷却的氟化钠（GB 1264）0.221 0 g，溶于水，移入 100 mL 容量瓶中，加水至刻度，混匀，置冰箱内保存。该液相当于 1.0 mg/mL 氟。

②氟标准工作液：临用时准确吸取氟标准储备液 10.0 mL 于 100 mL 容量瓶中，加水至刻度，混匀。该液相当于 100 μg/mL 氟。

③氟标准稀溶液：准确吸取氟标准工作液 10.0 mL 于 100 mL 容量瓶中，加水至刻度，混匀。该液相当于 10 μg/mL 氟。

（五）试样的选取与制备

采集具有代表性的饲料样品至少 2 kg，以四分法缩分至约 250 g，磨碎，过 1 mm 孔筛，混匀，装入密闭容器，防止试样变质，低温保存备用。

（六）测定步骤

1. 氟标准工作液的制备

吸取氟标准稀溶液 0.5，1.0，2.0，5.0 和 10.0 mL，再吸取氟标准工作液 2.0，5.0 分别置于 50 mL 容量瓶中，于各容量瓶中分别加入 1 mol/L 盐酸溶液 10 mL，总离子强度调节缓冲液 25 mL，加水至刻度，混匀。上述两组标准工作液分别相当于 0.2，0.5，1.0，2.0，5.0，10.0，20.0 和 50.0 μg/mL 氟。

2. 试液制备

称取 0.5～1.0 g 试样，准确至 0.001 g，置 50 mL 纳氏比色管 1 中，加入 1 mol/L 盐酸溶液 10 mL，密闭提取 1 h（不时轻轻摇动比色管），应尽量避免试样沾于管壁上。提取后加总离子强度调节缓冲液 25 mL，加水至刻度，混匀，以滤纸过滤，滤液供测定使用。

3. 测定

将氟电极和甘汞电极与测定仪器的负端和正端连接，将电极插入盛有水的 50 mL 聚乙烯塑料烧杯中，并预热仪器，在磁力搅拌器上以恒速搅拌，读取平衡电位值，更换 2～3 次水，待电位值平衡后，即可进行标准工作液和样液的电位测定。

按浓度由低到高的顺序依次测定氟标准工作液的平衡电位。以电动势作纵坐标,氟离子的质量浓度($\mu g/mL$)作横坐标,在半对数坐标纸上绘制标准曲线。同法测定试液的平衡电位,从标准曲线上读取试液的含氟量。

(七)结果计算

1. 计算公式

试样中氟的质量分数按式(7-6)计算。

$$w(F) = \frac{\rho \times V}{m} \tag{7-6}$$

式中:ρ 为试液中氟的质量浓度,$\mu g/mL$;m 为试样质量,g;V 为试液总体积,mL。

2. 结果表示

每个试样取两个平行样进行测定,以其算术平均值作为测定结果,结果表示到 0.1 mg/kg。

(八)重复性

同一分析者对同一试样同时或快速连续地进行 2 次测定,所得结果之间的差值:在 F 含量 ≤50 mg/kg 时,不得超过平均值的 10%;在 F 含量 >50 mg/kg 时,不得超过平均值的 5%。

(九)注意事项

(1)此法较快速,也可避免灰化过程引入的误差。但植物性饲料样品中尚有微量有机氟。如欲测定总氟量时,可将样品灰化后,使有机氟转化为无机氟,再进行测定。

(2)每次氟电极使用前,应在水中浸泡(活化)数小时,至电位为 340 mV 以上(不同生产厂家的氟电极,其要求不一致,请依据产品说明),然后泡在低含氟量(0.1 或 0.5 mg/kg)的 0.4 mol/L 柠檬酸钠溶液中适应 20 min,再洗至 320 mV 后进行测定。以后每次测定均应洗至 320 mV,再进行下一次测定。经常使用的氟电极应泡在去离子水中,若长期不用,则应干放保存。

(3)电极长期使用后,会发生迟钝现象,可用金相纸擦或牙膏擦,以活化表面。

(4)根据能斯特公式可知,当质量浓度($\mu g/mL$)改变 10 倍,电位值只改变 59.16 mV(25℃),也即理论斜率为 59.16,据此可知氟电极的性能好坏。一般实际工作中,电极工作曲线斜率 ≥57 mV 时,即可认为电极性能良好,否则需查明原因。

(5)为了保持电位计的稳定性,最好使用电子交流稳压电源,如在夏、冬季或在室温波动大时,应在恒温室或空调室进行测量。

任务四　饲料中天然有毒有害物质的检测

饲料中的天然有毒有害物质主要指饲料中天然存在的特征性的有毒有害物质,其种类较多。本节主要介绍饲料中几种常见的、对动物危害性较大的天然有毒有害物质亚硝酸盐、游离棉酚、大豆制品中脲酶活性的测定方法。

▶ 一、饲料中亚硝酸盐的测定(盐酸萘乙二胺法)

饲料中的亚硝酸盐是一种较强的氧化剂,其毒性作用主要是使红细胞内正常的氧合血红蛋白中的二价铁氧化为三价铁,形成高铁血红蛋白,丧失了携氧功能,导致机体组织缺氧,造成全身组织特别是脑组织的急性损害,严重的则引起窒息死亡。然而,在正常情况下,植物类饲料中的亚硝酸盐含量均很低,动物性饲料鱼粉中的亚硝酸盐含量虽然较高,但也在国家饲料卫生标准规定的允许范围内。

通常青绿饲料如未成熟的绿燕麦、大麦、小麦、苏丹草、玉米秸秆和高粱秸秆等富含硝酸盐,用其制成的干草硝酸盐含量也高;树叶类和根茎类饲料也富含硝酸盐。饲料中的硝酸盐本身对动物无毒害作用,只有转化为亚硝酸盐才有害,其转化方式有体内和体外转化两种。在正常的情况下,单胃动物从饲料中摄入的硝酸盐在体内很少转化成亚硝酸盐,反刍动物也不会在瘤胃内引起亚硝酸盐蓄积而中毒。因此,在实际生产中出现的动物亚硝酸盐中毒大多是由于富含硝酸盐的饲料贮存或处理方法不当导致亚硝酸盐含量剧增而引起的。所以,在饲料工业和动物养殖中,必须严格检测和控制饲料中的亚硝酸盐含量。

饲料中亚硝酸盐含量的测定常采用重氮偶合比色法。根据使用的试剂不同又分为 α-萘胺法和盐酸萘乙二胺法,其中盐酸萘乙二胺法为国标法。

(一)适用范围

本方法适用于饲料原料(鱼粉)、配合饲料(包括混合饲料)中亚硝酸盐的测定。

(二)测定原理

样品在微碱性条件下除去蛋白质,在酸性条件下试样中的亚硝酸盐与对氨基苯磺酸反应,生成重氮化合物,再与 N-1-萘乙二胺盐酸盐偶合形成红色物质,进行比色测定。

(三)仪器设备

(1)分光光度计:有 10 mm 比色池,可在 538 nm 处测量吸光度。

(2)分析天平:感量 0.000 1 g。

(3)恒温水浴锅。

(4)实验室用样品粉碎机或研钵。

(5)容量瓶(棕色):50,100,150,500 mL。

(6)烧杯:100,200,500 mL。

(7)量筒:100,200,1 000 mL。

(8)长颈漏斗:直径 75~90 mm。

(9)吸量管:1,2,5 mL。

(10)移液管:5,10,15,20 mL。

(四)试剂与溶液

本方法所用试剂均为分析纯,水为蒸馏水或相应纯度的水。

(1)四硼酸钠饱和溶液:称取 25 g 四硼酸钠($Na_2B_4O_7 \cdot 10H_2O$),溶于 500 mL 温水中,冷却后备用。

(2)106 g/L 亚铁氰化钾溶液:称取 53 g 亚铁氰化钾[$K_4Fe(CN)_6 \cdot 3H_2O$]溶于水,加水稀释至 500 mL。

(3)220 g/L 乙酸锌溶液:称取 110 g 乙酸锌[$Zn(CH_3COO)_2 \cdot 2H_2O$],溶于适量水和 15 mL 冰乙酸中,加水稀释至 500 mL。

(4)5 g/L 对氨基苯磺酸溶液:称取 0.5 g 对氨基苯磺酸($NH_2C_6H_4SO_3H \cdot H_2O$),溶于 10%盐酸溶液中,边加边搅,再加 10%盐酸溶液稀释至 100 mL,贮于暗棕色试剂瓶中,密闭保存,1周内有效。

(5)1 g/L N-1-萘乙二胺盐酸盐($C_{10}H_7NHCH_2NH_2 \cdot 2HCl$)溶液:称取 0.1 g N-1-萘乙二胺盐酸盐,用少量水研磨溶解,加水稀释至 100 mL,贮于暗棕色试剂瓶中密闭保存,1周内有效。

(6)5 mol/L 盐酸溶液:量取 445 mL 盐酸,加水稀释至 1 000 mL。

(7)亚硝酸钠标准储备液:称取经(115 ± 5)℃烘至恒重的亚硝酸钠 0.300 0 g,用水溶解,移入 500 mL 容量瓶中,加水稀释至刻度。该溶液每毫升相当于 400 μg 亚硝酸根离子。

(8)亚硝酸钠标准工作液:吸取 5.00 mL 亚硝酸钠标准储备液,置于 200 mL 容量瓶中,加水稀释至刻度。该溶液每毫升相当于 10 μg 亚硝酸根离子。

(五)试样的选取和制备

采集具有代表性的饲料样品至少 2 kg,四分法缩分至约 250 g,磨碎,过 1 mm 孔筛,混匀,装入密闭容器,防止试样变质,低温保存备用。

(六)测定步骤

1. 试液制备

称取约 5 g 试样,准确至 0.001 g,置于 200 mL 烧杯中,加约 70 mL(60 ± 5)℃温水和 5 mL四硼酸钠饱和溶液,在(85 ± 5)℃水浴上加热 15 min,取出,稍凉,依次加入 2 mL 106 g/L亚铁氰化钾溶液、2 mL 220 g/L乙酸锌溶液,每一步须充分搅拌,将烧杯内溶液全部转移至 150 mL 容量瓶中,用水洗涤烧杯数次,并入容量瓶中,加水稀释至刻度,摇匀,静置澄清,用滤纸过滤,滤液为试液备用。

2. 标准曲线绘制

吸取 0,0.25,0.50,1.00,2.00,3.00 mL 亚硝酸钠标准工作液,分别置于 50 mL 棕色容量瓶中,加水约 30 mL,依次加入 5 g/L 对氨基苯磺酸溶液 2 mL、5.0 mol/L 盐酸溶液 2 mL,混匀,在避光处放置 3~5 min,加入 1 g/L N-1-萘乙二胺盐酸盐溶液 2 mL,加水稀释至刻度,混匀,在避光处放置 15 min,以 0 mL 亚硝酸钠标准工作液为参比,用 10 mm 比色池,在波长 538 nm 处,用分光光度计测其他各溶液的吸光度。以吸光度为纵坐标,各溶液中所含亚硝酸根离子质量为横坐标,绘制标准曲线或计算回归方程。

3. 试样测定

准确吸取试液约 30 mL,置于 50 mL 棕色容量瓶中,从"依次加入 5 g/L 对氨基苯磺酸溶液 2 mL、5.0 mol/L 盐酸溶液 2 mL"起,按 2 的方法显色并测量试液的吸光度。

(七)结果计算

1. 计算公式

试样中亚硝酸钠含量(mg/kg)按式(7-7)计算。

$$亚硝酸钠含量 = m_1 \times \frac{V}{V_1 \times m} \times 1.5 \qquad (7\text{-}7)$$

式中:V 为试样溶液总体积,mL;V_1 为试样测定时吸取试液的体积,mL;m_1 为测定用试液中所含亚硝酸根离子质量,μg(由标准曲线读得或由回归方程求出);m 为试样质量,g;1.5 为亚硝酸钠质量和亚硝酸根离子质量的比值。

2. 结果表示

每个试样取 2 个平行样进行测定,以其算术平均值为分析结果,结果表示到 0.1 mg/kg。

饲料分析检测技术

(八)重复性

同一分析者对同一试样同时或快速连续地进行两次测定,所得结果之间的差值:在亚硝酸盐含量≤1 mg/kg时,不得超过平均值的50%;在亚硝酸盐含量>1 mg/kg时,不得超过平均值的20%。

二、饲料中游离棉酚的测定(苯胺比色法和间苯三酚法)

棉籽饼粕是畜牧业生产中重要的蛋白质饲料,但由于其含有游离棉酚而限制了这一资源的充分利用。游离棉酚具有活性羟基和活性醛基,对动物毒性较强,而且在体内比较稳定,有明显的蓄积作用。对单胃动物,游离棉酚在体内大量蓄积,损害肝、心、骨骼肌和神经细胞;对成年反刍动物,由于瘤胃特殊的消化环境,游离棉酚可转化为结合棉酚,因而有较强的耐受性。动物在短时间内因大量采食棉籽饼粕引起的急性中毒极为罕见,生产上发生的多是由于长期采食棉籽饼粕,致使游离棉酚在体内蓄积而产生的慢性中毒。

棉籽饼粕中游离棉酚的含量与棉籽的棉酚含量和棉籽的制油工艺有关。中国农业科学院畜牧所(1984)报道了不同工艺制得的棉籽饼粕中游离棉酚的含量,有许多超出了国家饲料卫生标准。如螺旋压榨法为0.030%~0.162%,土榨法为0.014%~0.523%,直接浸提法为0.065%,预压浸出法为0.011%~0.151%。因此,必须严格检测棉籽饼粕中的游离棉酚含量,根据检测结果合理控制棉籽饼粕的用量,以保证配合饲料中的游离棉酚含量在国家饲料卫生标准规定的范围内。

目前,测定棉酚的方法有比色法和高效液相色谱法。比色法又包括苯胺法、间苯三酚法、三氯化锑法和紫外分光光度法等。间苯三酚法快速、简便、灵敏度高,但精密度稍差,是目前常用的快速分析方法。苯胺法准确度高,精密度好,是目前常用的测定方法,也是国家标准方法。高效液相色谱法准确度高,干扰少,但设备昂贵。

(一)苯胺比色法(方法一)

1. 适用范围

本方法适用于棉籽粉、棉籽饼粕和含有这些物质的配合饲料(包括混合饲料)中游离棉酚的测定。

2. 测定原理

在3-氨基-1-丙醇存在下,用异丙醇与正己烷的混合溶剂提取游离棉酚,用苯胺使棉酚转化为苯胺棉酚,在最大吸收波长440 nm处进行比色测定。

3. 仪器设备

(1)分光光度计:有10 mm比色池,可在440 nm处测量吸光度。

(2)振荡器:振荡频率120~130次/min(往复)。

(3)恒温水浴锅。

(4)具塞三角瓶:100,250 mL。

(5)容量瓶:25 mL(棕色)。

(6)吸量管:1,3,10 mL。

(7)移液管:10,50 mL。

(8)漏斗:直径50 mm。

(9)表面皿：直径 60 mm。

4. 试剂与溶液

除特殊规定外，本方法所用试剂均为分析纯，水为蒸馏水或相应纯度的水。

(1)异丙醇$[(CH_3)_2CHOH]$。

(2)正己烷。

(3)冰乙酸。

(4)苯胺$(C_6H_5NH_2)$：如果测定的空白试验吸收值超过 0.022，在苯胺中加入锌粉进行蒸馏，弃去开始和最后的 10% 蒸馏部分，放入棕色的玻璃瓶内贮存在 0～4℃ 冰箱中，该试剂可稳定几个月。

(5)3-氨基-1-丙醇$(H_2NCH_2CH_2CH_2OH)$。

(6)异丙醇-正己烷混合溶剂：$6+4(V+V)$。

(7)溶剂 A：量取约 500 mL 异丙醇-正己烷混合溶剂、2 mL 3-氨基-1-丙醇、8 mL 冰乙酸和 50 mL 水于 1 000 mL 的容量瓶中，再用异丙醇-正己烷混合试剂定容至刻度。

5. 试样的选取与制备

采集具有代表性的棉籽饼粕样品至少 2 kg，四分法缩分至约 250 g，磨碎，过 2.8 mm 孔筛，混匀，装入密闭容器，防止试样变质，低温保存备用。

6. 测定步骤

(1)称取 1～2 g 试样(准确至 0.001 g)，置于 250 mL 具塞三角瓶中，加入 20 粒玻璃珠，用移液管准确加入 50 mL 溶剂 A，塞紧瓶塞，放入振荡器内振荡 1 h(每分钟 120 次左右)。用干燥的定量滤纸过滤，过滤时在漏斗上加盖一表面皿以减少溶剂挥发，弃去最初几滴滤液，收集滤液于 100 mL 三角瓶中。

(2)用吸量管吸取等量 2 份滤液 5～10 mL(每份含 50～100 μg 的棉酚)，分别置于两个 25 mL 棕色容量瓶 a 和 b 中，如果需要，用溶剂 A 补充至 10 mL。

(3)用异丙醇-正己烷混合溶剂稀释 a 中滤液至刻度，摇匀。该溶液用作试样测定液的参比溶液。

(4)用移液管吸取 2 份 10 mL 的溶剂 A 分别置于两个 25 mL 棕色容量瓶 a_0 和 b_0 中。

(5)用异丙醇-正己烷混合溶剂补充容量瓶 a_0 中溶液至刻度，摇匀。该溶液用作空白测定液的参比溶液。

(6)加 2.0 mL 苯胺于容量瓶 b 和 b_0 中，在沸水浴上加热 30 min 显色。

(7)冷却至室温，用异丙醇-正己烷混合溶剂定容，摇匀并静置 1 h。

(8)用 10 mm 比色池在波长 440 nm 处，用分光光度计以 a_0 为参比溶液测定空白测定液 b_0 的吸光度，以 a 为参比溶液测定试样测定液 b 的吸光度，从试样测定液的吸光度值中减去空白测定液的吸光度值，得到校正吸光度 A。

7. 结果计算

(1)计算公式：试样中游离棉酚的质量分数按式(7-8)计算。

$$w(游离棉酚) = \frac{A \times 1\,250 \times 1\,000}{a \times m \times V} \times 100\% = \frac{A \times 1.25}{a \times m \times V} \times 10^6 \times 100\% \tag{7-8}$$

式中：A 为校正吸光度；m 为试样质量，g；V 为测定用滤液的体积，mL；a 为游离棉酚的质量吸收系数，其值为 62.5。

(2)结果表示:每个试样取 2 个平行样进行测定,以其算术平均值为结果,结果表示到 20 mg/kg。

8. 重复性

同一分析者对同一试样同时或快速连续地进行两次测定,所得结果之间的差值:在游离棉酚含量＜500 mg/kg 时,不得超过平均值的 15％;在游离棉酚含量为 500～750 mg/kg 时,绝对相差不得超过 75 mg/kg;在游离棉酚含量＞750 mg/kg 时,不得超过平均值的 10％。

(二)间苯三酚法(快速法)(方法二)

1. 测定原理

饲料中棉酚经 70％丙酮水溶液提取后,在酸性及乙醇介质中与间苯三酚显色,置分光光度计上于 550 nm 处测定其吸光度,参照标准曲线,计算样品中棉酚的含量。棉酚含量在 0～140 μg/mL 范围内遵循比尔定律。

2. 仪器设备

(1)721 型分光光度计。

(2)容量瓶:50,1 000 mL。

(3)三角瓶:150 mL。

(4)样品粉碎机。

(5)分析天平:感量 0.000 1 g。

3. 试剂与溶液

(1)纯棉酚。

(2)间苯三酚。

(3)95％乙醇。

(4)丙酮。

(5)浓盐酸。

(6)混合试剂:用浓盐酸与 30 g/L 的间苯三酚乙醇溶液以 5∶1 的体积比混合,保存于冰箱中备用。

4. 测定步骤

(1)标准曲线的绘制:准确称取 10 mg 纯棉酚,用 70％的丙酮水溶液定容至 1 000 mL,按表 7-1 顺序和数量配制标准系列。加完全部试剂后摇匀,在室温下放置 25 min,用乙醇稀释至 10 mL,于 550 nm 波长处,用 1 cm 比色皿,以试剂为空白测定吸光度。以吸光度为纵坐标,纯棉酚的质量(μg)为横坐标作图,绘制标准曲线。

表 7-1　标准系列的制备　　　　　　　　　　　　　　　　　　　mL

试　剂	比色管编号					
	0	1	2	3	4	5
棉酚标准液	0.00	0.20	0.40	0.60	0.80	1.00
70％丙酮水溶液	1.00	0.80	0.60	0.40	0.20	0.00
混合试剂	2.00	2.00	2.00	2.00	2.00	2.00

（2）试样分析：将混合饲料自然干燥后研碎，过 20 目筛，准确称取混合饲料 3～5 g 置于一只空三角瓶中，加 70％的丙酮水溶液约 35 mL，置电磁搅拌器上，搅拌提取 1 h，将提取液过滤到 50 mL 容量瓶中，用少量 70％丙酮水溶液洗涤滤渣数次，定容至 50 mL。

吸取滤液 1.00 mL，放入 10 mL 的比色管中，加 2.00 mL 混合试剂，摇匀，放置 25 min，用乙醇定容至 10 mL，于 550 nm 波长处测定其吸光度。参照标准曲线相应吸光度的棉酚质量（μg），计算试样的棉酚含量。

三、大豆制品中脲酶活性的测定（滴定法、酚红法和 pH 增值法）

大豆制品是营养价值很高的蛋白质饲料。饲料中常用的大豆制品主要有大豆饼粕及膨化大豆粉。但大豆制品中含有对动物有害的胰蛋白酶抑制因子、血细胞凝集素、皂角苷、甲状腺肿诱发因子以及抗凝固因子等抗营养因子，从而导致其蛋白质适口性下降、生物学价值降低，引起动物腹泻、胰腺肿大，以致影响到动物的正常生长发育，其中最主要的抗营养因子是胰蛋白酶抑制因子。这些有害因子来源于生大豆籽实，大都不耐热，在生产过程中，只要经适当的加热就可被灭活，使其在大豆制品中的残留量大大减少。因此，残留于大豆制品中的抗营养因子含量与生产加工工艺密切相关。一般利用冷压工艺和萃取工艺生产的大豆饼粕中残留的抗营养因子含量较高，而利用热压工艺生产的则较少。但是，在生产加工过程中，过度的加热在灭活抗营养因子的同时，导致某些蛋白质变性，特别是赖氨酸、精氨酸及胱氨酸等严重变性，大大降低了大豆制品的消化率及生物学价值。为此，在大豆制品的生产加工过程中，保证适宜的加热程度，既可使大部分抗营养因子灭活，又不致使蛋白质变性是非常重要的。目前，可采用多种指标评价大豆制品的受热处理程度及其抗营养因子的灭活程度，如抗胰蛋白酶活性、水溶性氮指数和脲酶活性指标等。抗胰蛋白酶活性是直接反映大豆制品中抗营养因子水平及加热程度的可靠指标，但由于该法费时、所用试剂昂贵，故在生产上不适用。大豆制品中的脲酶对单胃动物并非抗营养因子，但其活性与抗胰蛋白酶活性呈高度正相关，而且脲酶活性的测定方法与测定其他抗营养因子相比较有简便、快速和经济的优点，国内外常用脲酶活性作为大豆制品加热程度和抗营养因子水平的判断指标。因此，在饲料工业和动物养殖中，为了合理利用大豆制品，提高其饲用价值，严格检测其脲酶活性是非常重要的。

脲酶活性是指在（30±0.5）℃和 pH 7.0 的情况下，每克大豆制品中每分钟分解尿素释放的氨态氮的质量（mg）。脲酶活性的测定有定性法和定量法。定性法简单、快速，可迅速地检测大豆制品的脲酶活性，从而判断大豆制品的加热程度和抗营养因子的水平，因此易于在生产中应用，但不宜用作仲裁法，其中酚红法是目前常用的定性测定方法。

定量法又包括比色法、滴定法和 pH 增值法。比色法简单、快速，干扰较小，也是常用的测定方法。滴定法原理严谨，对酶活性的表示方式直观、准确，操作容易，是国际标准法，也是我国现行推荐国家标准方法（GB/T 8622—2006）。GB/T 8622—2006《饲料用大豆制品中尿素酶活性的测定》为 GB/T 8622—1988《大豆制品中尿素酶活性测定方法》的修订版，自 2006 年 9 月 1 日实施，与 GB/T 8622—1988 相比主要技术差异表现在以下 6 个方面：①改变了尿素缓冲液中磷酸盐的用量；②细化了测定过程中计时步骤；③改变了冲洗试管内容物的蒸馏水体积；④增加了用指示剂作为终点的判断；⑤增加了试验结果的保留位数，定为小数点后 2 位;⑥扩大了≤0.2 活性单位样品 2 次试验的允许差,相对偏差≤20%。

(一)滴定-pH 法(方法一,GB/T 8622—2006)

1. 适用范围

本法适用于大豆、由大豆制得的产品和副产品中脲酶活性的测定,用此方法可了解大豆制品的湿热处理程度。

2. 测定原理

大豆制品中的脲酶在一定条件下(pH、温度),可以将尿素水解为氨,用过量的已知浓度的盐酸溶液吸收后生成氯化铵,再用氢氧化钠标准溶液滴定剩余的盐酸,根据消耗的氢氧化钠标准溶液的体积,即可计算出由脲酶水解放出的氨氮含量,从而计算得出脲酶活性。化学计量点时,pH 为 4.7 左右。反应方程式如下:

$$CO(NH_2)_2 + H_2O \xrightarrow[\text{脲酶}]{30℃} 2NH_3 \uparrow + CO_2 \uparrow$$

$$NH_3 + HCl \longrightarrow NH_4Cl$$

$$HCl + NaOH \longrightarrow NaCl + H_2O$$

3. 仪器设备

(1)粉碎机:粉碎时应不生强热(如球磨机)。

(2)样品筛:孔径 200 μm。

(3)分析天平:感量 0.000 1 g。

(4)恒温水浴锅:可控温(30±0.5)℃。

(5)精密计时器。

(6)酸度计:精度 0.02 mV,附有磁力搅拌器和滴定装置。

(7)试管:直径 18 mm,长 150 mm,有磨口塞。

(8)移液管:10 mL。

4. 试剂与溶液

除特殊规定外,本方法所用试剂均为分析纯,水为蒸馏水或相应纯度的水。

(1)尿素缓冲溶液(pH 7.0±0.1):准确称取 8.95 g 磷酸氢二钠($Na_2HPO_4 \cdot 12H_2O$),3.40 g 磷酸二氢钾(KH_2PO_4),用蒸馏水溶解后定容至 1 000 mL;再将 30.0 g 尿素溶解在此缓冲液中,有效期 1 个月。

(2)盐酸溶液[$c(HCl)=0.1$ mol/L]:用量筒量取 8.4 mL 浓盐酸,注入 1 000 mL 容量瓶中,用蒸馏水定容至刻度(边稀释边摇匀)。

(3)氢氧化钠标准滴定溶液[$c(NaOH)=0.1$ mol/L]:称取 4 g 氢氧化钠溶于水,并稀释至 1 000 mL。

(4)甲基红、溴甲酚绿混合乙醇溶液:称取 0.1 g 甲基红溶于 95% 乙醇,稀释至 100 mL;另称取 0.5 g 溴甲酚绿溶于 95% 乙醇,稀释至 100 mL。将两种溶液等体积混合,贮存于棕色瓶中。

5. 试样的选取和制备

用粉碎机将 10 g 试样粉碎,使之全部通过孔径 200 μm 样品筛。对特殊试样(水分或挥发物含量较高而无法粉碎的产品)应先在室温或 65℃ 条件下进行预干燥,再进行粉碎。当计算结果时,干燥失重计算在内。

6. 测定步骤

(1)样品中脲酶活性的测定:称取试样 0.2 g(准确至 0.1 mg),置于玻璃试管中(如活性很高,可称 0.05 g 试样)。加入 10 mL 尿素缓冲溶液,立即盖好试管盖并剧烈摇动,将试管马上置于(30±0.5)℃恒温水浴中,准确计时保持 30 min±10 s。取下后立即加入 0.1 mol/L 盐酸溶液 10 mL,振摇后迅速冷却至 20℃。将试管中内容物无损地全部移入 50 mL 烧杯中,用 20 mL 水冲洗试管数次,以 0.1 mol/L 氢氧化钠标准滴定溶液滴定至 pH 为 4.70,记录氢氧化钠标准滴定溶液的消耗量。

如果选用指示剂,试管中内容物全部移入 250 mL 锥形瓶中,滴加 8～10 滴混合指示剂,以 0.1 mol/L 的氢氧化钠标准滴定溶液滴定至呈蓝绿色,记录氢氧化钠标准滴定溶液的消耗量。

(2)空白测定:另取试管做空白试验。称取试样 0.2 g(准确至 0.1 mg),置于玻璃试管中(如果活性很高,可称 0.05 g 试样)。加入 10 mL 盐酸溶液,振摇后加入 10 mL 尿素缓冲溶液,立即盖好试管盖并剧烈振摇,将试管马上置于(30±0.5)℃恒温水浴中,准确计时保持 30 min±10 s。取下后迅速冷却至 20℃。将试管中内容物无损地全部移入 50 mL 烧杯中,用 20 mL 水冲洗试管数次,以 0.1 mol/L 氢氧化钠标准滴定溶液滴定至 pH 4.70,记录氢氧化钠标准滴定溶液的消耗量。

如果选用指示剂,试管中内容物全部移入 250 mL 锥形瓶中,滴加 8～10 滴混合指示剂,以 0.1 mol/L 氢氧化钠标准滴定溶液滴定至呈蓝绿色,记录氢氧化钠标准滴定溶液的消耗量。

7. 结果计算

(1)计算公式:大豆制品中脲酶活性 X,以 U/g(脲酶活性单位/克)表示,按式(7-9)计算。若试样在粉碎前经预干燥处理时,按式(7-10)计算。

$$X = \frac{(V_0 - V) \times c \times 0.014 \times 1\,000}{m \times 30} \tag{7-9}$$

$$X = \frac{(V_0 - V) \times c \times 0.014 \times 1\,000}{m \times 30} \times (1 - S) \tag{7-10}$$

式中:c 为氢氧化钠标准滴定溶液的浓度,mol/L;V_0 为滴定空白反应液消耗的氢氧化钠标准滴定溶液体积,mL;V 为滴定样品反应液消耗的氢氧化钠标准滴定溶液体积,mL;m 为试样质量,g;0.014 为 1 mol 氢氧化钠相当于 0.014 g 氮;30 为反应时间,min;S 为预干燥时试样失重的百分率,%。

(2)结果表示:每个试样取 2 个平行样进行测定,以其算术平均值为结果,结果表示到小数点后 2 位。

8. 重复性

同一分析者对同一试样同时或快速连续地进行 2 次测定,所得结果之间的差值:活性≤0.2 U/g 时,结果之差不超过平均值的 20%;活性＞0.2 U/g 时,结果之差不超过平均值的 10%。

9. 注意事项

(1)若样品粗脂肪含量高于 10%,则应先进行不加热的脱脂处理后,再测定脲酶活性。

(2)若测得试样的脲酶活性大于 1 U/g,则称样量应减少到 0.05 g。

(二)定性法(酚红法)(方法二)

1. 适用范围

本方法适用于大豆制品中脲酶活性的快速测定,定性判断大豆制品的生熟程度,但不能作为仲裁法。

2. 测定原理

酚红指示剂在 pH 6.4～8.2 时由黄变红,大豆制品中所含的脲酶,在室温下可将尿素水解产生氨。释放的氨可使酚红指示剂变红,根据变红的时间长短来判断脲酶活性的大小。

3. 仪器设备

(1)粉碎装置:粉碎时应不产生强热(如研钵、球磨机)。

(2)天平:感量 0.01 g。

(3)具塞试管:直径 18 mm,长 150 mm。

4. 溶液与试剂

除特殊规定外,本方法所用试剂均为分析纯,水为蒸馏水或相应纯度的水。

(1)尿素。

(2)酚红指示剂:1 g/L 乙醇(20%)溶液。

5. 试样制备

用粉碎机将试样粉碎。对特殊试样(水分或挥发物含量较高而无法粉碎的产品)应先在实验室温度下进行预干燥,再进行粉碎。

6. 测定步骤

称取 0.02 g 试样(准确至 0.01 g),转入试管中,加入 0.02 g 结晶尿素及 2 滴酚红指示剂,加 20～30 mL 蒸馏水,摇动 10 s。观察溶液颜色,并记下呈粉红色的时间。

7. 结果计算

1 min 呈粉红色:活性很强;

1～5 min 呈粉红色:活性强;

5～15 min 呈粉红色:有点活性;

15～30 min 呈粉红色:没有活性。

一般认为,10 min 以上不显粉红色或红色的大豆制品,其生熟度适中。脲酶活性与呈色时间对照表如表 7-2 所示。

表 7-2　脲酶活性与呈色时间对照

时间/min	脲酶活性/[mg N/(g·min)]	时间/min	脲酶活性/[mg N/(g·min)]
0～1	0.9 以上	5～6	0.2～0.15
1～2	0.9～0.7	6～7	0.15～0.10
2～3	0.7～0.5	7～9	0.10～0.05
3～4	0.5～0.3	>15	0
4～5	0.3～0.2		

(三)pH 增值法(方法三)

1. 测定原理

大豆制品与中性尿素缓冲溶液混合,脲酶催化尿素水解产生的氨是碱性的,可使溶液

pH升高。试样反应 30 min 后与空白溶液 pH 的差值可间接表示产生氨量的多少。

2. 仪器设备

(1)样品筛:孔径 200 μm。

(2)酸度计:精度 0.02 mV,附有磁力搅拌器和滴定装置。

(3)恒温水浴锅:可控温(30±0.5)℃。

(4)试管:直径 18 mm,长 150 mm,有磨口塞。

(5)精密计时器。

(6)粉碎机:粉碎时应不产生强热(如球磨机)。

(7)分析天平:感量 0.000 1 g。

3. 试剂与溶液

除特殊规定外,本方法所用试剂均为分析纯,水为蒸馏水或相应纯度的水。

(1)尿素。

(2)磷酸氢二钠。

(3)磷酸二氢钾。

(4)尿素缓冲溶液(pH 6.9~7.0):准确称取 3.40 g 磷酸二氢钾和 4.45 g 磷酸氢二钠,用水溶解后定容至 1 000 mL;再将 30.0 g 尿素溶解在此缓冲液中,可保存 1 个月。

4. 试样制备

用粉碎机将 10 g 试样粉碎,使之全部通过孔径 200 μm 样品筛。对特殊试样(水分或挥发物含量较高而无法粉碎的产品)应先在室温下进行预干燥,再进行粉碎。当计算结果时,干燥失重计算在内。

5. 测定步骤

(1)准确称取(0.200±0.001)g 试样于试管中,加入 10 mL 尿素缓冲溶液,立即盖好试管并剧烈摇动,马上置于(30±0.5)℃恒温水浴中。

(2)空白试验需准确称取(0.200±0.001)g 试样于试管中,加入 10 mL 盐酸缓冲溶液,立即盖好试管并剧烈摇动,马上置于(30±0.5)℃恒温水浴中。

以上每项试验须间隔 5 min 振摇试管内容物 1 次。

准确保持 30 min 后,间隔 5 min 将试管从水浴中取出,将上层液体移入 5 mL 烧杯中,自水浴中取出刚达 5 min 时,分别测定其 pH。

6. 结果计算

试样与空白试验 pH 的差,即为脲酶活性指数。

任务五　饲料中次生性有毒有害物质含量测定

▶ 一、黄曲霉毒素 B₁ 的测定

黄曲霉毒素(aflatoxin,AF)主要是由黄曲霉和寄生曲霉产毒菌株的代谢产物,温特曲霉也能产生,但产量较少,主要污染玉米、花生、棉籽及其饼粕。黄曲霉毒素是一类结构十分相

似的化合物,而不是单一的一种物质,根据其在紫外线下产生荧光的颜色、在层析板上的 R_f 值及化学结构,分别被命名为黄曲霉毒素 B_1、黄曲霉毒素 B_2、黄曲霉毒素 G_1、黄曲霉毒素 G_2、黄曲霉毒素 M_1、黄曲霉毒素 M_2、黄曲霉毒素 P_1、黄曲霉毒素 Q_1 等。在自然条件下,饲料污染的黄曲霉毒素主要有 4 种,即黄曲霉毒素 B_1、黄曲霉毒素 B_2、黄曲霉毒素 G_1、黄曲霉毒素 G_2,其中以黄曲霉毒素 B_1 含量最高,毒性最大。因此,我国以黄曲霉毒素 B_1 作为饲料黄曲霉毒素污染的卫生指标。我国大部分地区,特别是长江以南地区,夏季温度高,湿度大,饲料易发生霉变,饲料霉菌毒素污染现象十分普遍。黄曲霉毒素毒性强,并具有致癌作用,对动物健康和生产性能影响极大,还可在动物产品中蓄积,影响人体健康。因此,已成为饲料产品质量控制中的必检项目。目前,饲料中黄曲霉毒素 B_1 的测定方法主要有酶联免疫吸附法、快速筛选法等。酶联免疫吸附法最低检出量可达 $0.1\ \mu g/kg$,但有一定比例的假阳性结果,快速筛选法简便快速,适合饲料企业生产现场条件下使用,但不能准确定量;这些都是在检测工作中应注意的。

(一)黄曲霉毒素 B_1 的检测(酶联免疫吸附法)

1. 适用范围

本方法适用于各种不同饲料的检测。

2. 测定原理

试样中黄曲霉毒素 B_1、酶标黄曲霉毒素 B_1 抗原与包被于微量反应板中的黄曲霉毒素 B_1 特异性抗体进行免疫竞争性反应,加入酶底物后显色,试样中黄曲霉毒素 B_1 的含量与颜色成反比。用目测法或仪器法通过与黄曲霉毒素 B_1 标准溶液比较判断或计算试样中黄曲霉毒素 B_1 的含量。

3. 仪器设备

(1)小型粉碎机。

(2)分析筛:20 目(孔径 1.00 mm)。

(3)分析天平:感量 0.000 1 g。

(4)滤纸:快速定性滤纸,直径 9～10 cm。

(5)具塞三角瓶:100 mL。

(6)电动振荡器。

(7)微量连续可调取液器及配套吸头:10～100 μL。

(8)恒温培养箱。

(9)酶标测定仪:内置 450 nm 滤光片。

4. 试剂与溶液

除非另有说明,在分析中仅使用确认为分析纯的试剂和蒸馏水、去离子水或相当纯度的水。

(1)黄曲霉毒素 B_1 酶联免疫测试盒中的试剂:不同测试盒制造商的产品组成和操作会有细微的差别,应严格按说明书要求规范操作。

①聚苯乙烯微量反应板:包被抗黄曲霉毒素 B_1 抗体。

②样品稀释液:甲醇-蒸馏水(7∶93)。

③黄曲霉毒素 B_1 标准溶液:1.00,50.00 $\mu g/mL$。

警告:凡接触黄曲霉毒素 B_1 的容器,需浸入 1% 次氯酸钠(NaClO)溶液,12 h 后清洗备用。为确保分析人员安全,操作时要戴上医用乳胶手套。

④酶标黄曲霉毒素 B_1 抗原:黄曲霉毒素 B_1-辣根过氧化物酶交联物。

⑤0.01 mol/L pH 7.5 磷酸盐缓冲液的配制:称取 3.01 g 磷酸氢二钠（$Na_2HPO_4 \cdot 12H_2O$）、0.25 g 磷酸二氢钠（$NaH_2PO_4 \cdot 2H_2O$）、8.76 g 氯化钠（NaCl）,加水溶解至 1 L。

⑥酶标黄曲霉毒素 B_1 抗原稀释液:称取 0.1 g 牛血清白蛋白（BSA）溶于 100 mL pH 7.5 0.01 mol/L 磷酸盐缓冲液。

⑦0.1 mol/L pH 7.5 磷酸盐缓冲液的配制:称取 30.1 g 磷酸氢二钠（$Na_2HPO_4 \cdot 12H_2O$）、2.5 g 磷酸二氢钠（$NaH_2PO_4 \cdot 2H_2O$）、87.6 g 氯化钠（NaCl）,加水溶解至 1 L。

⑧洗涤母液:吸取 0.5 mL 吐温-20 于 1 000 mL pH 7.5 0.1 mol/L 磷酸盐缓冲液中。

⑨pH 5.0 乙酸钠-柠檬酸缓冲液:称取 15.09 g 乙酸钠（$CH_3COONa \cdot 3H_2O$）、1.56 g 柠檬酸（$C_6H_8O \cdot 7H_2O$）,加水溶解至 1 L。

⑩底物溶液 a:称取四甲基联苯胺（TMB）0.2 g,溶于 1 L pH 5.0 乙酸钠-柠檬酸缓冲液。

⑪底物溶液 b:1 L pH 5.0 乙酸钠-柠檬酸缓冲液中加入 0.3% 过氧化氢溶液 28 mL。

⑫终止液:$c(H_2SO_4) = 2$ mol/L 硫酸溶液。

(2)甲醇水溶液:5 mL 甲醇加 5 mL 水混合。

(3)测试盒中试剂的配制:

①酶标黄曲霉毒素 B_1 抗原溶液:在酶标黄曲霉毒素 B_1 抗原中加入 1.5 mL 酶标黄曲霉毒素 B_1 抗原稀释液,配成试验用酶标黄曲霉毒素 B_1 抗原溶液,冰箱中保存。

②洗涤液:洗涤母液中加 300 mL 蒸馏水配成试验用洗涤液。

5. 试样制备

试样需通过孔径 1.00 mm 分析筛。

如果样品脂肪含量超过 10%,在粉碎之前用石油醚脱脂。在这种情况下,分析结果以未脱脂样品质量计。

6. 测定步骤

(1)试样提取:称取 5 g 试样,准确至 0.000 1 g,置于 100 mL 具塞三角瓶中,加入甲醇水溶液 25 mL,加塞振荡 10 min,过滤,弃去 1/4 初滤液,再收集适量试样液。如果样品中离子浓度高,建议按照浓缩饲料的提取方法对试样滤液进行萃取。称取 5 g 试样,准确至 0.000 1 g,置于 100 mL 具塞三角瓶中,加入甲醇水溶液 50 mL,加塞振荡 15 min,过滤,弃去 1/4 初滤液后收集滤液。准确吸取 10.0 mL 滤液（相当于 2.00 g 样品）于 125 mL 分液漏斗中,加入 20 mL 三氯甲烷,加塞轻轻振摇 3 min,静置分层。放出三氯甲烷层,经盛 5 g 预先用三氯甲烷湿润的无水硫酸钠的快速定性滤纸过滤至 100 mL 蒸发皿中,再加 5 mL 三氯甲烷于分液漏斗中,重复提取,三氯甲烷层一并滤于蒸发皿中,最后用少量三氯甲烷洗涤滤纸,洗液并入蒸发皿中,65℃水浴挥干。准确加入 10.0 mL 甲醇水溶液,充分溶解蒸发皿中残渣,得到试样液。

根据各种饲料中黄曲霉毒素 B_1 的限量规定和黄曲霉毒素 B_1 标准溶液浓度,用样品稀释液将试样液适当稀释,制成待测试样稀释液。

如果黄曲霉毒素 B_1 标准溶液浓度为 1.00 $\mu g/mL$,按表 7-3 用样品稀释液将试样滤液稀释,制成待测试样稀释液。若试样液中黄曲霉毒素 B_1 含量超标,则根据表 7-4 中试样液的稀释倍数,计算黄曲霉毒素 B_1 的含量。

表 7-3　样品溶液的稀释

饲料中黄曲霉毒素 B_1 限量/(μg/kg)	试样滤液量/mL	样品稀释液量/mL	稀释倍数
≤10	0.10	0.10	2
≤15	0.10	0.20	3
≤20	0.05	0.15	4
≤30	0.05	0.25	6
≤50	0.05	0.45	10

表 7-4　稀释倍数与结果计算

稀释倍数	试样中黄曲霉毒素 B_1 含量/(μg/kg)	稀释倍数	试样中黄曲霉毒素 B_1 含量/(μg/kg)
2	>10	6	>30
3	>15	10	>50
4	>20		

(2)限量测定:

①试剂平衡:将测试盒于室温中放置约 15 min,平衡至室温。

②测定:在微量反应板上选一孔,加入 50 μL 样品稀释液、50 μL 酶标黄曲霉毒素 B_1 抗原稀释液,作为空白孔;根据需要,在微量反应板上选取适量的孔,每孔依次加入 50 μL 黄曲霉毒素 B_1 标准溶液或试样液。再每孔加入 50 μL 酶标黄曲霉毒素 B_1 抗原溶液。在振荡器上混合均匀,放在 37℃恒温培养箱中反应 30 min。将反应板从培养箱中取出,用力甩干,加 250 μL 洗涤液洗板 4 次,洗涤液不得溢出,每次间隔 2 min,甩掉洗涤液,在吸水纸上拍干。每孔各加入 50 μL 底物溶液 a 和 50 μL 底物溶液 b,摇匀。在 37℃恒温培养箱中反应 15 min。每孔加 50 μL 终止液,在显色后 30 min 内测定。

③结果判定:

目测法:比较试样液孔与标准溶液孔的颜色,若试样液孔颜色比标准溶液孔浅者,为黄曲霉毒素 B_1 含量超标;若相当或深者为合格。

仪器法:用酶标测定仪,在 450 nm 处用空白孔调零点,测定标准溶液孔及试样液孔吸光度 A,若 $A_{试样液孔}$ 小于 $A_{标准溶液孔}$,为黄曲霉毒素 B_1 含量超标;若 $A_{试样液孔}$ 大于或等于 $A_{标准溶液孔}$,为合格。

若试样液中黄曲霉毒素 B_1 含量超标,则根据试样液的稀释倍数,计算黄曲霉毒素 B_1 的含量。

(3)定量测定:若试样中黄曲霉毒素 B_1 的含量超标,则用酶标测定仪在 450 nm 波长处进行定量测定,通过绘制黄曲霉毒素 B_1 的标准曲线来确定试样中黄曲霉毒素 B_1 的含量。用样品稀释液将 50.0 μg/mL 黄曲霉毒素 B_1 标准溶液稀释成 0.0,0.1,1.0,10.0,20.0,50.0 μg/mL 的标准工作溶液,按限量法测定步骤测得相应的吸光度。以 0.0 μg/mL 黄曲霉毒素 B_1 标准工作溶液的吸光度 A_0 为分母,其他浓度标准工作溶液的吸光度 A 为分子的比值,再乘以 100 为纵坐标,对应的黄曲霉毒素 B_1 标准工作溶液浓度的常用对数值为横坐标绘制标准曲线。根据试样 $A/A_0 \times 100$ 的值在标准曲线上查得对应的黄曲霉毒素 B_1 的含量。

7. 结果计算

(1)计算公式:试样中黄曲霉毒素 B_1（AFB_1）的含量以质量分数计,按式(7-11)计算。

$$w(AFB_1) = \rho \times V \times \frac{n}{m} \times 100\% \tag{7-11}$$

式中:ρ 为从标准曲线上查得的试样提取液中黄曲霉毒素 B_1 的含量,$\mu g/mL$;V 为试样提取液体积,mL;n 为试样稀释倍数;m 为试样的质量,g。

(2)结果表示:计算结果保留 2 位有效数字。

8. 重复性

重复测定结果的相对偏差不得超过 10%。

(二)黄曲霉毒素快速筛选法(紫外-荧光法)

1. 适用范围

本方法适用于玉米及猪鸡配(混)合饲料的快速检测。

2. 测定原理

被黄曲霉毒素污染的霉粒在 360 nm 紫外线下呈亮黄绿色荧光,根据荧光粒多少来概略评估饲料受黄曲霉毒素污染状况。

3. 仪器设备

(1)小型植物粉碎机。

(2)分析筛:20 目(孔径 1.00 mm)。

(3)紫外分析仪:波长 360 nm。

4. 测定步骤

将被检样品粉碎过 20 目筛,用四分法取 20 g 平铺在纸上,于 360 nm 紫外线下观察,细心查看有无亮黄绿色荧光,并记录荧光粒个数。

5. 结果判定

(1)样品中无荧光粒,饲料中黄曲霉毒素 B_1 含量在 5 $\mu g/kg$ 以下。

(2)样品中有 1～4 个荧光粒,为可疑黄曲霉毒素 B_1 污染。

(3)样品中有 4 个以上荧光粒,可基本确定饲料中黄曲霉毒素 B_1 含量在 5 $\mu g/kg$ 以上。

6. 注意事项

本方法为概略分析方法,不能准确定量,仲裁检验及定量分析需用国家标准检测方法。

二、油脂酸价与过氧化物值的测定

油脂在不适宜条件下长期贮存时,会在空气、阳光、水及生物酶等因素作用下发生生物酶解、化学水解及不饱和脂肪酸的自动氧化,产生游离脂肪酸、过氧化物、氧化物及醛酮等物质,这一过程称为油脂酸败。严重酸败的油脂可产生强烈辛辣滋味和不愉快气味,影响适口性。严重酸败的油脂不仅自身不饱和脂肪酸缺乏,添加在饲料中时还会造成其他对氧化剂不稳定的营养物质如维生素 A、维生素 D、维生素 E 等的氧化失活,使饲料营养价值降低。油脂过氧化物值和酸价的变化可出现在油脂感官性状恶化之前,是油脂酸败的早期指标,而过氧化物值的改变更是早于酸价变化。测定油脂过氧化物值及酸价可评价油脂变质程度及确定其是否适宜在饲料中添加使用。

(一)过氧化物值的测定

1. 适用范围

本方法适用于油脂及油脂含量高的饲料原料中过氧化物值的测定。

2. 测定原理

油脂氧化过程中产生过氧化物,与碘化钾作用生成游离碘,以硫代硫酸钠标准溶液滴定,根据消耗硫代硫酸钠标准溶液的量,计算油脂过氧化物值。

3. 试剂与溶液

(1)碘化钾。

(2)三氯甲烷。

(3)冰乙酸。

(4)硫代硫酸钠。

(5)饱和碘化钾溶液:称取 14 g 碘化钾,加 10 mL 水溶解,必要时微热使其溶解,冷却后贮于棕色瓶中。

(6)三氯甲烷-冰乙酸混合液:量取 40 mL 三氯甲烷,加 60 mL 冰乙酸,混匀。

(7)硫代硫酸钠标准滴定溶液$[c(Na_2S_2O_3)=0.002 \text{ mol/L}]$。

(8)淀粉指示剂(10 g/L):称取可溶性淀粉 0.5 g,加少许水,调成糊状,倒入 50 mL 沸水中调匀,煮沸。临用时现配。

4. 测定步骤

称取 2.00～3.00 g 混匀(必要时过滤)的样品,置于 250 mL 碘量瓶中,加 30 mL 三氯甲烷-冰乙酸混合液,使样品完全溶解。加入 1.00 mL 饱和碘化钾溶液,紧密塞好瓶盖,并轻轻振摇 0.5 min,然后在暗处放置 3 min。取出加 100 mL 水,摇匀,立即用硫代硫酸钠标准滴定溶液(0.002 mol/L)滴定,至淡黄色时,加 1 mL 淀粉指示液,继续滴定至蓝色消失为终点,取相同量三氯甲烷-冰乙酸溶液、碘化钾溶液、水,按同一方法,做试剂空白试验。

5. 结果计算

(1)计算公式:试样中过氧化物(POV)值按式(7-12)计算。

$$POV = \frac{(V_2 - V_1) \times c \times 0.126\ 9}{m} \tag{7-12}$$

式中:V_2 为试样消耗硫代硫酸钠标准滴定溶液体积,mL;V_1 为试剂空白消耗硫代硫酸钠标准滴定溶液体积,mL;c 为硫代硫酸钠标准滴定溶液的浓度,mol/L;m 为试样质量,g;0.126 9 为与 1.00 mL 硫代硫酸钠标准滴定溶液$[c(Na_2S_2O_3)=1.000 \text{ mol/L}]$ 相当的碘的质量,g。

(2)结果表示:报告算术平均值的二位有效数。

6. 重复性

两平行样结果之差值不得大于平均值的 10%,即相对偏差≤10%。

7. 注意事项

(1)过氧化物值可用每 100 g 油脂析出碘的质量(g)或 1 kg 油脂析出碘的毫克当量(meq)数来表示。其换算关系如式(7-13)所示:

$$POV(meq/kg) = POV(g/100\ g) \times 78.8 \tag{7-13}$$

我国采用每 100 g 油脂析出碘的质量(g)表示过氧化物值。

(2)固态油样可微热溶解,并适当多加溶剂。

(3)硫代硫酸钠溶液不稳定,每次滴定时应准确标定其浓度。

(二)油脂酸价的测定

1. 适用范围

本法适用于商品植物油脂酸价的测定。

2. 测定原理

油脂中的游离脂肪酸与氢氧化钾发生中和反应,从消耗氢氧化钾标准溶液的量计算出游离脂肪酸的量。化学反应式如下:

$$RCOOH + KOH \rightarrow RCOOK + H_2O$$

酸价是指中和 1 g 油脂中的游离脂肪酸所需氢氧化钾的质量(mg)。

3. 仪器设备

(1)碱式滴定管:25 mL。

(2)锥形瓶:250 mL。

(3)分析天平。

4. 试剂与溶液

(1)乙醚。

(2)95%乙醇。

(3)氢氧化钾。

(4)乙醚-乙醇混合液:按乙醚:乙醇(2:1)(体积比)混合。用氢氧化钾溶液(3 g/L)中和至对酚酞指示液呈中性。

(5)0.05 mol/L 氢氧化钾标准滴定溶液:取 5.6 g 氢氧化钾溶于 1 L 煮沸后冷却的蒸馏水中。该溶液浓度约为 0.1 mol/L。然后用此溶液稀释成 0.05 mol/L 的氢氧化钾标准滴定溶液。

(6)酚酞指示液:10 g/L 乙醇溶液。

5. 测定步骤

准确称取 3.00～5.00 g 样品,置于锥形瓶中,加入 50 mL 中性乙醚-乙醇混合液,振摇使油样溶解,必要时可置热水中,温热促其溶解。冷至室温,加入酚酞指示液 2～3 滴,以氢氧化钾标准滴定溶液(0.05 mol/L)滴定,至初现微红色,且 30 s 内不褪色为终点。

6. 结果计算

(1)计算公式:试样酸价(AV)按式(7-14)计算。

$$AV = \frac{V \times c \times 56.11}{m} \tag{7-14}$$

式中:V 为试样消耗氢氧化钾标准滴定溶液的体积,mL;c 为氢氧化钾标准滴定溶液的实际浓度,mol/L;m 为试样质量,g;56.11 为与 1.0 mL 氢氧化钾标准滴定溶液$[c(KOH) = 1.00 \text{ mol/L}]$相当的氢氧化钾的质量,mg。

(2)结果表示:以两次平行测定结果的算术平均值表示,取两位有效数字。

7. 重复性

相对差不大于 10%。

饲料分析检测技术

任务六　饲料中微生物的检验

一、概述

(一)饲料微生物检验的意义

饲料微生物学检验是饲料品质控制的一个重要方面。正常条件下,饲料中微生物数量有限,但当饲料因加工不当、贮藏不善或因意外事故受到微生物污染时,微生物数量会有大幅度增加,并可有致病性微生物出现。微生物污染饲料后会带来以下几个方面的危害。

(1)微生物繁殖过程中产生特殊的颜色和刺激性物质,使饲料具有不良的外观、滋味和气味,影响饲料的适口性。

(2)微生物繁殖过程中会消耗大量的营养物质,使饲料营养价值降低。

(3)微生物繁殖过程会产生大量有毒代谢产物,如细菌可产生内毒素或外毒素,霉菌可产生霉菌毒素,因而造成动物细菌毒素或霉菌毒素中毒,并可通过食物链影响人体健康。

(4)造成动物细菌性感染或霉菌性感染。

(5)扰乱动物消化道正常菌群,破坏动物消化道微生态平衡,使动物出现消化功能紊乱。

因此,检测饲料微生物指标,控制饲料微生物数量,对保证饲料卫生安全具有重要意义。

(二)饲料微生物的种类及形态

饲料中常见的微生物主要包括霉菌和细菌。霉菌(mold)并不是生物分类学名称,而是能在基质上长成绒毛状、棉絮状或蜘蛛网状真菌的俗称,是真菌的一部分。真菌是指有细胞壁,不含叶绿素,无根、茎、叶,以寄生或腐生方式生存,仅少数类群为单细胞、其他都有分枝或不分枝的丝状体,能进行有性或无性繁殖的一类生物。真菌的形态有单细胞和多细胞两种类型,霉菌为多细胞类型。在分类学上,霉菌分属于真菌的藻状菌纲(Phycomycets)、子囊菌纲(Ascomycets)和半知菌类(Fungi Imperfecti)。污染饲料的霉菌主要是曲霉菌属、镰刀菌属和青霉菌属的霉菌,可产生近 200 种霉菌毒素,其中比较重要的有黄曲霉毒素、赭曲霉毒素、杂色曲霉毒素、T-2 毒素、玉米赤霉烯酮、岛青霉素、橘青霉素、黄绿青霉素等。值得注意的是,并非所有的霉菌都能产毒,或者说能产毒的霉菌只是霉菌中的一少部分,同时还应注意,即便是产毒霉菌,也是在其生长到一定阶段才会产毒,并不是在其整个生命期都能产毒。

细菌(bacterium)是一类具有细胞壁的单细胞微生物。它结构简单,无典型的细胞核,只有核质,无核膜和核仁,不进行有丝分裂,除核蛋白体外无其他细胞器,属原核生物界。细菌的外形有球形、杆形、螺形,分别称为球菌、杆菌、螺形菌(包括弧菌与螺菌)。细菌个体很小,需用显微镜放大数百倍才能看见,一般以 μm 作为测量大小的单位。不同种类的细菌大小各异,同一种细菌的大小也可因菌龄和环境因素影响而有所差异。大多数球菌直径约 1 μm,杆菌长 2~3 μm,宽 0.3~0.5 μm。自然界的细菌多种多样,饲料中存在的细菌只是自然界细菌的一部分,其中包括致病性、相对致病性和非致病性细菌。它们是评价饲料卫生质量的重要指标之一。

(三)饲料微生物检验的一般方法

目前,饲料微生物学检测主要包括细菌总数检测、大肠菌群检测、沙门氏菌检测及霉菌总数检测。

饲料细菌总数是指 1 g(mL)饲料中细菌的个数。细菌总数的高低反映了饲料的清洁程度及对动物潜在的危险性。细菌总数越高,表明饲料卫生状况越差,动物受细菌危害的可能性越大。

科学研究证明,大肠菌群都是直接或间接来自于人和温血动物的粪便。因此,如在饲料中检出大肠菌群,表明饲料曾受到过人或温血动物粪便的污染。由于大肠菌群与肠道致病菌来源相同,而且在一般条件下,大肠菌群对外界的抵抗力及在环境中的生存时间与主要肠道致病菌一致,所以大肠菌群既可作为饲料是否受到人或温血动物粪便污染的标志,也可作为饲料是否受到肠道致病菌污染的指示菌。大肠菌群在环境中广泛存在,饲料中检出大肠菌群,仅说明饲料曾受到过人或温血动物粪便的污染,但并不表示一定有致病菌存在,这存在一个污染程度即菌量问题。大肠菌群污染程度越高,致病菌存在的可能性就越大。因此,我国食品卫生和饮水卫生都对大肠菌群菌量做了严格限制。目前,大肠菌群检测多采用发酵法,即根据大肠菌群的培养特性,运用统计学方法推算出样品中大肠菌群的最大可能数(maximum probable number,MPN)。

沙门氏菌是重要的肠道致病菌,在饲料中不得检出。饲料中沙门氏菌的检测是根据其生化特性并结合血清学鉴定方法进行的。

霉菌总数的检测采用适合霉菌生长而不适宜细菌生长的高渗培养基培养,菌落计数法测定,结果表示的是饲料中的活菌孢子数。霉菌毒素对动物具有强烈的毒害作用,直接检测饲料中的霉菌毒素具有重要意义,但由于霉菌毒素种类繁杂多样,检测过程比较麻烦,有些霉菌毒素还没有理想的检测方法,甚至在某些形变饲料中现在还根本不清楚都存在着哪些霉菌毒素。霉菌毒素是霉菌的有毒代谢产物,饲料霉菌总数越高,饲料受霉菌毒素污染的可能性就越大,同时,考虑到饲料霉变的其他危害,在监测饲料质量及评价其饲用价值时,检测饲料霉菌总数就具有十分重要的意义。

饲料微生物检测中,一个重要的原则是无菌观念。从采样、制样到分离培养、生化鉴定等过程都必须坚持无菌操作。

▶ 二、饲料中细菌总数的检验

饲料细菌总数的高低反映了饲料的清洁程度及对动物的潜在危险性。细菌总数越高,表明饲料卫生状况越差,动物受细菌危害的可能性就越大。微生物常见计数方法有两种:一种是对样品适当稀释后在适宜条件下培养,使每个微生物细胞生长成一个菌落,根据菌落数计算结果,该方法得到的计算结果为活菌数;另一种是将样品适当处理后,进行染色或直接利用显微镜借助于血细胞计数器直接计数的方法,该方法计数的微生物包括活菌和死菌。由于饲料和微生物混杂,分离观察都较困难,所以常用第一种方法来检测饲料中的细菌总数,即活菌数。检验方法参照国家标准(GB/T 13093—2006)。即将试样经过处理,稀释至适当浓度,在一定条件下培养后,所得 1 g(mL)试样所含细菌总数。

(一)适用范围

本方法适用于饲料中细菌总数的测定。

(二)测定原理

将试样稀释至适当浓度,用特定的培养基,在(30±1)℃下培养(72±3)h,计数平板中长出的菌落数,计算 1 g(mL)试样中的细菌数量。

(三)仪器设备

(1)天平:感量为 0.1 g。

(2)振荡器:往复式。

(3)粉碎机:非旋风磨,密闭要好。

(4)高压灭菌锅。

(5)冰箱:普通冰箱。

(6)恒温水浴锅:(46±1)℃。

(7)恒温培养箱:(30±1)℃。

(8)微型混合器。

(9)灭菌三角瓶:100,250,500 mL。

(10)灭菌移液管:1,10 mL。

(11)灭菌玻璃珠:直径 5 mm。

(12)灭菌试管:16 mm×160 mm。

(13)灭菌培养皿:直径 90 mm。

(14)灭菌金属勺、刀等。

(四)培养基和试剂

(1)营养琼脂培养基:

①成分:蛋白胨,10 g;牛肉膏,3 g;氯化钠,5 g;琼脂,15~20 g;蒸馏水,1 000 mL。

②制法:将除琼脂以外的各成分溶于蒸馏水中,加入 150 g/L 氢氧化钠溶液约 2 mL,校正 pH 至 7.2~7.4,加入琼脂,加热煮沸,使琼脂熔化,分装三角瓶,121℃高压灭菌 20 min。

(2)磷酸盐缓冲液(稀释液):

①贮备液:磷酸二氢钾,34 g;1 mol/L 氢氧化钠溶液,175 mL;蒸馏水,1 000 mL。

②制法:先将磷酸盐溶解于 500 mL 蒸馏水中,用 1 mol/L 氢氧化钠溶液调整 pH 至 7.0~7.2 后,再用蒸馏水稀释至 1 000 mL。

③稀释液:取贮备液 1.25 mL,用蒸馏水稀释至 1 000 mL,分装,每瓶或每管 9 mL,121℃高压灭菌 20 min。

(3)0.85%生理盐水:称取氯化钠(分析纯)8.5 g,溶于 1 000 mL 蒸馏水中,分装三角瓶中,121℃高压灭菌 20 min。

(4)水琼脂培养基:

①成分:琼脂,9~18 g;蒸馏水,1 000 mL。

②制法:加热使琼脂熔化,校正 pH 至 6.8~7.2,分装三角瓶,121℃高压灭菌 20 min。

(5)实验室常用消毒药品。

(五)测定程序

细菌总数测定程序见图 7-2。

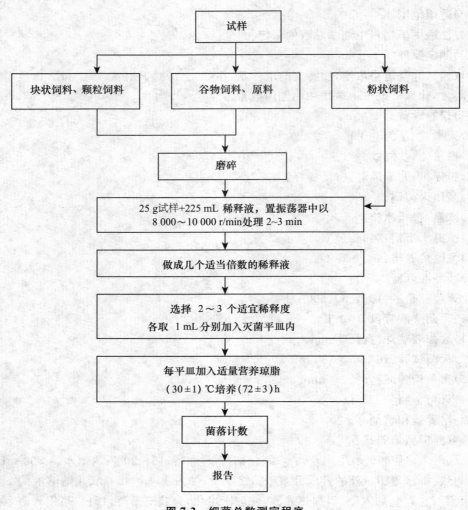

图 7-2　细菌总数测定程序

(六)测定步骤

1. 采样

采样时必须特别注意样品的代表性和避免采样时的污染。预先准备好灭菌容器和采样工具,如灭菌牛皮纸袋或广口瓶、金属勺和刀,在卫生学调查基础上,采取有代表性的样品,样品采集后应尽快检验,否则应将样品放在低温干燥处。

根据饲料仓库、饲料垛的大小和类型,分层定点采样,一般可分三层五点或分层随机采样,不同点的样品,充分混合后取 500 g 左右送检,小量存贮的饲料可使用金属小勺采取上、中、下各部位的样品混合。

海运进口饲料采样:每一船舱采取表层、上层、中层及下层 4 层,每层从五点取样混合,如船舱盛饲料超过 10 000 t,则应加采一个样品。必要时采取有疑问的样品送检。

2. 试样稀释及培养

(1)无菌称取试样 25 g(或 10.0 g),放入含有 225 mL(或 90 mL)稀释液或生理盐水的灭菌三角烧瓶内(瓶内预先加有适当数量的玻璃珠)。经充分振摇,制成 1∶10 的均匀稀释液。最好置振荡器中以 8 000~10 000 r/min 处理 2~3 min。

（2）用 1 mL 灭菌吸管吸取 1∶10 稀释液 1 mL，沿管壁慢慢注入含有 9 mL 稀释液的试管内（注意吸管尖端不要触及管内稀释液），振摇试管，或放微型混合器上，混合 30 s，混合均匀，制成 1∶100 的稀释液。

（3）另取一支 1 mL 灭菌吸管，按上述操作顺序，做 10 倍递增稀释，如此每递增稀释一次，即更换一支吸管。

（4）根据饲料卫生标准要求或对试样污染程度的估计，选择 2~3 个适宜稀释度，分别在做 10 倍递增稀释的同时，即以吸取该稀释度的吸管移 1 mL 稀释液于灭菌平皿内，每个稀释度做两个平皿。

（5）稀释液移入平皿后，应及时将凉至（46±1）℃的平板计数用培养基［可放置（46±1）℃水浴锅内保温］注入平皿约 15 mL，小心转动平皿使试样与培养基充分混匀。从稀释试样到倾注培养基之间，时间不能超过 30 min。

如估计到试样中所含微生物可能在琼脂平板表面生长时，待琼脂完全凝固后，可在培养基表面倾注凉至（46±1）℃的水琼脂培养基 4 mL。

（6）待琼脂凝固后，倒置平皿于（30±1）℃恒温箱内培养（72±3）h 取出，计数平板内菌落数目，菌落数乘以稀释倍数，即得每克试样所含细菌总数。

3. 菌落计数方法

做平板菌落计数时，可用肉眼观察，必要时借助放大镜检查，以防遗漏。在计数出各平板菌落数后，求出同一稀释度两个平板菌落的平均数。

（七）菌落计数报告

1. 计数原则

选取菌落数在 30~300 之间的平板作为菌落计数标准。每一稀释度采用两个平板菌落的平均数，如两个平板其中一个有较大片状菌落生长，则不宜采用，而应以无片状菌落生长的平板作为该稀释度的菌落数，如片状菌落不到平板的一半，而另一半菌落分布又很均匀，即可计算半个平板后乘以 2 代表全平板菌落数。

2. 稀释度的选择

（1）应选择平均菌落数在 30~300 之间的稀释度，乘以稀释倍数报告之。

（2）如有 2 个稀释度，其生长的菌落数均在 30~300，视两者之比如何来决定：如其比值小于或等于 2，应报告其平均数；如大于 2，则报告其中较小的数字。

（3）如所有稀释度的平均菌落数均大于 300，则应按稀释度最高的平均菌落数乘以稀释倍数报告之。

（4）如所有稀释度的平均菌落数均小于 30，则应按稀释度最低的平均菌落数乘以稀释倍数报告之。

（5）如所有稀释度均无菌落生长，则以小于（＜）1 乘以最低稀释倍数报告之。

（6）如所有稀释度的平均菌落数均不在 30~300，其中一部分大于 300 或小于 30，则以最接近 30 或 300 的平均菌落数乘以稀释倍数报告之。

3. 结果报告

菌落数在 100 以内时，按其实有数报告；大于 100 时，采用两位有效数字，两位有效数字后面的数值，以四舍五入方法计算。为了缩短数字后面的零数，也可用 10 的指数来表示（表 7-5）。

表 7-5　稀释度选择和细菌总数报告方式

例次	不同稀释度的细菌数			稀释度之比	细菌总数/ [cfu/g(mL)]	报告方式/ [cfu/g(mL)]
	10^{-1}	10^{-2}	10^{-3}			
1	多不可计	164	20	—	16 400	16 000 或 1.6×10^4
2	多不可计	295	46	1.6	37 750	38 000 或 3.8×10^4
3	多不可计	271	60	2.2	27 100	27 000 或 2.7×10^4
4	多不可计	多不可计	313	—	313 000	310 000 或 3.1×10^5
5	27	11	5	—	270	270 或 2.7×10^2
6	0	0	0	—	$<1 \times 10$	<10
7	多不可计	305	12	—	30 500	31 000 或 3.1×10^4

注:cfu/g(mL)与个/g(mL)相当。

三、饲料中霉菌总数的检验

　　饲料在生产、贮藏和运输过程中难免会污染各种微生物,其中最严重污染的微生物为霉菌。霉菌又称丝状真菌,它能分解纤维素、几丁质等复杂有机物,提供自身营养,是工农业生产中最常见的一类微生物。饲料中霉菌总数越高,饲料受霉菌毒素污染的可能性越大,所以检测饲料霉菌毒素污染程度即霉菌总数就有着重要的意义。

　　饲料中霉菌总数的检验参照国家标准(GB/T 13092—2006)。根据霉菌生理特性,选择适宜霉菌生长而不适宜细菌生长的高渗培养基,采用平皿计数方法,测定饲料中霉菌总数,即饲料试样经处理并在一定条件下培养后,所得 1 mL 试样中所含霉菌的总数。

(一)适用范围

本方法适用于饲料中霉菌的检验。

(二)测定原理

根据霉菌生理特性,选择适宜于霉菌生长而不适宜于细菌生长的培养基,采用平皿计数方法,测定霉菌数。

(三)仪器设备

(1)分析天平:感量 0.001 g。

(2)恒温培养箱:[(25～28)±1]℃。

(3)冰箱:普通冰箱。

(4)高压灭菌锅。

(5)水浴锅:[(45～77)±1]℃。

(6)振荡器:往复式。

(7)微型混合器:2 900 r/min。

(8)灭菌玻璃三角瓶:250,500 mL。

(9)灭菌试管:15 mm×150 mm。

(10)灭菌平皿:直径 90 mm。

(11)灭菌吸管:1,10 mL。

(12)灭菌玻璃珠:直径 5 mm。

(13)灭菌广口瓶:100,500 mL。

(14)灭菌金属勺、刀等。

(四)培养基和试剂

(1)高盐察氏培养基:

①成分:硝酸钠,2 g;磷酸二氢钾,1 g;硫酸镁,0.5 g;氯化钾,0.5 g;硫酸亚铁,0.01 g;氯化钠,60 g;蔗糖,30 g;琼脂,20 g;蒸馏水,1 000 mL。

②制法:加热溶解,分装后 115℃高压灭菌 30 min。

(2)稀释液:称取氯化钠 8.5 g,溶于 1 000 mL 蒸馏水中,分装后 121℃高压灭菌 30 min。

(3)实验室常用消毒药品。

(五)测定程序

霉菌总数测定程序见图 7-3。

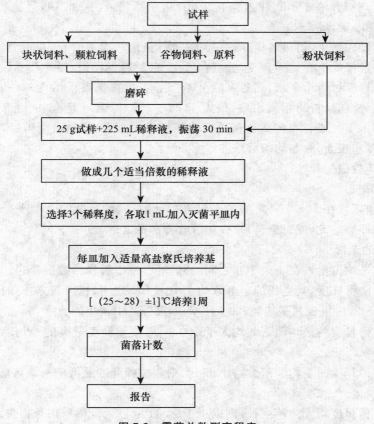

图 7-3　霉菌总数测定程序

(六)测定步骤

1. 采样

采样时必须特别注意样品的代表性和避免采样时的污染。预先准备好灭菌容器和采样工具,如灭菌牛皮纸袋或广口瓶、金属勺和刀,在卫生学调查基础上,采取有代表性的样品,样品采集后应尽快检验,否则应将样品放在低温干燥处。

根据饲料仓库、饲料垛的大小和类型,分层定点采样,一般可分三层五点或分层随机采样,不同点的样品,充分混合后,取 500 g 左右送检,小量存贮的饲料可使用金属小勺采取上、中、下各部位的样品混合。

海运进口饲料采样:每一船舱采取表层、上层、中层及下层 4 层,每层从五点取样混合,如船舱盛饲料超过 10 000 t,则应加采一个样品。必要时采取有疑问的样品送检。

2. 试样稀释及培养

(1)以无菌操作称取样品 25 g(或 25 mL)放入含有 225 mL 灭菌稀释液的玻璃三角瓶中,置振荡器上,振摇 30 min,即为 1∶10 的稀释液。

(2)用灭菌吸管吸取 1∶10 稀释液 1 mL,注入带玻璃珠的试管中,置微型混合器上混合 3 min,或注入试管中,另用带橡皮乳头的 1 mL 灭菌吸管反复吹吸 50 次,使霉菌孢子分散开。

(3)取 1∶10 稀释液 1 mL,注入含有 9 mL 灭菌稀释液的试管中,另换一支吸管吹吸 5 次,此液为 1∶100 稀释液。

(4)按上述操作做 10 倍递增稀释,每稀释一次,换用一支 1 mL 灭菌吸管,根据对样品污染情况的估计,选择 3 个合适稀释度,分别在做 10 倍稀释的同时,吸取 1 mL 稀释液于灭菌平皿中,每个稀释度做两个平皿,然后将凉至 45℃ 左右的高盐察氏培养基注入平皿中,每皿 15 mL 左右,充分混合,待琼脂凝固后,倒置于 25～28℃ 恒温培养箱中,培养 3 d 后开始观察,应培养观察 1 周。或者先将高盐察氏培养基注入平皿中,待琼脂凝固后,吸取一定体积的稀释液于培养基表面,涂布均匀后培养。

(七)菌落计数报告

1. 计数方法

通常选择菌落数在 10～100 之间的平皿进行计数,同稀释度的 2 个平皿的菌落平均数乘以稀释倍数,即为每克(或每毫升)检样中所含霉菌数。

2. 稀释度的选择

(1)应选择平均菌落数在 10～100 之间的稀释度,乘以稀释倍数报告之。

(2)如有 2 个稀释度,其生长的菌落数均在 10～100 之间,视两者之比如何来决定:如其比值小于或等于 2,应报告其平均数;如大于 2,则报告其中较小的数字。

(3)如所有稀释度的平均菌落数均大于 100,则应按稀释度最高的平均菌落数乘以稀释倍数报告之。

(4)如所有稀释度的平均菌落数均小于 10,则应按稀释度最低的平均菌落数乘以稀释倍数报告之。

(5)如所有稀释度均无菌落生长,则以小于(＜)1 乘以最低稀释倍数报告之。

(6)如所有稀释度的平均菌落数均不在 10～100 之间,其中一部分大于 100 或小于 10,则以最接近 10 或 100 的平均菌落数乘以稀释倍数报告之。

3. 结果报告

见表 7-6。

表 7-6　稀释度选择和霉菌总数报告方式

例次	不同稀释度的霉菌数			稀释度选择	稀释度之比	霉菌总数/[cfu/g(mL)]	报告方式/[cfu/g(mL)]
	10^{-1}	10^{-2}	10^{-3}				
1	多不可计	80	8	选 10～100 之间	—	8 000	8.0×10^{3}
2	多不可计	87	12	均在 10～100 之间比值≤2 取平均数	1.4	10 350	1.0×10^{4}
3	多不可计	95	20	均在 10～100 之间比值>2 取较小数	2.1	9 500	9.5×10^{3}
4	多不可计	多不可计	110	均>100 取稀释度最高的数	—	110 000	1.1×10^{5}
5	9	2	0	均<10 取稀释度最低的数	—	90	90
6	0	0	0	均无菌落生长则以<1乘以最低稀释度	—	$<1\times10$	<10
7	多不可计	102	3	均不在 10～100 之间取最接近 10 或 100 的数	—	10 200	1.0×10^{4}

注:cfu/g(mL)与个/g(mL)相当。

【学习要求】

识记:脲酶活性、脂肪氧化酸败、酸价、细菌总数、霉菌总数。

理解:有毒有害物质的测定的内容;微生物检测的内容、步骤及结果表示。

应用:能够进行大豆脲酶活性检测、油脂酸价检测、细菌检测和霉菌检测等。

【知识拓展】

大豆制品蛋白质溶解度的检测

一、适用范围

本方法适用于大豆制品及其副产品中蛋白质溶解度的测定。

二、测定原理

脲酶活性和蛋白质溶解度是评定豆粕加工质量的两个重要指标。但在生产中对加热过度的豆粕脲酶测定值不是一个可靠的指标,蛋白质溶解度可以区别不同程度的过度加热。蛋白质溶解度是指蛋白质在一定量的氢氧化钾溶液中溶解的质量。蛋白质溶解度测定随加热时间的延长而递减。

若蛋白质溶解度大于 85% 则认为大豆粕过生;若蛋白质溶解度小于 75% 则认为大豆粕过熟;当蛋白质溶解度在 80% 左右时认为大豆粕加工适度。

三、仪器设备

(1)样品粉碎机。

(2)分析筛:60目(0.25 mm)。

(3)分析天平。

(4)250 mL 烧杯。

(5)量筒。

(6)磁力搅拌器。

(7)离心机。

(8)其他仪器设备与凯氏定氮时所用的仪器设备相同。

四、试剂与溶液

(1)0.042 mol/L 氢氧化钾溶液:称取 2.360 g 氢氧化钾,加水溶解后,转移至 1 000 mL 容量瓶中,定容。

(2)其他试剂与凯氏定氮时所用的标准试剂相同。

五、测定步骤

选取具有代表性的大豆制品试样,用四分法缩分至200 g,粉碎过60目分析筛。称取经粉细(防止过热)后1.5 g大豆饼粕粉放入250 mL烧杯中,准确加入75 mL氢氧化钾溶液,用磁力搅拌器搅拌20 min,再将搅拌好的液体转至离心管中,用2 700 r/min速度离心10 min,吸取上清液15 mL,放入消化管中,用凯氏定氮法测定其中的蛋白质含量,此含量相当于0.3 g试样中溶解的蛋白质质量。

六、结果计算

1. 计算公式　蛋白质溶解度按式(7-15)计算。

$$蛋白质溶解度 = \frac{15 \text{ mL 上清液中粗蛋白质的质量}}{0.3 \text{ g 试样中粗蛋白质的质量}} \tag{7-15}$$

2. 结果表示　每个样品应取2份平行样进行测定,以其算术平均值为分析结果。

七、重复性

测定允许相对偏差不大于1%。

【知识链接】

参考中华人民共和国农业行业标准 NY/T 1461—2007,NY/T 1372—2007,参考中华人民共和国国家标准 GB/T 22547—2008,GB/T 8622—2006,GB/T 13079—2006,GB/T 13080—2004,GB/T 13081—2006,GB/T 13082—1991,GB/T 13083—2002,GB/T 13084—2006、GB/T 13085—2005,GB/T 13088—2006,GB/T 17480—2008,GB/T 23884—2009 等。

配合饲料加工质量指标检测

理解配合饲料常用加工质量指标测定的意义和基本要求;了解配合饲料常用加工质量指标的测定原理;掌握配合饲料常用加工质量指标的检测方法和技术要求。

【学习内容】

要生产一个质优价廉的饲料产品,仅仅靠选用优质稳定的原料,并根据原料的实际蛋白质、氨基酸和主要矿物元素钙、磷等养分的含量,设计一个科学合理的配方是不够的,还必须通过合理的加工工艺,才能达到预期的目标。衡量配合饲料加工质量的主要指标通常包括配合饲料混合均匀度、配合饲料粉碎粒度、颗粒的硬度、颗粒粉化率、颗粒的淀粉糊化度等。目前,在我国颁布的猪、鸡配合饲料产品质量标准中规定的加工指标主要包括混合均匀度和粉碎粒度。

混合均匀度,即饲料混合的均匀一致性,是饲料混合工艺质量的一项重要指标。配合饲料的混合均匀度一般要求变异系数不超过 10%,预混合饲料的混合均匀度变异系数不大于7%。变异系数越大,则表明饲料的成分在产品中的分布越不均匀。特别是添加到饲料中的微量添加剂成分,如果在产品中不能均匀分布,一方面会降低产品的使用效果,另一方面可导致一部分动物食入不足或食入过量,严重时可能导致动物的中毒。如马杜拉霉素的有效剂量与中毒剂量之间差别非常小,在养禽生产中时常发生马杜拉霉素中毒事件的主要原因之一是饲料混合不均匀。因此,保证饲料产品的混合均匀度,对确保饲料产品的质量至关重要。

粉碎粒度是衡量颗粒大小和颗粒数量的技术指标。不同动物以及同一动物在不同生产时期对配合饲料粉碎粒度有不同的要求。近年来,许多研究表明,日粮中谷物的粉碎粒度与动物的生产性能密切相关。多数研究表明,对于猪,粉碎粒度在 700 μm 左右为宜。

淀粉糊化度是指淀粉中糊化淀粉量与全部淀粉量之比的百分数。动物特别是幼龄动物如仔猪对淀粉的消化率与原料中淀粉的糊化度有密切关系。水产动物对饲料中的淀粉糊化度要求更高。

饲料分析检测技术

任务一 配合饲料粉碎粒度的测定

饲料原料经粉碎后,可改善配料、混合、制粒等后续工序质量,提高生产效率。粉碎后的饲料,增大了饲料比表面积,提高了动物对饲料的消化利用率。但不同的饲养对象,对饲料粉碎粒度有不同的要求,饲料粉碎粒度过大,影响饲料混合均匀度,也不利于动物的消化吸收;若粒度太细,粉尘增加,污染环境,同时由于静电的原因会影响颗粒的流动性,易使饲料结块。在饲料加工过程中,首先要满足动物对粒度的基本要求,此外再考虑其他指标。配合饲料粉碎粒度的测定方法有两层筛法、几何平均粒径测定。下面参照 GB/T 5917—2008《配合饲料粉碎粒度的测定——两层筛筛分法》进行测定。

一、适用范围

本测定适用于用规定的标准编织筛测定配合饲料成品的粉碎粒度。

二、测定原理

用规定的标准试验筛在振筛机上或人工对试样进行筛分,测定各层筛上留存物料质量,计算其占饲料总质量的百分数。

三、仪器设备

(1)标准编织筛:筛目,4,6,8,12,16;孔径,5.00,3.20,2.50,1.60,1.25 mm。
(2)振筛机:统一型号电动振筛机。
(3)天平:感量为 0.01 g。

四、测定步骤

从原始样品中称取试样 100 g,放入规定筛层的标准编织筛内,开动电动机连续筛 10 min,筛完后将各层筛上物分别称重。

五、结果计算

$$该筛层上留存百分率 = \frac{该筛层上留存粉样的重量}{试样重量} \times 100\% \qquad (8\text{-}1)$$

检验结果计算到小数点后第一位,第二位四舍五入。

过筛的损失量不得超过 1%,双试验允许误差不超过 1%,求其平均数即为检验结果。

六、注意事项

(1)测定结果以统一型号的电动振筛机为准,在该振筛机未定型与普及前,各地暂用测定面粉粗细度的电动筛筛理(或手工筛 5 min 计算结果)。
(2)筛分时若发现有未经粉碎的谷粒与种子,应加以称重并记载。

任务二　配合饲料混合均匀度的测定

一、配合饲料混合均匀度的测定

配合饲料混合均匀度是一个重要的质量指标。若配合饲料中各组分混合不均匀,必然会影响饲料产品的质量和动物的生产性能。

配合饲料混合均匀度是指同一批饲料各组分间的差异,用变异系数表示。一般配合饲料混合均匀度的变异系数要求小于 10%。变异系数小,说明混合比较均匀;若变异系数大于 10%,说明混合不够均匀。通过测定配合饲料混合均匀度,既可检查饲料加工过程中混合各工艺的好坏,也有助于提高饲料质量和饲养效果。配合饲料混合均匀度的测定方法有两种:氯离子选择性电极法和甲基紫法。

(一)氯离子选择性电极法

1. 适用范围

本方法适用于各种配合饲料的质量检测,也适用于混合机和饲料加工工艺中混合均匀度的测试。

2. 测定原理

本法通过氯离子选择性电极的电位对溶液中氯离子的选择性响应来测定氯离子的含量,以饲料中氯离子含量的差异来反映饲料的混合均匀度。

3. 仪器设备

(1)氯离子选择性电极。

(2)双盐桥甘汞电极。

(3)离子计或酸度计:精度 0.2 mV。

(4)磁力搅拌器。

(5)烧杯:100,250 mL。

(6)移液管:1,5,10 mL。

(7)容量瓶:50 mL。

(8)分析天平:感量为 0.000 1 g。

4. 试剂与溶液

本方法所用试剂和水,在没有注明其他要求时,均指分析纯试剂和 GB/T 6682 中规定的三级水。

(1)0.5 mol/L 硝酸溶液:吸取浓硝酸 35 mL,用水稀释至 1 000 mL。

(2)2.5 mol/L 硝酸钾溶液:称取 252.75 g 硝酸钾于烧杯中,加水加热溶解,用水稀释至 1 000 mL。

(3)氯离子标准溶液:称取经 500℃灼烧 1 h 冷却后的氯化钠 8.244 0 g 于烧杯中,加水并微热溶解,转入 1 000 mL 容量瓶中,用水稀释至刻度,摇匀,溶液中含氯离子 5 mg/mL。

5. 试样的选取与制备

(1)本法所需的试样系配合饲料成品,必须单独采制。

(2)每一批饲料至少抽取 10 个具有代表性的样品。每个样品的数量应以畜禽的平均日采食量为准,即肉用仔鸡前期饲料取样 50 g;肉用仔鸡后期饲料与产蛋鸡饲料取样 100 g;生长育肥猪饲料取样 500 g。样品的布点必须考虑各方位深度、袋数或料流的代表性,但每一个样品必须由一点集中取样,取样时不允许有任何翻动或混合。

(3)将上述每个样品在化验室充分混匀,以四分法从中分取 10 g 试样进行测定。对颗粒饲料与较粗的粉状饲料需将样品粉碎后再取试样。

6. 测定步骤

(1)标准曲线的绘制:吸取氯离子标准液 0.1,0.2,0.4,0.6,1.2,2.0,4.0,6.0 mL,分别加入 50 mL 容量瓶中,加入 5 mL 硝酸溶液,10 mL 硝酸钾溶液,用水稀释至刻度,摇匀,即可得到 0.01,0.02,0.04,0.06,0.12,0.20,0.40,0.60 mg/mL 氯离子标准系列溶液,将它们分别倒入 100 mL 的干燥烧杯中,放入磁性搅拌子一粒,以氯离子选择性电极为指示电极,双盐桥甘汞电极为参比电极,用磁力搅拌器搅拌 3 min(转速恒定),在酸度计或电位计上读取指示值(mV),以溶液的电位值(mV)为纵坐标,氯离子的质量浓度(mg/mL)为横坐标,在半对数坐标纸上绘制标准曲线。

(2)试样的测定：称取试样 10 g(准确至 0.000 2 g)置于 250 mL 烧杯中，准确加入 100 mL水，搅拌 10 min，静置 10 min 后用干燥的中速定性滤纸过滤。吸取试样滤液 10 mL 置于 50 mL 容量瓶中，加入 5 mL 硝酸溶液及 10 mL 硝酸钾溶液，用水稀释至刻度，摇匀，按标准曲线的操作步骤进行测定，读取电位值，从标准曲线上求得氯离子含量的对应值。

7. 结果计算

以各次测定的氯离子含量的对应值为 $x_1, x_2, x_3, \cdots, x_{10}$，其平均值 $\overline{x}$、标准差 S 与变异系数 CV 按式(8-2)至式(8-5)计算。

$$\overline{x} = \frac{x_1 + x_2 + x_3 + \cdots + x_{10}}{10} \tag{8-2}$$

$$S = \sqrt{\frac{(x_1 - \overline{x})^2 + (x_2 - \overline{x})^2 + (x_3 - \overline{x})^2 + \cdots + (x_{10} - \overline{x})^2}{10 - 1}} \tag{8-3}$$

$$S = \sqrt{\frac{x_1^2 + x_2^2 + x_3^2 + \cdots + x_{10}^2 - 10\overline{x}^2}{10 - 1}} \tag{8-4}$$

$$CV = \frac{S}{\overline{x}} \times 100\% \tag{8-5}$$

若需求得饲料中的氯离子质量分数，可按式(8-6)计算。

$$w(Cl^-) = \frac{m_1}{m \times \frac{V_1}{V} \times 1\ 000} \times 100\% \tag{8-6}$$

式中：m_1 为从标准曲线上求得的氯离子(Cl^-)含量，mg；m 为测定时试样的质量，g；V_1 为测定时试样滤液的用量，mL；V 为试样溶液总体积，mL。

注：配合饲料的混合均匀度(CV)不超过 10%。

(二)甲基紫法

1. 适用范围

本法主要适用于混合机和饲料加工工艺中混合均匀度的测试。

2. 测定原理

本法以甲基紫色素作为示踪物，将其与添加剂一起加入，预先混合于饲料中，然后以比色法测定样品中甲基紫含量，以饲料中甲基紫含量的差异来反映饲料的混合均匀度。

3. 仪器设备

(1)分光光度计：有 5 mm 比色皿。

(2)标准铜丝网筛：筛孔基本尺寸 100 μm。

4. 试剂

(1)甲基紫(生物染色剂)。

(2)无水乙醇。

(3)示踪物的制备与添加：将测定用的甲基紫混匀并充分研磨，使其全部通过 100 μm 标准筛。按照配合饲料成品量十万分之一的用量，在加入添加剂的工段投入甲基紫。

5. 试样的采集与制备

试样的采集与制备与氯离子选择性电极法相同。

6. 测定步骤

称取试样 10 g(准确至 0.000 2 g)，放在 100 mL 的小烧杯中，加入 30 mL 无水乙醇，不时加以搅动,烧杯上盖一表面皿,30 min 后用滤纸过滤(定性滤纸,中速),以无水乙醇作空白调节零点,用分光光度计,以 5 mm 比色皿在 590 nm 的波长下测定滤液的吸光度。

7. 结果计算

以各次测定的吸光度值为 $x_1, x_2, x_3, \cdots x_{10}$,其平均值 $\bar{x}$、标准差 S 与变异系数 CV 按氯离子选择性电极法中式(8-2)至式(8-5)计算。

8. 注意事项

(1)同一批饲料的 10 个试样测定时应尽量保持操作的一致性,以保证测定值的稳定性和重复性。

(2)由于出厂的各批甲基紫的甲基化程度不同,色调可能有差别,因此,测定混合均匀度所用的甲基紫,必须用同一批次的并加以混匀,才能保持同一批饲料中各样品测定值的可比性。

(3)配合饲料中若添加苜蓿草粉、槐叶粉等含有色素的组分,则不能用甲基紫法测定混合均匀度。

▶ 二、微量元素预混合饲料混合均匀度的测定

在微量元素预混料中,有些微量成分添加极少,如鸡的饲料中微量元素硒添加量为 $0.15 \sim 0.20$ mg/kg。因此,测定其预混合均匀度尤为重要。预混合饲料的变异系数通常要求不大于 7%。

(一)适用范围

本测定方法适用于含有铁源的微量元素的预混合饲料混合均匀度的测定。

(二)测定原理

本方法通过预混合饲料中铁含量的差异来反映各组分分布的均匀性。

本方法通过盐酸羟胺将样品中的铁还原成二价铁,再与显色剂邻菲罗啉反应,生成橙红色的络合物,以比色法测定铁的含量。

(三)仪器设备

(1)分析天平:感量为 0.000 1 g。

(2)可见分光光度计。

(3)容量瓶:100,50 mL。

(4)三角瓶、吸量管、量筒等。

(四)试剂与溶液

(1)乙酸盐缓冲溶液(pH 4.6):称取 8.3 g 分析纯无水乙酸钠于水中,加入 12 mL 乙酸,并用蒸馏水稀释至 100 mL。

(2)盐酸羟胺溶液:溶解 10 g 盐酸羟胺于水中,用水稀释至 100 mL,保存在棕色瓶中,并置于冰箱内可稳定数周。

(3)邻菲罗啉溶液:取 0.1 g 邻菲罗啉加入约 80 mL 80℃的水中,冷却后用水稀释至 100 mL,保存在棕色瓶中,并置于冰箱内可稳定数周。

(4)浓盐酸:化学纯。

(五)样品采集与制备

(1)本法所需的样品预混合饲料成品,必须单独采制。

(2)包装成品在成品库取样,一个包装算一个点,每个样品由一点集中取样。

(3)每批饲料抽取 10 个有代表性的实验室样品,每个实验室样品为 50 g。各实验室样品的布点必须考虑代表性,取样前不允许翻动或混合。

(4)将上述每个实验室样品在实验室充分混匀,以四分法从中取 1～10 g(视含铁量而不同)试样进行测定。

(六)测定步骤

称取试样 1～10 g(准确至 0.000 2 g),放入烧杯中,加入 20 mL 浓盐酸,加入 30 mL 水稀释,充分搅拌溶解,过滤到 100 mL 容量瓶中,定容至刻度。取过滤的试样液 1 mL,放置到 25 mL 容量瓶中,加入盐酸羟胺 1 mL,充分混匀后放置 5 min 充分反应($Fe^{3+} \rightarrow Fe^{2+}$),向 25 mL 容量瓶中加入 5 mL 乙酸盐缓冲液,摇匀,加入 1 mL 邻菲罗啉,用水稀释至 25 mL,充分混匀,放置 30 min,以蒸馏水作参比溶液,用分光光度计在 510 nm 波长处测定其吸光度。

(七)结果计算

以各次测定的吸光度值为 $x_1, x_2, x_3, \cdots x_{10}$,其平均值 $\bar{x}$、标准差 S 与变异系数 CV 按氯离子选择性电极法中式(8-2)至式(8-5)计算。

(八)注意事项

(1)试样加入浓盐酸时必须慢慢滴加,以防样液溅出。

(2)试样必须充分搅拌。

(3)对于高铜的预混合饲料可适当将邻菲罗啉溶液的用量增加 3～5 mL。

任务三　颗粒饲料粉化率和含粉率的测定

颗粒饲料是将生产的粉料经过提升、调质、制粒、冷却等工序生产的一种饲料形态。

颗粒饲料粉化率是指颗粒饲料在特定条件下产生的粉末质量占其总质量的百分比。含粉率是指颗粒饲料中所含粉料质量占其总质量的百分比。粉化率和含粉率是评定颗粒饲料质量的两个重要指标。粉化率过高,在贮存运输中易破碎、分离,造成营养成分的损失;粉化率过低,则畜禽消化困难,还会增加能耗和成本。颗粒饲料含粉率过高,在动物饲养过程中易造成饲料浪费。

一、适用范围

本方法适用于一般硬颗粒饲料的粉化率、含粉率测定。

二、测定原理

本法通过粉化仪对颗粒产品的翻转摩擦后成粉量的测定,反映颗粒的坚实程度。

三、仪器设备

(1)瑞士 RETCH-API 型粉化仪，两箱体式。
(2)国产 SFCX₂ 型粉化仪，两箱体式。
(3)标准筛一套。
(4)SDB-200 顶击式标准筛振筛机。

四、样品采集

颗粒饲料冷却 1 h 以后测定，从各批颗粒饲料中取出有代表性的实验室样品 1.5 kg 左右。

五、测定步骤

1. 含粉率的测定

将实验室样品(试样)用规定筛号的金属筛(表 8-1)分 3 次用振筛机预筛 1 min，将筛下物称重。计算 3 次筛下物总质量占样品总质量的百分数，即为含粉率，然后将筛上物用四分法称取 2 份试料，每份 500 g。

表 8-1 不同颗粒直径采用的筛孔尺寸 mm

颗粒直径	1.5	2.0	2.5	3.0	3.5	4.0	4.5
筛孔尺寸	1.0	1.4	2.0	2.36	2.8	2.8	3.35
颗粒直径	5.0	6.0	8.0	10.0	12.0	16.0	20.0
筛孔尺寸	4.0	4.0	5.6	8.0	8.0	11.2	16.0

2. 粉化率的测定

将称好的 2 份样品分装入粉化仪的回转箱内，盖紧箱盖，开动机器，使箱体回转 10 min (500 r/min)，停止后取出样品，用规定筛格在振筛机上筛理 1 min，称取筛上物质量，计算 2 份样品测定结果的平均值。

六、结果计算

1. 计算公式

样品含粉率(X_1)与粉化率(X_2)的分别按式(8-7)和式(8-8)计算。

$$X_1 = \frac{m_1}{m} \times 100\% \tag{8-7}$$

式中：m_1 为预筛后筛下物总质量，g；m 为预筛样品总质量，g。

$$X_2 = \frac{m_3}{m_2} \times 100\% \tag{8-8}$$

式中：m_2 为筛上物称取的质量，g；m_3 为回转后筛下物质量，g。

2. 结果表示

所得结果表示至小数点后 1 位。

七、重复性

两份样品测定结果绝对差不大于 1‰，在仲裁分析时绝对差不大于 1.5‰。

八、注意事项

(1)在样品量不足 500 g 时，也可用 250 g 样品，回转 5 min，测定粉化率。

(2)若在颗粒冷却后 4～5 h 测定，所测定的粉化率应加注。如冷却延误 5 h 测得的粉化率是 94％，则应表示为 94％(5 h)。

任务四　颗粒饲料硬度的测定

颗粒饲料硬度是指颗粒对外界压力所引起变形的抵抗能力。在饲料生产中一般要求颗粒硬度适中，太硬会降低饲料适口性和生产性能，太脆会提高产品粉化率。通过对颗粒饲料硬度的测定来调整颗粒饲料生产中影响硬度的工艺如粉碎粒度、原料是否膨化或膨胀、原料调质等。

一、适用范围

本方法适用于一般经挤压得到的硬颗粒饲料。

二、测定原理

用对单颗粒径向加压的方法，使其破碎。以此时的压力表示该颗粒硬度。用多个颗粒硬度的平均值表示该样品的硬度。

三、仪器设备

(1)天平。

(2)木屋式硬度计。

四、样品制备

从每批颗粒饲料中取出具有代表性的实验室样品约 20 g。用四分法从各部分选取长度 6 mm 以上，大体上同样大小、长度(以颗粒两头最凹处计算)的颗粒 20 粒。

五、测定步骤

将硬度计的压力指针调整至零点，用镊子将颗粒横放到载物台上，正对压杆下方。转动手轮,使压杆下降,速度中等、均匀。颗粒破碎后读取压力数值$(x_1,x_2,x_3,\cdots,x_{20})$。清扫载物台上碎屑。将压力计指针重新调整至零,开始下一样品的测定。

六、结果计算

颗粒硬度按照式(8-9)计算。

$$\bar{x}=\frac{x_1+x_2+\cdots+x_{20}}{20} \tag{8-9}$$

式中:$\bar{x}$ 为试样硬度,kg;$x_1,x_2,x_3,\cdots,x_{20}$ 为各单粒试样的硬度,kg。

如果颗粒长不足 6 mm,则在硬度数值后注明平均长度。例如硬度 $\bar{x}=29.4$ kg,颗粒平均长度 $L=5$ mm,则将试样硬度写为 29.4 kg($L=5$ mm)。

七、重复性

两个平行测定结果的绝对差不大于 1 kg。

【学习要求】

识记:配合饲料混合均匀度;颗粒饲料硬度、含粉率和粉化率。

理解:掌握配合饲料常用加工质量指标测定的内容和基本操作。

应用:能根据测定指标,判定配合饲料的加工质量,并提出改进方法。

【知识拓展】

拓展一　渔用配合饲料水中稳定性的测定

渔用配合饲料一般投于水中饲喂,且摄食时间较长,一般为 30 min 左右。另外,对虾抱食,边食边游,因而要求其在水中有良好的稳定性,即在水中应不溃散,故一般水产动物配合饲料加工需加黏合剂,并采用后熟化工艺使配合饲料在水中能保持数小时不扩散。

溶失率是评价颗粒饲料水中稳定性的一项指标,指一定时间内颗粒饲料(或粉状饲料加水搅和成面团)在水中溶失的质量分数。

一、适用范围

本测定方法适用于渔用粉末配合饲料、颗粒配合饲料与膨化配合饲料水中稳定性测定。

二、测定原理

通过渔用粉末饲料、颗粒饲料和膨化饲料在一定温度水中浸泡一定时间后测其在水中的溶失率来评定饲料在水中的稳定性。

三、仪器设备

(1)分析天平:感量为 0.000 1 g。

(2)恒温水浴箱。

(3)电热恒温鼓风干燥箱。

(4)立式搅拌器。

(5)量筒:20,500 mL。

(6)温度计:精度为 0.1 ℃。

(7)圆筒形网筛(自制):网筛框高 6.5 cm,直径为 10 cm,金属筛网孔径应小于被测饲料的直径。

(8)秒表。

四、试样采集与制备

1.抽样方法　成品抽样应在生产者成品仓库内按批号进行。成品抽样批量在 1 t 以下时,按其袋数的 1/4 抽取;批量在 1 t 以上时,抽样袋数不少于 10 袋。沿堆积面以"X"形或"W"形对各袋抽取。产品未堆垛时应在各部位随机抽取,样品抽取一般用钢管或钢管制成的采样器。由各袋取出的样品应充分混匀后按四分法分别留样。

2.样品制备　按 GB/T 14699.1 规定执行。

五、测定步骤

1. 粉末饲料水中稳定性的测定　称取 2 份试样各 20 g(准确至 0.000 1 g),倒入盛有 20～24 mL 蒸馏水的搅拌器中,在室温条件下低速(105 r/min)搅拌黏合 1 min,成面团后取出,平分 2 份。取其中一份放置静水中,在水温(25±2)℃浸泡 1 h,捞出后与另一份对照样同时放入烘箱中在 105℃恒温下烘干至恒重后,取出置于干燥箱冷却至恒重,分别准确称重。

2. 颗粒饲料和膨化饲料水中稳定性的测定　称取试样 10 g(准确至 0.1 g),放入已备好的圆筒形网筛内。网筛置于盛有水深为 5.5 cm 的容器中,水温为(25±2)℃,浸泡(硬颗粒饲料浸泡时间为 5 min,膨化饲料浸泡时间为 20 min)后,把网筛从水中缓慢提至水面,再缓慢沉入水中,使饲料离开筛底,如此反复 3 次后取出网筛,斜放沥干吸附水,把网筛内饲料置于 105℃烘箱内烘干至恒重,称重(m_2)。同时,称一份未浸水的同样饲料(对照料),置于 105℃烘箱内烘干至恒重,称重(m_1)。

六、结果计算

1. 计算公式　溶失率(X)按式(8-10)计算。

$$X = \frac{m_1 - m_2}{m_1} \times 100\% \tag{8-10}$$

式中:m_1 为对照料烘干后的质量,g;m_2 为浸泡料烘干后的质量,g。

2. 结果表示　每个试样应取 2 个平行样进行测定,以其算术平均值为结果,结果表示至 1 位小数。

七、重复性

允许相对误差小于等于 4%。

拓展二　颗粒饲料淀粉糊化度的测定

糊化度是指淀粉在加工过程中所达到的熟化程度,即淀粉中糊化淀粉与全部淀粉量之比的百分数。饲料淀粉的糊化基本上是通过水分、热、机械能、压力、酸碱度等因素综合作用而发生的。糊化对消化有重要作用,它可以提高淀粉吸收水分的能力,使得酶能够降解淀粉,从而提高淀粉的消化率。

一、测定原理

β-淀粉酶在适当 pH 和温度下,能在一定时间内,定量地将糊化淀粉转化为还原糖,转化的糖量与淀粉的糊化程度呈比例关系。用铁氰化钾法测其还原糖量,即可计算出淀粉的糊化度。

二、仪器设备

(1)分析天平:感量 0.1 mg。

(2)多孔恒温水浴锅:可控温度(40±1)℃。

(3)烧杯、容量瓶(100 mL)、移液管(2,5,15,25 mL)、量筒、碱式滴定管(25 mL)、漏斗等玻璃仪器。

(4)中速定性滤纸。

三、试剂与溶液

(1)10%磷酸盐缓冲液(pH=6.8):

①甲液:溶解 71.64 g 磷酸氢二钠于蒸馏水中,并稀释至 1 000 mL。

②乙液:溶解 31.21 g 磷酸二氢钠于蒸馏水中,并稀释至 1 000 mL。

取甲液 49 mL、乙液 51 mL 合并为 100 mL,再加入 900 mL 蒸馏水即为 10%磷酸盐缓冲液。

(2)60 g/L β-淀粉酶溶液(活力大于 10 万 U):溶解 6.0 g β-淀粉酶(精制,细度为 80%以上通过 60 目)于 100 mL 10%磷酸盐缓冲液中成乳浊液(β-淀粉酶贮于冰箱或干燥器内,用时现配)。

(3)10%硫酸溶液:将 10 mL 浓硫酸用蒸馏水稀释至 100 mL。

(4)12%钨酸钠溶液:溶解 12.0 g 钨酸钠(分析纯)于 100 mL 蒸馏水中。

(5)0.1 mol/L 碱性铁氰化钾溶液:溶解 32.9 g 铁氰化钾和 44.0 g 无水碳酸钠于蒸馏水中,并稀释至 1 000 mL,贮存于棕色瓶内。

(6)乙酸盐溶液:溶解 70.0 g 氯化钾和 40.0 g 硫酸锌于蒸馏水中加热溶解,冷却至室温,再缓缓加入 200 mL 冰乙酸,并稀释至 1 000 mL。

(7)10%碘化钾溶液:溶解 10.0 g 碘化钾于 100 mL 蒸馏水中,加入几滴饱和氢氧化钠溶液,防止氧化,贮于棕色瓶中。

(8)0.1 mol/L 硫代硫酸钠溶液:溶解 24.82 g 硫代硫酸钠($Na_2S_2O_3 \cdot 5H_2O$)和 3.8 g 硼酸钠($Na_2B_2O_7 \cdot 10H_2O$)于蒸馏水中,并定容至 1 000 mL,贮于棕色瓶内(此液放置 2 周后使用)。

(9)10 g/L 淀粉指示剂:溶解 1.0 g 可溶性淀粉于煮沸的蒸馏水中,再煮沸 1 min,冷却,稀释至 100 mL。

四、试样的选取与制备

取要检测的颗粒饲料样品 50 g 左右,研磨粉碎,过 40 目分析筛,混匀,放于密闭容器内,贴上标签,低温保存(4~10℃)。

五、测定步骤

(1)分别称取试样(1.000 0±0.000 3)g(准确至 0.000 2 g,淀粉含量不大于 0.5 g)4 份,置于 4 只 150 mL 三角瓶中,标上 A_1、A_2、B_1、B_2。另取 2 个 150 mL 三角瓶,不加试样,做空白试验,并标上 C_1、C_2。在这 6 只三角瓶中各用 50 mL 量筒加入 40 mL 10%磷酸盐缓冲液。

(2)将 A_1、A_2 置于沸水浴中煮沸 30 min,取出快速冷却至 60℃以下。

(3)将 A_1、A_2、B_1、B_2、C_1、C_2 置于(40±1)℃恒温水浴锅中预热 3 min 后,各用 5 mL 移液管加入 5 mL 60 g/L β-淀粉酶溶液,保温(40±1)℃ 1 h(每隔 15 min 轻轻摇匀 1 次)。

(4)1 h 后,将 6 只三角瓶取出,用移液管分别加入 2 mL 硫酸溶液,摇匀。再加入 2 mL

12%钨酸钠溶液,摇匀。将它们分别转移至 6 只 100 mL 容量瓶中(用蒸馏水荡洗三角瓶 3 次以上,荡洗液也转移至相应的容量瓶中)。最后用蒸馏水定容至 100 mL,并贴上标签。

(5)摇晃容量瓶,静置 2 min 后,用中速定性滤纸过滤,留滤液作为下面测定试液。

(6)用 5 mL 移液管分别吸取上述滤液 5 mL,放入洁净的并贴有相应标签的 150 mL 三角瓶内,再用 15 mL 移液管加入 15 mL 0.1 mol/L 碱性铁氰化钾溶液,摇匀后,置于沸水浴中准确加热 20 min 后取出,用冷水快速冷却至室温,用 25 mL 移液管缓慢加入 25 mL 乙酸盐溶液,并摇匀。

(7)用 5 mL 移液管加入 5 mL 10%碘化钾溶液,摇匀,立即用 0.1 mol/L 硫代硫酸钠溶液测定,当溶液颜色变成淡黄色时,加入几滴 10 g/L 淀粉指示剂,继续滴定至蓝色消失。各三角瓶逐一滴定,并记下相应的滴定量 a_1、a_2、b_1、b_2、c_1、c_2 mL。

六、结果计算

1.计算公式　2 次测定的糊化度 A_1,A_2 分别按式(8-11)和式(8-12)计算。

$$A_1 = \frac{c-b_1}{c-a_1} \times 100\% \tag{8-11}$$

$$A_2 = \frac{c-b_2}{c-a_2} \times 100\% \tag{8-12}$$

式中:c 为空白滴定量 c_1,c_2 的平均值,mL;a_1,a_2 为完全糊化试样溶液滴定量,mL;b_1,b_2 为试样溶液滴定量,mL;所得结果取整数。

2.结果表示　以 2 次平行测定的平均值作为该试样的糊化度。

七、重复性

双试验的相对偏差:糊化度在 50% 以上时,不超过 10%;糊化度在 50% 以下时,不超过 5%。

【知识链接】

GB/T 16765—1997《颗粒饲料通用技术条件》,GB/T 5917.1—2008《配合饲料粉碎粒度测定法》,GB/T 5918—2008《饲料产品混合均匀度的测定》,GB/T 10649—2008《微量元素预混合饲料混合均匀度的测定》。

配合饲料质量控制技术

➤ **学习目标**

　　了解影响饲料质量的因素;理解提高饲料质量的措施;熟悉饲料工厂常用的质量管理方法;会进行饲料厂检验形式的设计;能对饲料厂产品标准进行设计。

【学习内容】

配合饲料是动物为人类生产动物性食品的原料,是人类的间接食品,其质量与动物的健康、生产及畜产品的质量密切相关,直接关系到人类的健康和生存。每一种配合饲料产品都有相应的质量标准,在饲料生产中,必须按照质量标准对配合饲料产品进行质量检测与控制,这是保证配合饲料质量的重要措施,也是饲料企业实施全面质量管理的重要环节。配合饲料产品包括添加剂预混料、浓缩料、精料补充料和配合饲料,是多种饲料原料与添加剂成分复杂的混合物。配合饲料的质量检测与控制包括饲料原料和成品的质量检测与控制。

任务一　配合饲料质量评定指标

▶ 一、质量评定指标

(一)感官指标

感官指标是对饲料原料与配合饲料产品的色泽、气味、外观性状等所做的规定。各类饲料原料和产品的感官指标要求基本一致,合格的原料和成品要求色泽一致,质地疏松,无发酵霉变、结块,无异味、异臭,混合均匀,粒度整齐,无杂质。通过感官鉴定,可以初步评定饲料原料和产品的质量及加工工艺是否符合质量标准。

(二)水分指标

水分是饲料原料和配合饲料质量标准中非常重要的检测指标之一。采用无机物作为载体的微量元素预混料,其含水量不应超过 5%,有机载体的各类预混料其含水量不得超过 10%。对其他配合饲料,通常规定北方地区不高于 14.0%,南方地区不高于 12.5%。

(三)配合饲料加工质量指标

配合饲料的加工质量指标是对饲料产品的粒度、含杂量、混合均匀度等加工质量所做的规定,主要包括混合均匀度和成品粒度指标。配合饲料的混合均匀度用变异系数(CV)表示,质量标准中规定预混料的混合均匀度变异系数 CV 值应不大于 7%,其他配合饲料产品的混合均匀度变异系数 CV 值应不大于 10%。成品粒度主要根据动物种类及饲料产品种类确定。

(四)营养成分指标

营养成分指标是对饲料原料和成品的营养成分含量或营养价值所做的规定。

营养成分指标可分为常规营养成分(主要包括能量、粗脂肪、粗蛋白质、粗纤维、粗灰分、钙、总磷、水溶性氯化物等)指标和微量营养成分(主要包括各种氨基酸、维生素、微量元素)指标(通常主要根据饲料原料及产品的要求确定微量营养成分指标是否需要进行测定)。

(五)卫生质量指标

卫生质量指标按照《中华人民共和国饲料卫生标准》的规定执行,饲料卫生标准是国家强制性标准,所规定的卫生质量指标是判定饲料原料与产品是否合格的强制性指标,只要有一项不合格,即评定该原料或产品不合格。各地区、企业不容许随意降低卫生质量指标的判定标准。

1. 无机有毒有害物质

主要包括饲料原料和产品中砷、铅、汞、镉、铬、氟含量的检测。动物摄取这些矿物元素后引起生长阻碍、生产性能降低乃至中毒死亡,主要是因营养性矿物质添加剂、矿物质饲料及某些饲料原料的污染所致。动物性饲料如鱼粉、肉粉和肉骨粉等易受汞的污染,使用时要注意汞的含量。因此,在饲料卫生标准中规定了配合饲料、浓缩饲料、添加剂预混料、饲料添加剂及某些饲料原料中这些无机元素的允许量。

2. 天然有毒有害物质

饲料中天然存在的特征性的有毒有害物质。有的饲料本身含有一些有毒有害物质,其种类较多,对动物危害性较大的天然有毒有害物质主要有亚硝酸盐、氰化物、游离棉酚、异硫氰酸酯、噁唑烷硫酮、胰蛋白酶抑制因子(通过大豆制品中尿素酶活性测定)等。因此,饲料卫生标准中主要对这些指标的允许量进行了规定。

3. 菌类及其毒素

主要包括细菌总数、霉菌总数、沙门氏菌及黄曲霉毒素 B_1 的检测。饲料中的细菌多种多样,其中包括致病性、相对致病性和非致病性细菌,它们是评价饲料卫生质量的重要指标之一,饲料卫生标准中规定了细菌总数的允许量。沙门氏菌是细菌中危害最大的微生物,传播性很强,容易传播给人,饲料中最易污染的是鱼粉。因此,我国饲料卫生标准规定,饲料中不得检出沙门氏菌。饲料中常见的微生物主要包括霉菌和细菌。污染饲料的霉菌主要是曲霉菌属、镰刀菌属和青霉菌属的霉菌,可产生 200 多种霉菌毒素。其中对动物影响较大的毒素主要有黄曲霉毒素、赭曲霉毒素、杂色曲霉毒素、T-2 毒素、玉米赤霉烯酮、岛青霉素、橘青霉素、黄绿青霉素等。在黄曲霉毒素中,B_1 毒素毒性最大,它可严重损害肝细胞、肾和其他器官,干扰免疫机制,引起食欲减退、发育不良甚至死亡,导致畜禽流产,致癌等。我国长江沿岸和长江以南地区饲料黄曲霉毒素 B_1 的污染较多,尤其是玉米和花生饼粕。因此,饲料卫生标准中规定了饲料中黄曲霉毒素 B_1 的允许含量。

4. 农药残留

农药的残留直接影响动物健康,进而威胁人类健康。对动物和人体毒害作用较强的农药有滴滴涕、六六六。因此,饲料卫生标准中主要对这两项指标的允许量进行了规定。

在配合饲料中使用抗生素可获得明显的经济效益。但是,长期使用某种抗生素,一方面会产生抗药性;另一方面还存在畜产品中药物的残留问题,进而威胁人类的健康。因此,抗生素的添加种类、添加量也是影响饲料卫生质量的重要指标之一,必须严格控制抗生素添加剂的种类及用法用量。

二、出厂检验指标与型式检验指标

各种饲料成品需要检测的项目很多,但化验室的人力、物力、财力有限,而且有的项目没有必要经常测定。因此,必须科学地确定检验项目与检验次数或周期。通常饲料质检部门的检验分为出厂检验与型式检验,检验项目也可分为出厂检验项目与型式检验项目。

(一)出厂检验项目

出厂检验是饲料厂质检部门为了保证饲料质量对每批出厂的产品必须进行的检验,因此,出厂检验项目通常是常规检验项目,由生产厂或公司质检部门进行检验,也叫交收检验项目。项目的种类因饲料原料种类及产品种类而异,通常包括理化指标、感官指标、卫生指标中细菌总数、重量指标和外观要求。配合饲料产品的出厂检验项目主要有感官指标、成品粒度、水分、粗蛋白质,饲料企业也可根据原料和生产的实际情况进行适当调整。任何一个饲料企业在产品出厂前均应由其检验部门按产品标准逐批进行检验,符合标准方可出厂,每批出厂产品都应附有合格证。

(二)型式检验项目

型式检验是检验规则中检验分类的一种,是指为全面考核产品质量而对标准中规定的全部技术特性进行检验。型式检验应明确规定条件、规则和检验项目。型式检验项目包括原料标准或产品标准中规定的全部项目,包括常规检验项目和非常规检验项目,非常规检验项目是指非逐批检验的项目,如卫生指标中除细菌总数以外的其他项目。一般情况下,每年应对产品至少进行一次型式检验。有下列情况之一时,也应进行型式检验:

(1)新产品或老产品转厂生产的试制定型鉴定;

(2)正式生产后,如原料、配方或生产工艺有较大改变,可能影响产品质量时;

(3)正常生产时,定期积累一定产量后,应周期性进行一次检验;

(4)产品长期停产后,恢复生产时;

(5)出厂检验结果与上次型式检验有较大的差异时;

(6)国家质量监督机构提出进行型式检验要求时。

任务二　配合饲料质量控制

一、饲料配方设计过程的质量控制

饲料配方设计过程包括产品设计、加工工艺设计、产品试制、使用验证与鉴定等环节,是饲料产品正式投产前的全部技术准备过程。饲料配方既是生产配合饲料的依据,又是饲养标准的体现。设计饲料配方时必须满足饲养标准,符合畜禽消化生理特点,适口性好;充分利用当地资源,避免资源浪费;既要考虑营养价值,又要考虑经济效果,同时考虑卫生质量与安全性。因此,配方设计过程的质量控制主要涉及以下几方面:

(一)合理规定产品的质量目标

饲料产品的质量目标是在遵循饲料配方设计原则的基础上,通过市场调查研究,系统地收集生产部门及用户实际使用效果等信息,根据用户要求、科技信息与企业的经营目标,对饲料产品的营养特性、加工工艺流程进行设计,提出对新产品或原产品改进的质量要求。因此,设计过程中主要依赖四个方面的标准:

1. 产品的营养标准

要在充分掌握营养学基础、不同动物对营养的需求和饲料营养成分的利用能力、原料的适口性和生物学效价、添加剂的添加效应以及卫生安全、环境保护等方面知识的基础上制定营养标准。

2. 原料质量标准

采购人员与技术服务部门协作,对原料进行选择和检验,建立各种原料营养成分和添加剂有效成分的信息库,并对原料营养成分的生物学利用率进行测定,在此基础上结合卫生安全指标制定饲料原料和添加剂的标准。

3. 加工质量标准

加工质量标准是对系统设计(包括避免交叉污染)以及生产能力评价的基础上制定的规范的操作程序。

4. 饲料卫生标准

饲料卫生标准是国家强制性标准,规定产品质量目标必须在符合所有的卫生质量指标的前提下进行。

(二)对饲料产品的质量标准进行分解

为了实现质量目标,对产品质量标准层层分解,规定出每一流程的相应产品及辅料标准、加工标准以及包装、保管、储运等标准,同时确定检验手段。

(三)饲料产品的试制和鉴定

试制和鉴定就是通过加工与饲养实践来检验饲料产品的设计和工艺工作质量,以便及时发现和解决其中存在的问题,使设计和工艺的质量符合质量目标的要求。

二、饲料原料的质量控制

饲料原料是组成配合饲料的基础,其优劣程度直接影响饲料产品的质量。严格控制原料质量是产品质量控制的基础,是实现配方价值、体现配方特点和确保饲料产品质量的重要保证。因此,把好原料质量关,是保证饲料产品质量的关键。饲料原料的质量控制主要包括原料的采购、接收、贮存及库存量的确定等环节。

(一)饲料原料的采购管理

原料采购是保证原料质量的关键环节。因此,饲料企业应严格执行饲料原料的采购原则,确保原料的质量。

1. 掌握原料基本特性

饲料原料种类繁多,成分、性质各异。因此,选购原料时,除要求按照国家标准(包括原料标准与饲料卫生标准)和有关知识掌握各种原料的基本营养特性外,对原料是否含有毒性物质、是否适于某种动物饲用以及生产工艺等都应有所了解。

2. 拟订采购标准

按照配方设计要求,参照原料的国家标准或企业标准拟订原料的采购质量标准。通常,原料的采购应严格按照国家标准要求进行。对暂无国家标准的原料,允许参考行业或国外有关标准,也可由各地(厂)根据当地情况自订,或由购销双方商定。

3. 确定检验项目

根据原料的种类及实际情况确定保证原料质量的必检项目。检验是大多数中小型饲料企业普遍存在的薄弱环节。实际上,饲料企业在检验方面投入的人力、物力支出将获得几倍甚至几十倍的效益回报。因此,饲料企业应组建饲料检验实验室,设专职或兼职质量检验人员,对每批入厂的原料都进行检验、判定,并将检验结果及时反馈给配方师和有关部门领导,

饲料分析检测技术

明确检验项目。

4. 了解原料生产厂家的基本情况

采购原料前，多渠道收集信息，广泛开拓采购渠道，力求能对原料生产厂家的生产状况及生产工艺有所了解，做好主要原料行情的预测和分析，建立稳定可靠的供货渠道。采购渠道不宜多变，一旦确定采购区或厂商，不宜经常更换厂商，以便使原料质量稳定。与信誉好、质量优的大型企业建立长期业务往来，并通过合同的方式约束双方行为，以确保饲料原料的质量。

5. 实测水分

对拟选原料必须实测水分，要求北方不高于14％，南方不高于12.5％，同时还必须进行感官检查，必要时进行分析检测。

6. 考虑价格

在配合饲料总成本中，原料费约占91.3％，加工费约占7.1％，管理费约占1.4％，其他费用约占0.2％。因此，坚持原料选购原则，对原料进行适宜价格评定是降低配合饲料成本、确保配合饲料质量的前提，应予高度重视。对于性质相同、相近或作用类似的一些饲料，在不降低饲养效果的前提下，应该选用价格便宜的饲料。蛋白质饲料可按1％单位粗蛋白质的价格进行比较，能量饲料可按1 MJ消化能的价格进行比较，矿物质可按主要元素价格进行比较等。但最后确定选用某种原料，还应考虑到当地资源的利用、动物的适口性、采食量、营养的平衡性等。

7. 就地取材、择优选购

就地取材、择优选购廉价原料是获取低成本饲料配方的前提。特别在原料全部转为市场价、进货渠道多杂的情况下，就地取材，对原料进行适宜价格评定更显重要。

8. 订立质量保证合同

根据原料控制标准或合同双方议定，明确规定营养成分最低值、杂质含量最高值、卫生指标及供货与购货的一般信息。合同语言要准确无误，要求的项目可多列一些，特别对易掺杂掺假的原料，应注明检验项目、赔偿办法等，有的即使不能检查，也可作为以后发生纠纷时谈判的筹码。

(二)饲料原料的接收管理

1. 原料接收人员掌握原料基本情况

原料入厂时，必须按批次严格验收，弄清名称、品种、数量、等级、供货单位、质量指标及包装等情况。

2. 建立原料取样程序

确保接收人员严格执行取样程序，重点是取样方法、取样数量以及原料标识和储存样品。

3. 进厂的原料在卸货前应及时检验

原料的检验项目通常包括感官质量检验指标和理化质量检验指标。常用原料品种经过感官检验，无异常时，每批抽取一个样品存库备查。新产品或有异常现象的常用品种，要抽样分析必要的理化检验指标，质量合格的方能使用。对原料进行分析化验需一定时间，因此，对入厂原料可通过下列特征来判断其质量的优劣。感官指标主要要求颜色典型，色泽均匀并有光泽；具有典型的气味；松散，流动性好且无结块现象，没有湿的斑点；手感凉爽，没有发热的迹象;质地典型且均匀;无霉变,可以通过肉眼观察或气味来识别;泥土、金属物、沙子、砾石、发霉和其他无关的杂质含量很少;没有鸟、啮齿动物、昆虫等污染的迹象。袋装原料还应检查包装袋是否完好,袋上标签与货物是否相符等。在接收原料过程中如发现有变色的或褪色的原料,发霉污斑点或结块现象,有陈腐、发霉或其他异味,有湿的斑点,有发热的斑点,颗粒过粗或过细,无关的原料和杂质过多,有鸟、啮齿动物、昆虫等污染迹象,则应立即取样,分析化验,质量合格方可入库。如饲料感官鉴定不合格,应停止卸货,并由主管部门做出恰当的处理决定。袋装原料的包装袋如有水浸、发硬、破袋以及袋上标签难以辨认的,也应送检。凡有霉变、污染等不符合饲料卫生标准的原料,饲料企业不得用于加工饲料。

4. 实施留样检验制度

质检部门应建立样品的理化分析和样品保留时间制度,分析的结果应记录复印送给特定人员。

5. 严格执行检验要求

接收人员应遵循样品不符合标准的坚决拒收原料的宗旨。

6. 以质论价

将化验结果与质量合同进行对比,做出恰当的裁决,做到以质论价。

(三)饲料原料的贮存管理

饲料原料贮存质量的优劣直接影响加工饲料产品的原料质量,进而影响饲料产品质量。因此,严格执行饲料原料的贮存原则是保证饲料原料质量的重要前提条件。

1. 分类垛放

饲料原料入库时要确保送往正确的料仓,分类垛放,下有垫板,各垛间应留有间隙。做好原料标签,包括品名、时间、进货数量、来源,并按顺序垛放。

2. 控制害虫

定期打扫储存仓,严格执行消毒计划。

3. 先进先出

严格执行先进先出的原则,避免旧原料的集结,尤其是大豆粕、麦麸、鱼粉等饲料原料。

4. 贮存条件适宜

原料应贮存在干燥、阴凉、通风的地方,保持良好的温湿度。做好卫生消毒工作,勤打扫、勤翻料,防鼠、昆虫、鸟害。禁止与腐蚀性易潮湿的物品放在一起,避光防止脂肪酸的氧化及脂溶性维生素的破坏、变性。

(四)饲料原料库存量的确定

饲料企业为保证生产的连续性和均衡性,需要储备一定数量的饲料,但储备量是有一定限制的。原料过多,不仅占用大量的仓库面积,还可能由于长期积压,出现原料变质损坏,造成浪费,特别是影响流动资金的周转,增加管理费用;原料过少,就会出现停工待料现象,影响生产和销售的正常开展。因此,加强饲料原料库存量的管理,控制好储备数量,使之经常保持在经济合理的水平上,以发挥现有仓库和资金的使用效率,是各饲料企业开展生产管理、提高经济效益的一项重要内容。通常需要制订原料经常储备定额和保险储备定额。经常储备是企业在前后两批原料运达的间隔期中,为满足日常生产领域的需要而建立的储备。这种储备随原料的采购进厂和生产消耗在不断变动。保险储备是企业为了防备原料运送误期或来料品种规格不符合要求等而建立的储备。在正常情况下,这种储备是不动用的。

(五)ABC管理法在饲料原料质量控制中的应用

饲料企业生产经营用饲料原料,因品种繁多,规格复杂,用量不等,来源渠道各异,品种间价格悬殊,给原料的管理带来一定困难。ABC管理法的原理可概括为"区别主次,分类管理"。它将原料分为A、B、C三类,以A类作为重点管理对象。ABC管理法的关键在于区别一般的多数和极其重要的少数,不但可以降低库存占用资金,而且可提高原料保管质量,减少损耗,达到提高经济效益的目的。

1. 设定评分指标

首先分析饲料原料的各有关因素,将原料配用比例(用量大小)、原料耗用资金比例、原料对饲料产品质量的影响程度(重要程度)、原料因发霉变质或效价降低对贮存要求的难易程度及原料采购难易程度(货源供应)等五个方面设为评分指标。

2. 设定评分标准

对每项评分指标设定三级评分标准,如表9-1所示。

表9-1 饲料ABC管理法评分表

项目	用量大小/%			耗用资金/%			重要程度			贮存要求			货源供应		
影响程度	≥30	30~5	<5	≥20	20~5	<5	大	一般	小	难	一般	易	难	一般	易
评定分数	20	15	10	30	20	10	20	15	10	20	15	10	10	5	3

3. 评分

按照评分标准对原料进行评分,得分80分以上的原料为A类原料。根据我们的计分实践,属于A类的原料有玉米、鱼粉、氨基酸、维生素添加剂等,B类原料有大麦、豆饼、骨粉、食盐等,C类原料有麸皮、次粉、石粉、糠渣等。

4. 分类管理

原料类别划定后,可按表9-2提出的管理方式进行分类管理。运用ABC分类管理法,只要重点地管理A类原料,照顾C类原料,适当地对待B类原料,就能减少库存,加速资金周转,减少原料营养损失,保证饲料产品质量,增加经济效益。

表9-2 原料管理方式分类

项目	A类	B类	C类
库存管理	重点管理,把库存压缩到最低水平	一般管理,以生产需要调节库存	集中订货,以较大库存来节省订货费用
批量订货式	按质量、经济批量定期订货	按质量、经济批量定期订货	按最高储备额定量订货
验收入库	检斤,全面理化检质	检斤,部分控制定额	按品种控制定额
定额程度	按品种、规格、质量控制用量定额	按品种控制定额	按品种控制定额
发料控制	限额发料	核实发料	控制用量
质量检查	经常检查	一般检查	按年度或季度检查
统计要求	详细统计,按品种、规格、质量、产地等统计	一般统计,按规定项目统计	一般数量统计

三、饲料生产加工过程的质量控制

所谓饲料生产加工过程是指将各种饲料原料按照一定比例及加工工艺经机械加工生产为饲料产品的过程。它是实现配方价值、体现配方特点及确保饲料产品质量的重要保证。因此,饲料加工工艺与加工过程的质量控制是保证产品质量的关键。饲料的加工过程主要划分为原料的管理和加工、原料的混合及混合后饲料的管理和加工3个阶段,其质量控制主要涉及投料、粉碎与输送、称量与配料、混合、制粒、包装与仓储等6个环节。

(一)投料过程的质量控制

1. 原料的接收核实

原料核实的目的在于保持原料处于清洁和不被污染的状态,并将每种原料投放到指定的地方贮存。

2. 原料的质检

原料虽然在入库过程中进行了严格的检验,但由于贮存环境、贮存时间等因素的影响,饲料原料的品质还会发生不同程度的变化,这种变化在使用时必须注意。如果发现原料结块、变质或异味,都应及时通知质检人员,杜绝不合格原料投入生产线。

3. 地坑格栅

一般大中型饲料厂投入原料时,原料大都是通过地下刮板输送机进入生产线的,所以投料前应检查地坑的格栅是否安全就位,原料中有时有大块杂质或结块,如任意投入刮板输送机,大块杂质或原料就会影响饲料质地或损坏刮板输送机及其他设备。

4. 磁选

磁选装置的完好程度,将直接影响饲料加工设备的正常使用。在大批原料投入时,原料中不可避免地存在铁质杂质。因此,保证磁选装置的完好,是设备维护的关键步骤之一。另外,磁选装置还必须定期清理干净,一般每班至少清除1~2次。

5. 初清筛

主要是将进入生产线的原料中的杂质进一步除去。因此,初清筛的完整和正常工作是非常重要的,初清筛必须定期清理,每班一次。

6. 振动筛

在投料生产线上使不需粉碎的原料绕过粉碎机进入下一工序,筛上物进入粉碎机粉碎(有时根据工艺要求不同还用于其他类似功能如成品料的颗粒分级等)。振动筛筛网的规格及完好程度将直接影响本道工序的加工质量,必须经常检查。

7. 原料仓

是配料过程中电子秤直接称取原料的缓冲仓,一般根据常用配方中物料的使用量来选配原料仓的大小。原料仓中的原料有时因水分过大沾在仓壁上或结块,有时因贮存时间过长或漏雨等而发生质量变化,影响配合饲料的质量。因此,在生产加工前应检查原料仓的原料质量,并定期(如每2个月)对原料仓进行清扫和检查,以防物料在仓中发生结块、影响生产,或发霉结块后进入饲料中影响饲料产品质量。如有质量问题必须停用仓中原料,并将仓中残留物清理干净,重新投入合格原料后使用。

(二)粉碎与输送过程的质量控制

粉碎与输送过程的主要目的是将饲料原料按照产品的设计要求粉碎成一定细度并运送到指定地点。原料的粉碎粒度直接影响饲料混合均匀度与饲料的外观粒度质量,也影响动物的采食量和消化利用率。不同饲料原料、不同动物种类、不同生长阶段等对饲料粒度都有不同的要求。因此,在饲料的加工过程中,一定要根据配方的工艺要求对粉碎与输送过程进行质量控制。

1. 定期检查粉碎机

粉碎机是饲料加工过程中减小原料粒度的加工设备,它直接影响饲料的最终质地(粉料)和外观(颗粒料)。应定期检查粉碎机锤片是否磨损,筛网有无漏洞、漏缝、错位等,一般每班一次。操作人员应经常注意观察粉碎机的粉碎能力和粉碎机排出的物料粒度。如发现粉碎机超出常规的粉碎能力(速度过快或粉碎机电流过小),可能是因为粉碎机筛网被打漏而形成无过筛下料,物粒粒度将会过大。如发现有整粒谷物(玉米等)或粒度过粗的情况,应及时停机检查粉碎机筛网有无漏洞或筛网错位与其侧挡板间形成漏缝,发现问题及时进行修理。应经常检查粉碎机有无发热现象,如有发热现象,应及时排除可能发生的粉碎机堵料现象。粉碎机下口输送设备故障或锤片磨损粉碎能力降低时,会使被粉碎的物料发热。检查粉碎机锤片和筛网,使饲料的粉碎粒度达到规定的指标。

2. 检查转向阀、分配器的工作状态

转向阀是改变或控制物料流动方向的阀门。开机前操作人员应检查转向阀的方向是否正确、到位。如转向错误或转向不到位,物料就会不按规定的流程进入下一工序,造成混料或工序紊乱,生产出的产品就不可能是合格的产品。分配器的功能与转向阀类似,控制投入的原料进入规定的料仓。因此,在开机前或加工过程中也应检查分配器是否保持在正确位置上。

3. 定时清理溜管

一般溜管设计安装时都保持了一定的溜角,不会发生堵料现象,但过大或过细的物料在其中溜过时,有时也有堵料现象。因此,设备维护人员应定时清理以保障物料畅通。

4. 定时检查提升和输送过程

提升和输送过程的主要目的是把物料送至指定部位。应定期检查有无漏料或散落现象,同时检查提升和输送过程的磁铁口是否关紧。

(三)称量与配料过程的质量控制

称量是配料的关键,称量的准确与否,对饲料产品的质量至关重要。称量与配料过程的质量控制主要从五个方面进行:一是称量过程要严格按照饲料配方的要求,根据拟订的原料称量次序进行。二是应定期检查、校准和保养磅秤或电子秤,保持秤体清洁,保证称量准确,使误差控制在规定范围之内。三是如果用计算机控制配料过程,需要根据喂料器的大小,物料(饲料原料)容重的不同,调整下料速度及物料的落差,以保证在配料周期所规定的称重时间内完成配料称量,并且达到所要求的计量精度。要及时发现并排除因原料在配料仓内结块而出现的喂料速度过慢甚至输送器空转现象。四是称量微量原料时,为了保证各种微量成分特别是药物性添加剂准确均匀地添加到饲料中,以保证其安全有效,要求使用灵敏度高的秤或天平,所用秤的灵敏度至少应达到 0.1%,并定期校准。要在接近秤的最大称量的情况下称量微量成分,可根据不同品种原料的实际称量来配备不同的秤。五是在配料过程中,

原料的使用和库存每日每批都要有记录,有专人负责并定期对生产和库存情况进行核查。手工配料时,应使用不锈钢料铲,并做到专料专用,以免发生混料,造成交叉污染。

(四)原料混合工序的质量控制

原料的混合工序是为了保证养分在饲料产品中均匀分布,满足特定动物的需要。它是饲料加工环节的核心,也是质量控制最容易出现问题的工序。尤其对于微量成分如维生素、氨基酸、微量元素和药物等如果混合不均匀,不仅不能充分发挥其作用,而且还直接影响饲料的质量,影响动物的生产性能,并造成很大的浪费,甚至引起动物中毒。原料的混合质量通常用混合均匀度表示,它与混合机的类型,原料的添加顺序和混合时间密切相关。因此,原料混合工序的质量主要从 6 个方面进行控制。

1. 选择适宜的混合机

在饲料产品加工过程中,一定要按照原料特点和饲料产品的性能特点选择适宜的混合机。

2. 正确的原料添加顺序

原料的添加顺序直接影响饲料的混合均匀度。因此,在饲料加工过程中应严格按照饲料加工工艺规定的原料添加顺序加料。通常,在搅拌机中加入原料时,应当首先加入用量大的原料,用量越少的原料越应在后面添加,如维生素、矿物质和药物等预混料,这些原料在总的配料过程中用量很小,不能直接添加到空的搅拌机内。如果需要添加油脂、水或其他液体原料,要从搅拌机上部的喷嘴喷洒,让液体原料以雾状形式喷入搅拌机中,在添加前所有的干饲料一定要混合均匀,并相应延长搅拌时间,以保证液体原料在饲料中均匀分布,尽可能将形成的饲料团都搅碎。有时在饲料中需要添加潮湿原料,应在最后添加,并延长搅拌时间。

3. 适宜的混合(搅拌)时间

最佳搅拌时间指达到混合均匀度最高(变异系数最小)时,所需要的最短搅拌时间。最佳搅拌时间与搅拌机类型,原料的物理性质如粒度、形状、形态、容重、流散性等有关。混合时间过短,饲料混合不均匀,影响饲料质量;混合时间过长,不仅浪费时间和能源,而且还会引起饲料原料的分级,影响搅拌均匀度。因此,确定最佳搅拌时间是十分必要的,生产中,一般根据每台混合机的特点而定。卧式搅拌机的搅拌时间一般为 3~7 min,立式搅拌机一般为 8~15 min。

4. 定期检查混合均匀度

混合均匀度指混合机搅拌饲料能达到的均匀程度,是判断混合工序质量优劣的关键指标,一般用变异系数来表示。饲料的变异系数越小,说明饲料搅拌越均匀,混合效果越佳;反之,越不均匀,混合效果越差。一般生产成品饲料时,要求变异系数不大于 10%,生产预混料添加剂时,要求变异系数不大于 7%。定期保养和维护混合机,并对混合机的混合均匀度进行检查,是保障饲料搅拌均匀的工作基础。

5. 防止交叉污染

混合机是造成交叉污染的重要场所。当更换饲料配方生产不同类型的饲料产品时,很容易发生交叉污染,即残留的上批饲料混入下批饲料。例如,如果上批饲料中含有高剂量的药物,它会对下批饲料造成交叉污染,严重时会引起下批饲料中的药物浓度超过动物的耐受水平。为了避免交叉污染,每一饲料厂都应根据饲料产品类型确定相应的配料次序方案,按次序配料,同时通过少量粉碎谷物饲料和其他一些无害的或普通的可利用的原料清洗混合机。更换配方时,应将搅拌机中残留的饲料清理干净。

6. 防止饲料分级现象的发生

在混合饲料中,饲料分级是指一种或几种饲料原料或原料的碎片与混合饲料中的其他原料发生分离。饲料分级现象与机械的种类,原料的粒度大小、形状和密度等多种因素有关,可出现在混合机的缓冲仓,饲料的提升、气力输送,贮料仓,成品仓,打包仓等不同的加工环节中,也可发生在饲料储存、加工和运输过程中。饲料颗粒大小悬殊时容易在混合阶段发生分离。因此,应尽可能减少原料之间在颗粒大小、形状和密度方面的差异。在饲料配方中添加糖蜜、油脂或水等液体,将不同大小的颗粒黏结在一起,可减少饲料分级现象的发生。但是,应在干饲料完全混合后再添加液体饲料。

(五)制粒过程的质量控制

颗粒饲料的粒度、长度、成型率是衡量制粒效果的重要加工质量指标,一般畜禽饲料的颗粒成型率要求大于 95%,鱼虾饲料的颗粒成型率要求大于 98%。直径在 4 mm 以下的饲料颗粒其长度为其粒径的 2~5 倍,直径在 4 mm 以上的饲料颗粒其长度为其粒径的 1.5~3 倍。为了达到要求的制粒标准,必须对制粒过程的各个环节进行质量控制。

1. 制粒设备的检查和维护

生产前要对设备进行检查和维护,以确保产品的质量。主要包括每班清理制粒机上口的磁铁,检查环模和压辊的磨损情况,定时给压辊加润滑脂,保证压辊的正常工作。经常检查冷却器是否有物料积压,检查冷却器内的冷却盘或筛面是否损坏,确定颗粒分级效果。定期检查破碎机辊筒,如果辊筒波纹齿磨损变钝,会降低破碎能力,降低产品质量。每班检查分级筛筛面是否有破洞、堵塞和黏结现象,筛面必须完整无破损,以达到正确的颗粒分级效果。经常检查制粒机切刀,切刀磨损过钝,会使饲料粉末增加;检查蒸汽的汽水分离器,以保证进入调质器的蒸汽质量,否则会影响生产能力和饲料颗粒质量。在换料时,应检查制粒机上方的缓冲仓和成品仓是否完全排空,以防止发生混料。

2. 调质控制

制粒前的调质处理直接影响饲料的制粒性能及颗粒成型率。调质指标主要包括调质时间、调质器温度、蒸汽压力、水分及制粒速度等。生产颗粒饲料时应根据制粒机性能、饲料配方特点和原料种类等调整适宜的调质参数,对制粒过程出现的问题及时做出正确的判断。一般调质器的调质时间在 10~20 s,延长调质时间可增加淀粉糊化,提高饲料温度,减少有害微生物,改进生产效率,提高颗粒质量。蒸汽压力较低时,能更快地将热和水散发出去,为了提高调质效果,必须控制蒸汽压力。通常调质后饲料的水分控制在 16%~18%,温度控制在 75~85℃。

3. 调节压辊间隙

压辊间隙的正确调整,可以延长环模和压辊的使用寿命,提高生产效率和颗粒质量。通常将压辊调到当环模低速旋转时,压辊只碰到环模的高点,这可使环模和压辊间的金属接触减到最小,减少磨损,又保证足够的压力使压辊转动。应根据产品粒度要求更换环模及分级筛的筛片,调整切刀位置。

4. 保证原料适宜的粉碎粒度

应根据产品颗粒的粒度标准决定原料粉碎的粒度要求。粒度要求太细,加工速度低,生产效率下降；粒度太粗，颗粒成型率下降，颗粒易破损。可根据产品用途的不同来调整饲料的粒度，如肉鸡饲料的粒度可大些，在 0.84～1.19 mm 即可，鱼虾饲料的粒度要求细度高，一般在 0.25～0.42 mm；一些特殊饲料的粒度要求更高，在 0.124～0.171 mm。

5. 重视制粒后的冷却、破碎工序

根据冷却器内颗粒料的含水量、粒径大小及其成分变化，对冷却时间、冷却风量等做相应调整。

（六）包装和仓储过程的质量控制

产品包装是为保护产品数量与质量的完整性而必需的一道工序，是饲料加工过程的最后一道工序。由于产品的包装直接影响到产品的价值与销路，因而对绝大多数的产品来说，包装是产品运输、储存、销售不可缺少的必要条件。因此，对其进行科学的质量控制，是保证饲料产品质量的重要环节。

1. 包装前的质量检查

饲料经过包装，其外观质量缺陷不容易被发现。所以，包装前的检查是十分必要的。不同种类的饲料产品对包装材料有不同的要求。在包装前应检查包装袋是否符合饲料产品的包装要求，被包装的饲料和包装袋及饲料标签是否正确无误。包装秤的工作是否正常，包装秤设定的数量是否与要求的重量一致。质检人员应对待包装饲料的颜色、粒度、气味以及颗粒饲料的长度、光滑度、颗粒成型率等进行检查，并按规定要求对饲料取样，必要时进行理化指标分析。成品留样至少保存至产品有效期满后 1 个月，其存放条件应满足保存要求，保证发生质量争议时有样品备查。

2. 包装过程中的质量控制

包装饲料的重量应控制在规定的范围之内，一般误差应控制在 1%～2%；打包人员应随时注意饲料的外观，发现异常情况及时报告质检人员，听候处理；缝包人员要保证缝包质量，不得将漏缝和掉线的包装饲料放入下一工序；质检人员应定时抽查检验，包括包装的外观质量和包重。

3. 散装饲料的质量控制

散装饲料的质量控制一般比袋装饲料简单。在装入运料车前对饲料的外观检查同袋装饲料；定期检查卡车地磅的称量精度；检查从成品仓到运料车间的所有分配器、输送设备和闸门的工作是否正常；检查运料车是否有残留饲料，如果运送不同品种的饲料要清理干净，防止不同饲料间的相互污染。

4. 饲料标签

饲料标签的内容主要包括产品名称、产品成分分析保证值、原料组成、使用说明、产品标准编号、生产许可证和产品批准文号、净重、生产日期、保质期、生产者与经销者名称及地址等。饲料标签上应标有"本产品符合饲料卫生标准"字样，对于添加有药物饲料添加剂的饲料产品，其标签上必须标注"含有药物饲料添加剂"字样，并标明所添加药物的法定名称、药物的准确含量、配伍禁忌、停药期及其他注意事项。在贴标签之前仔细检查标签和袋里饲料是否相符，严防错贴标签。

5. 产品说明书

各类饲料产品应有说明书，内容包括产品名称、等级、原料组成，主要营养成分及保证值，添加剂的组成成分及保证值，饲用对象，使用方法及注意事项，产品有效日期，包装规格

及重量,饲料厂名称、地址等,加药饲料应说明药品名称及含量。饲料标签可以代替产品说明书,但需要增添说明书中的内容。

6. 出厂合格证

饲料产品经检验合格,有出厂合格证的方能出厂,没有出厂合格证的不准出厂。

7. 饲料在仓储过程中的质量控制

成品饲料在库房中应码放整齐,合理安排使用库房空间。建立"先进先出"制,因为码放在下面和后面的饲料会因存放时间过长而变质。在同一库房中存放多种饲料时,要预留出足够的距离,以防发生混料或发错料。保持库房的清洁,对于因破袋而散落的饲料应及时重新装袋并包装,放于原来的料垛上,如果散落饲料发生混料或被污染,应及时处理,不得再与原来的饲料放在一起。检查库房的顶部和窗户是否有漏雨现象。定期对饲料成品库进行清理,发现变质或过期饲料及时请有关人员处理。成品贮存应按品种及生产日期,存放于通风、透气、干燥的成品库内,做好防鼠灭虫工作,运输时防雨防水措施要有效。成品粉料在厂内贮存期一般不超过 7 d,出厂后宜在有效期内用完。

四、辅助生产过程的质量控制

饲料辅助生产过程就是生产前的各项物质及技术准备工作,是保障产品质量的基础。饲料辅助生产过程中的质量管理包括饲料原料等物资的供应、动力供应、设备维修、运输等环节。其中,物资供应中原料的质量管理控制部分已在本项目前面讲述。生产过程中的许多质量问题都与辅助生产过程中的质量管理密切相关,因此,抓好辅助生产过程的质量管理十分重要。

(一)辅助生产过程的作用

1. 为生产过程提供优良的生产条件

如水、电、气的供给状况是否达到生产要求,设备维修是否达到规定的标准,以及饲料原料等物资的供应是否符合标准等。

2. 提高后勤服务质量

后勤的服务质量应达到及时供应、及时维修、方便生产的要求。

3. 抓好辅助生产部门的其他工作质量

包括减少设备故障发生,加速储备资金的周转,降低消耗和损耗,提高维修工时利用率,降低维修费用,提高车辆完好率和实载率等。

(二)辅助生产过程的质量控制

1. 计量器具的检定

保证所使用的计量器具准确有效。

2. 仪器的校准与试剂的标定

保证饲料常规分析所需仪器的正确使用及所用试剂的浓度准确,以保证所有分析数据的合格有效。同时,化验员要熟悉所化验项目的化验程序及工作过程。

3. 保证供应的原料质量

按规定的技术指标购进生产所需原料。

4. 仓储条件适宜

要具备能够保证原料及产品在规定期限内不发生质量变化的仓储条件。

5. 配件供应

如电、气、生产车间用配件等应按规定的技术标准供应。任何环节的质量问题都会对产品质量造成影响,如锅炉供气压力不足,不仅影响颗粒饲料的生产能力,而且不能保证颗粒成型和熟化温度等。

6. 其他

与生产有关的其他服务工作,也应按规定的程序和标准,保证服务质量。

五、使用过程的质量控制

饲料产品质量的优劣最终要看用户的评价,只有用户满意的产品,才是完全合格的产品。因此,饲料产品的使用过程是考验产品实际质量的过程,是产品真正质量的最终检验过程,即饲料企业进行质量管理的归宿点,同时,饲料产品在使用过程中存在的问题又为饲料配方的设计、原料管理及生产过程的质量改进提供了依据。因此,使用过程的质量管理与控制又是饲料企业实行质量管理的新起点。使用过程的质量控制主要包括三个方面:

(一)对用户开展技术服务工作

对用户开展技术服务工作是保证产品使用效果与提高质量的基本环节。开展养殖技术咨询服务工作,使用户的养殖品种、养殖环境、养殖密度等条件都达到相应的规定要求,并正确地使用饲料,充分发挥饲料的效能,降低饲料系数,降低养殖成本。只有养殖户提高了经济效益,才是饲料优质的最终体现。

1. 售前

应初步了解用户的饲养规模、饲养水平和疾病防治情况,并帮助和指导用户根据品种、阶段选择适宜类型的饲料。

2. 售中

应热情周到做好预约登记,送料上门,树立良好的企业形象。

3. 售后

由销售人员和技术人员组成售后服务队伍,定期走访重要客户、维系客户、稳定客户。通过现场咨询和分类指导,虚心听取用户意见,帮助用户解答应用中的实际问题,科学指导饲养。

(二)定期走访用户

定期收集用户对产品的使用效果和使用要求的反馈信息,并及时反馈给厂内,使产品质量不断改进和提高。

(三)认真处理出厂产品的质量问题

建立用户档案,认真客观地处理用户投诉,及时对用户意见进行分析,如发生质量事故必须及时查明原因,并承担相应的责任,不能损害用户利益。当用户对饲料产品质量提出异议时,企业不应该推托,而是应认真及时地处理,这样既可以消除用户的不满情绪,又可以消除由此产生的负面影响。对用户提出的产品质量问题,企业首先是热情对待,及时进行调查,如属于不会使用或使用不当造成的,则耐心帮助用户掌握使用技术和操作要领;如属于生产原因造成的,则及时负责包换或包退。由于生产原因造成的重大质量事故,往往是企业负责人亲自到现场调查了解,妥善处理;对造成严重经济损失的,企业还应主动进行经济赔偿。

【学习要求】

识记:饲料检验设计基本依据、基本原则;饲料检验类型。

理解:饲料质量控制管理方法及途径。

应用:会对某饲料厂某品种的产品进行检验形式设计。

【知识拓展】

拓展一 饲料检验原始记录及检验报告表格设计

一、饲料检验原始记录表格设计

饲料检验原始记录表格可根据某饲料检验项目的检验过程,设计单项记录表格。表格中主要包括生产单位名称、被检样品名称、检测依据、检测用主要仪器、检测过程记录、平均值及相对偏差的计算、检验结论、检测人、校对人及审核人(表9-3)。

表9-3 ××饲料有限公司粗灰分的测定原始记录

样品编号		样品名称	检验日期	检测依据
环境条件		仪器名称	仪器型号	仪器编号
试样编号		1		2
空坩埚质量 (m_0)/g	第一次			
	第二次			
坩埚加试样质量 (m_1)/g				
灰化后坩埚加灰分 质量 (m_2)/g	第一次			
	第二次			
试样中粗灰分含量 Ash/%				
计算公式		$Ash = \dfrac{m_2 - m_0}{m_1 - m_0} \times 100\%$		
平均值/%				
相对偏差/%				
检验结论		该样品经检验,粗灰分含量为_____%。		
备注				

检测人:　　　　　　　　　　校对人:　　　　　　　　　　审核人:

二、检验报告表格设计

检验报告是对饲料被测定项目的检测结果的汇总,并通过与原料或产品质量标准所标示的指标进行比较,判定该原料或产品是合格还是不合格。主要内容包括:单位名称、被检样品基本情况、检验项目、检验依据、判定依据、检验结果、检验结论等(表9-4)。

表9-4 ××饲料有限公司检验报告单

No. ××××

样品名称		样品编号	
规格		生产日期	
生产单位			
抽样人		抽样地点	
检验日期		报告日期	
检验项目			
检验依据			
判定依据			
所用主要仪器及型号			

检验结果	检验项目	计量单位	标准值	判定值	检验结果	单项判定

结论	样品经检验,符合/不符合××质量要求,判定合格/不合格			
检验人		审核人	(由审核人签名)	

拓展二 饲料检验原始记录及检验报告的填写

一、饲料检验原始记录的填写

饲料检验原始记录由化验员认真填写,一律用钢笔,字迹要工整,不许涂改,如发生误记时,在误记处画一横杠以示无效。在横杠上方空白处更改并签字。测定数据要按实际填写;不准伪造,不许任意撕毁。

饲料检验原始记录表中的检验依据是指检测方法的依据。如饲料中粗灰分测定方法采用的标准号是 GB/T 6438—2007。

表中检测结果的平均值是否有效,要看相对偏差或相对平均偏差是否在允许的范围之内。如粗灰分测定含量在 5% 以上,允许相对偏差规定为 1%,即某饲料样品粗灰分含量测定的允许相对偏差≤1%,该样品粗灰分含量测定的平均值才有效;如相对偏差>1%,说明测定结果的精密度没有达到规定要求,应重新测定,直至符合要求为止。

二、检验报告的填写

检验报告表中的判定依据是指饲料产品质量标准和饲料检测结果判定的允许误差(GB/T 18823—2010);检验仪器填写项目测定过程中使用的主要仪器设备,目的是如测定结果有争议,需重复测定,使用同样的测定仪器设备,看其结果是否相一致;表中检验项目对应的标准值是指饲料产品质量标准中规定的某项指标的值;表中的判定值需要用标准值和饲料检测结果判定的允许误差计算得来;表中检验结果的单项判定,用实际检测结果与判定值相比较,看是否符合要求,若符合,则判定该指标为合格,否则为不合格;表中结论的填写,所测指标判定全部合格,则结论为"样品经检验,符合×××(企业产品质量标准号)质量要求,判定合格",所测指标判定只要有一项不合格,则结论为"样品经检验,不符合×××(企业产品质量标准号)质量要求,判定不合格"。

【知识链接】

参考 GB/T 16764—2006《配合饲料企业卫生规范》。

近红外光谱技术及其在饲料分析中的应用

理解近红外光谱技术的原理;掌握近红外光谱分析技术的优点与缺点;了解近红外光谱技术在饲料分析中的应用。

【学习内容】

近红外光谱(near infrared reflectance spectroscopy,NIRS)分析技术是 20 世纪 70 年代兴起的一种新的成分分析技术。该技术首先由美国农业部(USDA)的 Norris 开发,最早用于谷物中水分、蛋白质的测定。20 世纪 80 年代中后期,随着计算机技术的发展和化学计量学研究的深入,加之近红外光谱仪器制造技术的日趋完善,促进了近红外光谱分析技术的极大发展。由于现代 NIRS 分析技术所独具的特点,NIRS 技术已成为近年来发展最快的快速分析测试技术,被广泛应用于各个领域,特别是欧美及日本等发达地区,已将近红外光谱法作为标准方法。尽管 NIRS 技术在饲料工业上的应用起步较晚,但越来越被人们所重视。

任务一 概述

一、近红外光谱分析技术的基本原理及特点

(一)近红外光谱法的基本原理

近红外光谱的波长范围是 780～2 500 nm,通常分为近红外短波区(780～1 100 nm,又称 Herschel 光谱区)和近红外长波区(1 100～2 500 nm)。近红外光谱源于有机物中含氢基团,如 O—H、C—H、N—H、S—H、P—H 等振动光谱的倍频及合频吸收,以漫反射方式获得在近红外区的吸收光谱,通过主成分分析、偏最小二乘法、人工神经网等现代化学和计量学的手段,建立物质光谱与待测成分含量间的线性或非线性模型,从而实现用物质近红外光谱信息对待测成分含量的快速计量。

(二)近红外光谱法的特点

1. 近红外光谱分析的优点

近红外光谱法的优点:①简单,无繁琐的前处理且不消耗样品;②快速;③光程的精确度要求不高;④所用光学材料便宜;⑤近红外短波区域的吸光系数小,穿透性高,可用透射模式直接分析固体样品;⑥适用于近红外的光导纤维易得,利用光纤可实现在线分析和遥测;⑦高效,可同时完成多个样品不同化学指标的检测;⑧环保,检测过程无污染;⑨仪器的构造比较简单,易于维护;⑩应用广泛,可不断拓展检测范围。

2. 近红外光谱分析的缺点

近红外光谱法也有其固有的缺点:①由于测定的是倍频及合频吸收,灵敏度差,一般要求检测的含量≥1%;②建模难度大,定标模型的适用范围、基础数据的准确性即选择计量学方法的合理性,都将直接影响最终的分析结果。

二、近红外光谱仪的典型类型及发展

NIRS 仪器一般由光源、分光系统、样品池、检测器和数据处理系统 5 部分构成。根据分光方式,NIRS 仪器可分为:①滤光片型,分为固定滤光片和可调滤光片两种,其设计简单、成本低、光通量大、信号记录快、坚固耐用,但只能在单一波长下测定,灵活性差。②扫描型近

红外光谱仪,分光元件可以是棱镜和光栅。该类仪器可进行全谱扫描,分辨率较高,仪器价格适中、便于维护;缺点是光栅的机械轴易磨损,抗震性较差,不适合在线分析。③傅立叶变换近红外光谱仪,是 20 世纪 80 年代以来的主导产品,其扫描速度快、波长精度高、分辨率好,短时间内可进行多次扫描,信噪比和测定灵敏度较高,可对样品中的微量成分进行分析,但干涉仪中有移动性部件,需较稳定的工作环境,定性和定量分析采用全谱校正技术。④固定光路多通道检测近红外光谱仪,是 20 世纪 90 年代新发展的一类 NIRS 仪器,采用全息光栅分光,加之检测器的通道数达 1 024 或 2 048 个,可得很好的分辨率,全谱校正,可进行定性和定量分析。仪器光路固定,波长精度高和重现性得到保证,而且无移动部件,其耐久性和可靠性都得到提高,适合现场分析和在线分析。⑤声光可调滤光器近红外光谱仪,被认为是 20 世纪 90 年代 NIRS 最突出的进展,其分光器件为声光可调滤光器,根据各向异性双折射晶体的声光衍射原理,采用具有较高的声光品质因素和较低的声衰减的双折射晶体制成分光器件,无机械移动部件,测量速度快、精度高、准确性好,可以长时间稳定工作,且可以消除光路中各种材料的吸收、反射等干扰。

三、近红外光谱分析技术在饲料检测中的应用

(一)常规成分的检测

NIRS 在饲料检测中,最初多是用于饲草原料和谷物类原料中水分和蛋白质含量的检测,随后用于油料作物籽实中水分、蛋白质等的检测,都获得了满意的结果。最早由 Norris 应用 NIRS 测定了饲草原料中的粗蛋白、水分和脂肪含量,其后许多科技工作者均利用该技术分析鉴定了饲草原料的品质。随着 NIRS 技术的应用发展,先后测定了大豆的氮含量、鱼和鱼粉中油脂和蛋白质含量,估测了 NIRS 评价半干旱牧草地饲草的氮含量的相关性,建立了良好的定标模型;还利用 NIRS 对未干燥饲草进行了各种化学成分的预测,也取得了良好的效果。

我国在 20 世纪 90 年代初也开展了 NIRS 测定饲料各种成分定标软件的研制,先后完成了饲料和饲料原料中干物质、粗蛋白、粗纤维、粗脂肪、灰分、氨基酸等指标的定标检测。

(二)氨基酸的检测

氨基酸是组成蛋白质的基本单位,也是蛋白质的分解产物。缺少某种氨基酸,特别是必需氨基酸,或各种氨基酸配比不当,都会影响动物的正常生长发育。因此,氨基酸的测定在动物饲养、营养生理和蛋白质代谢、理想蛋白质模型的研究以及生产实践中都有重要意义。我国科研工作者在这方面做了大量的实验研究。研究资料表明:小麦麸中赖氨酸、精氨酸、苏氨酸、亮氨酸、组氨酸的定标,相关系数在 0.84～0.97 之间。利用 NIRS 技术对花生饼粕中的 8 种氨基酸含量的测定,也取得了很好的效果。研究还表明,利用 NIRS 技术测定饲料原料氨基酸含量,具有快速、准确、成本低的特点。饲料厂可以利用 NIRS 技术对主要饲料原料氨基酸含量进行在线监测,调整配方和采购策略,降低生产成本,提高产品质量。

(三)可消化氨基酸的测定

NIRS 法用于饲料中真可消化氨基酸的研究近年来国内以中国农业大学丁丽敏等的科研成果居多,他们进行了大量的可消化氨基酸的测定工作。1998 年测定了鸡饲料中的真可消化氨基酸含量。1999 年进行了鱼粉氨基酸含量的测定,赖氨酸、蛋氨酸、胱氨酸、总的氨

基酸的标准差分别为 0.375,0.304,0.074,2.041,相关系数分别为 0.939,0.664,0.962,0.975,取得了较满意的结果。同年,还测定过豆粕、玉米的真可消化氨基酸含量,豆粕中除与胱氨酸有关的几个方程外,其他氨基酸的定标经检验证明具有良好的预测性能,玉米真可消化氨基酸的定标性能不如豆粕好,目前还不能进行实际的应用,但大部分氨基酸定标方程的相关系数经 F 检验达到极显著水平,说明用 NIRS 预测玉米真可消化氨基酸是可行的。2000 年测定了棉籽粕、菜籽粕的真可利用氨基酸含量,结果表明棉籽粕除胱氨酸和色氨酸,菜籽粕除赖氨酸外,其他氨基酸的变异系数都在 7% 以下,经检验证明其定标具有良好的预测性能。

(四)有效能的估测

传统的湿法化学分析方法在预测饲草品质和其营养价值时,费时耗材、花费大,而且有时要用到危险性化学药品。因此,NIRS 技术的优点得到了进一步的体现,在预测干燥样品的消化性参数方面备受青睐,随后也应用在未干燥过的饲料样品,经查阅多是国外科学家的研究报道,国内很少有资料报道。国外学者先后对未干燥的饲草进行了消化性能的检测,预测兔用混合饲料的总能和消化能,相关系数达 0.90,每千克物质中预测标准差分别为 0.26,0.37 MJ,干物质消化率和总能消化率也能得到检测结果。还有科技人员对青贮玉米饲料的消化能进行了检测,通过 NIRS 技术预测了未干燥的青贮饲草饲料的摄食量和有机物质的消化能含量。

(五)矿物质和维生素的检测

NIRS 技术是通过分子吸收光谱进行检测的,通过其与有机物质结构的联系,可以检测饲草中的矿物质含量,但其应用于微量矿物质的检测还是一项新兴技术,直到 2004 年国外科研人员首次对白苜蓿和紫花苜蓿两种豆科植物进行了 Na,S,Cu,Fe,Mn,Zn,B 的测定,每千克干物质中定标相关系数和变异系数标准差 Na 和 S 分别为 0.83(0.8),0.86(2.5),B,Zn,Mn,Cu,Fe 分别为 0.80(4.4),0.80(10.6),0.78(22.9),0.76(0.83),0.57(25.7),S,Na,B 的预测标准差分别为 5.5,1.2,4.2,取得了满意的结果。维生素分子中含有的含氢基团使理论上应用 NIRS 技术检测其含量成为可能。我国最先应用 NIRS 检测饲料中的维生素含量,国外鲜有报道。比如,预测了多维预混料中维生素 E 的含量,预测值和实测值相关性显著(相关系数 $R=0.985$)。还有科技人员用 NIRS 技术对预混料中维生素 A、喹乙醇、土霉素的检测进行研究,证明 NIRS 是一种有应用价值的监测手段。

(六)饲料品质的评价

NIRS 技术在评定草料和饲料的品质及预测饲粮的质量方面,已作为一种快速且行之有效的办法,提供给家畜营养学家、研究人员、农业顾问和饲料原料咨询者等。通过分析饲料组织结构的直接方法和通过动物排泄物预测饲粮品质的间接方法,检测饲料中的主要指标,例如粗蛋白质、消化率、酸性纤维、中性纤维、单宁酸和矿物质等,来综合评价饲料的营养价值。目前国外科学家已经把检测重点和难点从单一原料、饲草饲料、青贮饲料转移到混合饲料品质的检测,通过不断丰富检测样品的种属分类,扩充不同生长阶段和地域的样品,及样品的收获期和水分含量,取得不同模型的定标方程,建立了完善的模型数据库。国内主要还是以单一原料为主的品质鉴定,对于混合饲料、全价饲料的品质评价没有建立起全面的定标模型,应尽快加大基础科研工作的投入。有人应用 NIRS 对 6 个玉米杂交种籽粒品质进行分析,将分析结果与农业部谷物品质监督检验测试中心化验结果的一致性和相关性进行比较,并算出了蛋白质、粗灰分、粗脂肪的回归方程,认为在玉米回交转育和加代过程中可以用 NIRS 光谱仪辅助分析化学成分,使选择向既定目标进行,用于品种成分鉴定或批量粮食调运的成分分析,效果良好。有科技工作者应用 NIRS 以豆粕为试材,建立豆粕粗蛋白快速分析检测模型,结果表明,近红外光谱分析方法的预测值与化学分析值有显著的相关性,相关系数为 0.978 3。还有人员利用 NIRS 检测 145 个鱼粉样品的化学成分,其中 115 个作为定标集,其余 30 个作为检验集,采用偏最小二乘法(PLS)建立定标模型,并对原始光谱进行预处理。结果表明,在置信度为 99% 下,除钙之外,其他成分均为高度显著。近红外光谱分析技术可以检测鱼粉中的水分、粗蛋白质、粗脂肪、粗灰分、总磷和盐分,但对钙的预测结果不理想。

四、NIRS 法应用前景与存在问题

饲料工业需快速而准确地获得与饲料营养价值有关的数据,一方面可根据其营养价值对一种饲料原料的合理价格进行谈判;另一方面可准确地将各种饲料原料配合在全价日粮中,在满足动物营养需要的情况下获得最低成本配方。NIRS 法具有快速、简便的优点,随着各种技术、理论及方法的不断发展,应用领域也越来越广。在饲料分析方面,不仅能用于饲料常量成分分析,也能用于微量成分、有毒有害成分的检测,检测添加剂预混料中微量成分的含量,评价饲料的营养价值。除此以外,饲料厂可以利用 NIRS 技术进行在线监测,调整配方和采购策略,降低生产成本,提高产品质量。因此,NIRS 技术有着广阔的应用前景。

当然 NIRS 技术在应用中也受到诸多因素的影响,如定标样品的选择、制备、精确的化学分析、近红外仪器操作技术、计算机及其配套软件等。尤其是其准确性不能比它所依赖的化学分析法更好,所以在推广应用该技术时,必须使用准确、精确的化学分析值及适当的定标操作技术,即 NIRS 法必须实行系统的标准化操作。同时,许多饲料厂还没有能力购买 NIRS 分析仪器,有些饲料厂虽然拥有自己的 NIRS 分析仪器,却没有能力建立可靠的定标方程,在一定程度上也限制了 NIRS 技术的推广。

任务二　近红外光谱技术的应用

一、适用范围

本方法规定了以近红外光谱仪快速测定饲料中水分、粗蛋白质、粗纤维、粗脂肪、赖氨酸和蛋氨酸的方法。对于仲裁检验应以经典方法为准。

本方法适用于各种饲料原料和配合饲料中水分、粗蛋白质、粗纤维和粗脂肪,各种植物性蛋白质饲料原料中赖氨酸和蛋氨酸的测定,本方法的最低检出量为 0.001%。

二、测定原理

近红外光谱方法利用有机物中含有 C—H、N—H、O—H 等化学键的泛频振动或转动,

以漫反射方式获得在近红外区的吸收光谱,通过主成分分析、偏最小二乘法、人工神经网等现代化学和计量学的手段,建立物质光谱与待测成分含量间的线性或非线性模型,从而实现用物质近红外光谱信息对待测成分含量的快速计量。

三、术语和定义

（1）标准分析误差（SEC 或 SEP）：样品的近红外光谱法测定值与经典方法测定值间残差的标准差,对于定标样品常以 SEC 表示,检验样品常用 SEP 表示。

（2）相对标准分析误差［SEC(C)］：样品标准分析误差中扣除偏差的部分。

（3）残差（d）：样品的近红外光谱法测定值与真实值（经典分析方法测定值）的差值。

（4）偏差（Bias）：残差的平均值。

（5）相关系数（R 或 r）：近红外光谱法测定值与经典法测定值的相关性,通常定标样品相关系数以 R 表示,检验样品相关系数以 r 表示。

（6）异常样品：样品近红外光谱与定标样品差别过大,具体表现为样品近红外光谱的马哈拉诺比斯（Mahalanobis）距离（H 值）大于 0.6,则该样品被视为异常样品。

四、仪器

（1）近红外光谱仪：带可连续扫描单色器的漫反射型近红外光谱仪或其他类似产品,光源为 100 W 钨卤灯,检测器为硫化铅,扫描范围为 1 100～2 500 nm,分辨率为 0.79 nm,带宽为 10 nm,信号的线形为 0.3,波长准确度 0.5 nm,波长的重现性为 0.03 nm,在 2 500 nm 处杂散光为 0.08%,在 1 100 nm 处杂散光为 0.01%。

（2）软件：为 DOS 或 WINDOWS 版本,该软件由 C 语言编写,具有 NIR 光谱数据的收集、存储、加工等功能。

（3）样品磨：旋风磨,筛片孔径为 0.42 mm,或同类产品。

（4）样品皿：长方形样品槽,10 cm×4 cm×1 cm,窗口为能透过红外线的石英玻璃,盖子为白色泡沫塑料,可容纳样品 5～15 g。

五、试样处理

将样品粉碎,使之全部通过 0.42 mm 孔筛（内径）,并混合均匀。

六、分析步骤

1. 一般要求

每次测定前应对仪器进行以下诊断。

（1）仪器噪声：32 次（或更多）扫描仪器内部陶瓷参比,以多次扫描光谱吸光度残差的标准差来反映仪器的噪声。

（2）波长准确度和重现性：用加盖的聚苯乙烯皿来测定仪器的波长准确度和重现性。以陶瓷参比做对照,测定聚苯乙烯皿中聚苯乙烯的 3 个吸收峰的位置,即 1 680.3,2 164.9, 2 304.2 nm,这 3 个吸收峰位置的漂移应小于 0.5 nm,每个波长处漂移的标准差应小于 0.05 nm。

(3)仪器外用检验样品测定:将一个饲料样品(通常为豆粕)密封在样品槽中作为仪器外用检验样品,测定该样品中粗蛋白质、粗纤维、粗脂肪和水分含量并做 t 检验,应无显著差异。

2. 定标

NIRS 分析的准确性在一定程度上取决于定标工作。

(1)定标模型的选择:定标模型的选择原则为定标样品的 NIR 光谱能代表被测定样品的 NIR 光谱。操作上是比较它们光谱间的 H 值,如果待测样品 H 值≤0.6,则可选用该定标模型;如果待测样品 H 值>0.6,则不能选用该定标模型;如果没有现成的定标模型,则需要对现有模型进行升级。

(2)定标模型的升级:定标模型升级的目的是为了使该模型在 NIR 光谱上能适应于待测样品。操作上是选择 25～45 个当地样品,扫描其 NIR 光谱,并用经典方法测定水分、粗蛋白质、粗纤维、粗脂肪或赖氨酸和蛋氨酸含量,然后将这些样品加入定标样品中,用原有的定标方法进行计算,即获得升级的定标模型。

(3)已建立的定标模型:

①饲料中水分的测定:定标样品数为 101 个,以改进的偏最小二乘法(MPLS)建立定标模型,模型的参数为:SEP=0.24%,Bias=0.17%,MPLS 独立向量(Term)=3,光谱的数学处理为:一阶导数、每隔 8 nm 进行平滑运算,光谱的波长范围为 1 308～2 392 nm。

②饲料中粗蛋白质的测定:定标样品数为 110 个,以改进的偏最小二乘法(MPLS)建立定标模型,模型的参数为:SEP=0.34%,Bias=0.29%,MPLS 独立向量(Term)=7,光谱的数学处理为:一阶导数、每隔 8 nm 进行平滑运算,光谱的波长范围为 1 108～2 500 nm。

③饲料中粗脂肪的测定:定标样品数为 95 个,以改进的偏最小二乘法(MPLS)建立定标模型,模型的参数为:SEP=0.14%,Bias=0.07%,MPLS 独立向量(Term)=8,光谱的数学处理为:一阶导数、每隔 16 nm 进行平滑运算,光谱的波长范围为 1 308～2 392 nm。

④饲料中粗纤维的测定:定标样品数为 106 个,以改进的偏最小二乘法(MPLS)建立定标模型,模型的参数为:SEP=0.41%,Bias=0.19%,MPLS 独立向量(Term)=6,光谱的数学处理为:一阶导数、每隔 8 nm 进行平滑运算,光谱的波长范围为 1 108～2 392 nm。

⑤植物性蛋白质饲料中赖氨酸的测定:定标样品数为 93 个,以改进的偏最小二乘法(MPLS)建立定标模型,模型的参数为:SEP=0.14%,Bias=0.07%,MPLS 独立向量(Term)=7,光谱的数学处理为:一阶导数、每隔 4 nm 进行平滑运算,光谱的波长范围为 1 108～2 392 nm。

⑥植物性蛋白质饲料中蛋氨酸的测定:定标样品数为 87 个,以改进的偏最小二乘法(MPLS)建立定标模型,模型的参数为:SEP=0.09%,Bias=0.06%,MPLS 独立向量(Term)=5,光谱的数学处理为:一阶导数、每隔 4 nm 进行平滑运算,光谱的波长范围为 1 108～2 392 nm。

3. 对未知样品的测定

根据待测样品 NIR 光谱选用对应的定标模型,对样品进行扫描,然后进行待测样品

NIR 光谱与定标样品间的比较。如果待测样品 H 值≤0.6,则仪器将直接给出样品的水分、粗蛋白质、粗纤维、粗脂肪或赖氨酸和蛋氨酸含量;如果待测样品 H 值>0.6,则说明该样品已超出了该定标模型的分析能力,对于该定标模型,该样品被称为异常样品。

(1)异常样品的分类:异常样品可为"好"、"坏"两类,"好"的异常样品加入定标模型后可增加该模型的分析能力,而"坏"的异常样品加入定标模型后,只能降低分析的准确度。"好"、"坏"异常样品的判别标准有二:一是 H 值,通常"好"的异常样品 H 值>0.6 或 H 值≤5,通常"坏"的异常样品 H 值>5;二是 SEC,通常"好"的异常样品加入定标模型后,SEC不会显著增加,而"坏"的异常样品加入定标模型后,SEC 将显著增加。

(2)异常样品的处理:NIR 光谱分析中发现异常样品后,要用经典方法对该样品进行分析,同时对该异常样品类型进行确定,属于"好"的异常样品则保留,并加入定标模型中,对定标模型进行升级;属于"坏"的异常样品则放弃。

【学习要求】

识记:近红外光谱技术。

理解:近红外光谱分析技术的原理及特点。

应用:掌握近红外光谱技术在饲料常规成分分析中的应用。

参考文献

[1] 胡坚. 动物饲养学. 长春:吉林科学技术出版社,1990.

[2] 杨胜. 饲料分析及饲料质量检测技术. 北京:北京农业大学出版社,1993.

[3] 王康宁. 畜禽配合饲料手册. 成都:四川科学技术出版社,1997.

[4] 韩友文. 饲料与饲养学. 北京:中国农业出版社,1998.

[5] 宁金友. 畜禽营养与饲料. 北京:中国农业出版社,2001.

[6] 杨凤. 动物营养学. 北京:中国农业出版社,2001.

[7] 姚军虎. 动物营养与饲料. 北京:中国农业出版社,2001.

[8] 何欣. 动物营养与饲料. 北京:中央广播电视大学出版社,2003.

[9] 李德发. 中国饲料大全. 北京:中国农业出版社,2003.

[10] 饶应昌. 饲料加工工艺与设备. 北京:中国农业出版社,2003.

[11] 李德发,龚利敏. 配合饲料制造工艺与技术. 北京:中国农业大学出版社,2003.

[12] 张丽英. 饲料分析及饲料质量检测技术. 第2版. 北京:中国农业大学出版社,2004.

[13] 邢伟. 饲料工业实施2000版ISO9001标准指南. 北京:中国农业出版社,2004.

[14] 贺建华. 饲料分析与检测. 北京:中国农业大学出版社,2005.

[15] 张小东. 畜产品质量安全与检测技术. 北京:化学工业出版社,2006.

[16] 李自刚,弓建红. 现代仪器分析技术. 北京:中国轻工业出版社,2011.

[17] 中国质检出版社第一编辑室. 饲料工业标准汇编:上、下册. 3版. 北京:中国质检出版社,中国标准出版社,2011.

[18] 陈桂银,任善茂. 饲料分析与检测. 北京:中国农业大学出版社,2013.